김용운의 수학사

이집트에서 현대까지 문명을 도약시킨 동서양의 수학 발견

김용운의 수학사

김용운 지음

살림

■■■ 머리말

수학사를 통해 얻는 것

초등학교부터 고등학교까지 장장 12년간 매일같이 수학을 배워도 재미는커녕 필요성을 느끼는 일도 별로 없다. 대학에 올라가도 겨우 교양과정이라는 명목으로 겉핥기로 공부할 뿐, 학년이 올라가 전문과정을 배우게 되면 수학과 연을 끊는 학생이 대부분이다. 사교육비 가운데 가장 많은 비중을 차지하는 수학이지만 사고력이나 교양에 미치는 영향은 거의 없다. 이런 무의미한 교육을 무엇 때문에 하는지……

필자가 수학교육자로서 경험한 가장 난처한 문제는 '수학이란 무엇이냐, 무엇 때문에 배우느냐'였다. 한마디로 답하자면 수학은 '문명의 거울'이기 때문이다. 수학은 문명과 함께 현대문명의 중심에 있다. 우리는 수학을 통해 각 시대, 각 민족의 문명을 이해할 수 있다. 사람의 됨됨이를 간단한 이력서 한 장으로 짐작할 수 있는 것처럼 수학 또한 그 역사를 연구하는 데서 수학의 발달과정과 다른 학문들과의 관계를 파악할 수 있다. 수학은 고정된 것이 아니라 시대에 따라 변하고 새로운 문화 창조의 선도 역할을 해왔다. 현대의 시각으로 수학의 의미를 이해하고 교수법도 시대 상황에 어울릴 수 있도록 바뀌어야 할 것이다.

각급학교의 교과서는 최종목표를 미리 설정하고 그것을 위한 최단 코스가 되도록 편집되어 있다. 가령, 수에 관해서라면 복소수까지를 목표로 하여

자연수 → 정수 → 유리수 → 무리수 → 허수 → 복소수

같은 방식으로 단숨에 수준이 올라간다. 새로운 수가 등장한 문화적·사회적 배경을 가르치는 것은 거의 무시한다. 수학과 등산은 오직 정상에 오르는 것만이 전부가 아니다. 등산 도중의 경치, 풀과 나무의 싱그러운 내음, 계곡의 시원한 물도 그 재미를 더한다. 수학사는 수학의 도중 경치, 시원스러운 바람과 같은 역할을 한다.

수학사는 현대 문명인의 필수교양이자 수학교육의 중심이다. 따라서 수학사를 이용하는 수업에는 확고한 철학과 방법론이 있어야

한다. 계산기술의 훈련에 지친 학생에게 수학자에 관한 일화나 수학 원리의 발명 동기 등을 소개하는 일은 수업에 청량제 역할을 한다. 하지만 그것이 곧바로 수학의 이해로 이어지지는 않는다. 가령 음식에 비유하자면 양념을 곁들인 것이 더 맛있는 것은 사실이지만 양념 먹는 것은 의미가 없다. 그 내용과 양이 적절해야 하는 것이므로 교사의 교양과 방법에 따라 수학 교육의 효과는 크게 달라진다. 언제, 누가, 무슨 정리를 발명했다는 토막지식의 나열이나 단순한 천재의 일화소개로 끝나서는 안 되며 역사관과 수학에 대한 확실한 입장이 있어야 한다.

역사는 지식의 망라가 아닌 역사관으로 생명을 지닌다. 역사에 따라 여러 가지 수학사가 존재한다. 부르바키학파와 같이 "수학체계 내에서만 한계를 극복해가는 변증법적인 수학 발전의 역사"를 내적 수학사라 한다면 유물사관의 입장에서 경제력을 통해 보는 수학사를 외적 수학사라 한다. 필자는 문명과 관련해서 수학사를 보는 문명사적 수학의 입장이다.

이 책은 김용국 교수와 공저한 『수학사의 이해』를 오늘날의 시대적 요청에 응할 수 있도록 재편성했고 교사와 학생 사이에 대화를 가질 수 있는 새로운 자료를 첨가했다. 재미있는 수학교육의 길잡이이자 문제의식을 갖도록 하는 논문제를 각 장의 맨 뒤에 비치했다. 각 단원의 도입엔 그 계기와 내용의 구성과정을 설명함으로써 학습 의욕을 가질 수 있게 했다.

2013년 여름
김용운

차례

■ 머리말 - 수학사를 통해서 얻는 것 —————— 4

제1장 고대의 수학

1 수학은 어떻게 시작되었는가 —————— 15

고대 국가에서의 수학 / 고대 이집트의 수학 / 승려들의 수학 / 셈의 시작 / 등차급수와 등비급수 / 바빌로니아의 60진법 / 그리스 이전의 도형 연구 / 고대 수학의 신비 사상 / 고대 수학의 침체 원인

2 이론적인 수학의 시작—그리스의 수학 —————— 40

그리스란 / 그리스의 철학 / 그리스 시대의 수학과 학문

3 그리스 수학계의 거인들 —————— 49

탈레스 / 피타고라스 / 플라톤 / 유클리드 / 3대 난문 / 아르키메데스 / 로마로 간 그리스 수학 / 후기 알렉산드리아

제2장 중세의 수학

1 중세의 사회상 —————— 99

로마 사회와 문화 / 그리스 과학의 몰락-로마 과학의 발흥 / 중세 암흑시대 / 수도원 수학 / 중세의 계산술과 수학책

2 비유럽 세계의 수학 ——— 112

인도 사회와 수학 / 인도의 대수학-2차방정식 / 아라비아 수학의 배경-사라센 제국과 그 문화 / 아라비아의 대수학

3 중세 유럽의 상업 수학 ——— 132

상인 계급의 대두 / 동방 수학의 수입 / 피보나치와 『계산판의 책』 / 상업 수학과 수도원 수학의 대립 / 오렘 / 중세 암흑시대의 의미

제3장 르네상스 시대의 수학

1 르네상스의 서광 ——— 147

르네상스 사회 / 르네상스 정신 / 르네상스 수학의 특징 / 파치올리 / 3차방정식의 해법 / 타르탈리아 / 문예부흥에서 과학혁명으로-새로운 수학 시대의 환경 변화 / 기호의 정비 / 레오나르도 다 빈치와 투시화법

2 천문학과 수학 ——— 172

천문학과 계산술 / 천문학의 발달 배경 / 천체력의 작성과 삼각법 / 태양중심설과 천체 운동 / 케플러 / 로그[對數]의 발견

3 수학의 새로운 사상 ——— 189

대수학의 기초 작업 / 스테빈 / 비에트 / 원근법과 사영기하학 / 새로운 기하학의 탄생

제4장 근세의 수학

1 17~18세기 유럽의 수학 ——— 205

사회적 배경 / 과학과 기술 / 근세의 수학- '변량' 과 '운동' 의 등장 / 대수학의 기본 정리 / 구적(求積)과 극한 개념(1)-케플러의 방법 / 구적과 극한 개념(2)-카발리에리의 방법

2 해석기하학의 탄생 ——— 224

그리스 고전 기하학의 한계 / 기호대수학에서 해석기하학으로 / 코기토 에르고 숨(Cogito erogo sum) / 데카르트의 해석기하학 / 페르마 해석기하학 / 파스칼-기하학적 정신과 섬세(纖細)의 정신 / 확률론의 시초-파스칼과 도박 / 파스칼의 삼각형

제5장 미적분학의 발명

1 미적분학의 탄생 ——— 257

17세기의 영국 / 영국의 수학 / 미적분학 탄생 전야 / 해석학이란 무엇인가 / 접선의 개념 / 미분적분학 / 뉴턴과 미적분 / 만유인력 / 유율법 / 라이프니츠와 미적분 / 미적분 발견의 우선권 싸움 / 뉴턴과 라이프니츠의 방법 비교

2 뉴턴과 라이프니츠의 후계자들 ——— 290

국립과학아카데미 / 미적분 발견 이후의 수학계 / 테일러와 맥클로린 / 베르누이 일가 / 오일러 / 라그랑주 / 라플라스 / 초기 미적분학의 한계 / 해왕성에 대한 이야기/ 뉴턴과 결정론(決定論) / 뉴턴 역학의 한계

3 확률론 ——— 323

통계학

제6장 근대의 수학—18세기에서 19세기까지

1 대수학과 해석학 —— 333

근대 수학의 사회적 배경 / 근대 수학의 배경 / 18세기와 19세기는 무엇이 다른가 / 코시 / '방정식을 푼다'는 것의 의미 / 비운의 천재, 아벨과 갈루아

2 새 기하학 —— 358

화법기하학 / 사영기하학 / 곡면기하학(미분기하학) / 비유클리드 공간 / 비유클리드 기하학의 탄생 / 보여이와 로바쳅스키 / 리만

제7장 에필로그—수학의 새로운 진로 모색

1 프랙탈과 카오스 —— 383

프랙탈 기하학 / 컴퓨터와 과학혁명 / 컴퓨터와 카오스의 등장

2 수학사의 방법론 —— 392

패러다임 이론 / 범(汎)패러다임 이론 / 패러다임과 범패러다임-수학사를 대하는 기본적인 입장에 대하여

- ■ 맺음말을 대신하여 —— 406
- ■ 부록 세계수학사연표 —— 408
- ■ 색인 —— 427

일러두기

1. 본문에 나오는 길이 단위는 혼용됨.
   尺 = 척 = 자
   寸 = 촌 = 치
2. 본문에 나오는 들이 단위는 혼용됨.
   斗 = 두 = 말
   升 = 승 = 되
   合 = 합 = 홉
3. 본문에 나오는 무게 단위는 혼용됨.
   石 = 석 = 섬
4. 『조선왕조실록』 인용 부분은 'sillok.history.go.kr'에서 참조.
5. 『삼국사기』 인용 부분은 'koreandb.empas.com'에서 참조.
6. 『삼국유사』 인용 부분은 『삼국유사』(일연 지음, 김춘식 옮김, 청목사, 2001)에서 참조.

제 1 장
고대의 수학

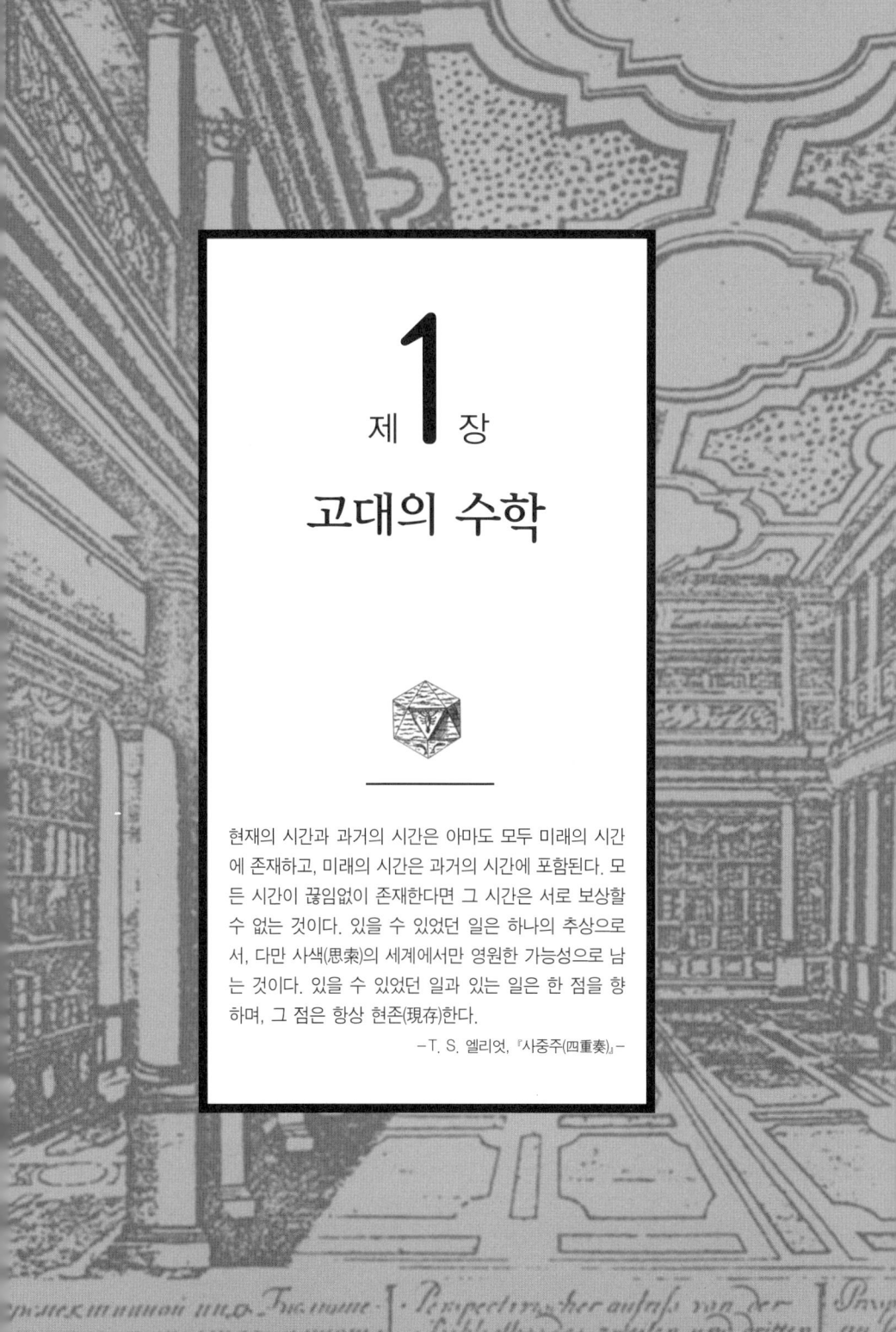

현재의 시간과 과거의 시간은 아마도 모두 미래의 시간에 존재하고, 미래의 시간은 과거의 시간에 포함된다. 모든 시간이 끊임없이 존재한다면 그 시간은 서로 보상할 수 없는 것이다. 있을 수 있었던 일은 하나의 추상으로서, 다만 사색(思索)의 세계에서만 영원한 가능성으로 남는 것이다. 있을 수 있었던 일과 있는 일은 한 점을 향하며, 그 점은 항상 현존(現存)한다.

—T. S. 엘리엇, 『사중주(四重奏)』—

1

수학은 어떻게 시작되었는가

고대 국가에서의 수학

수학을 공부하는 사람들은 으레 '처음에 수학이 어떻게 시작되었을까?' 하는 의문에 사로잡히게 된다. 이런 의문이 생기는 것은 비단 수학뿐만 아니라 다른 학문도 마찬가지이다. 고대 로마 말기의 신플라톤학파의 철학자 프로클로스(Proclos, AD 410~485)는 학문의 기원을 다음과 같이 설명하였다.

"현실적인 필요 때문에 기하학을 비롯한 여러 학문이 발전되었으며, 그러기에 불완전한 것에서부터 완전한 것으로 향하는 노력이 이루어지고, 그것을 위한 형식적인 법칙이 성립한다. 또 감각에서 합

| 세계의 문명 | 세계 고대 문명권에는 모두 수학이 있었다. 수학은 고대 문명에서 필수 요소였다.

리적인 판단으로, 더욱 나아가서 순수한 지성으로의 자연스러운 발전의 과정을 볼 수 있는 것이다."

인류가 농경 기술을 획득하면서 한곳에 정착하여 사회를 이루게 되고, 사회는 더욱 조직화되어 고대 국가를 이룩하게 된다. 고대 국가의 주요 경제활동은 농업과 목축이다. 따라서 농토를 관리하는 일과 거기서 나오는 생산물을 분배하고 조정하는 일은 무엇보다 중요하다.

프로클로스의 말처럼 고대 국가의 운영이라는 현실적인 필요에서 수학의 전단계라고 할 수 있는 측량술과 계산술이 생겨났다. 그리고 그것으로부터 완전한 학문으로서의 수학을 향해 끊임없이 다듬어져 왔다.

자, 그러면 고대 수학은 처음 어떻게 발생하였으며 어떤 내용의 것이었고, 또 그것은 그리스 수학과 어떤 점에서 달랐던가를 좀 더 구체적으로 살펴보기로 하자.

| 이브댈카나의 벽화(3400년 이전) | 이 두 광경은 수(數)의 사용이 필요하게 된 두 가지의 전혀 다른 과정을 나타내고 있다. 수의 두 가지 용법, 즉 따로따로 흩어져 있는 것(이산량, 離散量)을 나타내는 방법[下]과 길이나 넓이 등(연속량, 連續量)을 측정하는 방법[上]의 차이를 명백히 한다는 것은 수학적 읽기, 쓰기 능력의 중요한 첫 걸음이다.

고대 이집트의 수학

역사의 아버지라고 일컬어지는 그리스의 헤로도토스(Herodotos, BC 484~425경)는 그가 지은 책에 다음과 같이 쓰고 있다.

"세소스트리스왕은 모든 이집트 사람에게 사각형의 땅을 제비를 뽑아서 분배하고, 그 토지에서의 수확으로 세금을 거두어들였다. 나일 강에 대홍수가 일어나 땅이 황폐화하면 백성은 왕에게 이 사실을 호소하였고, 왕은 곧 관리를 시켜 다시 토지를 측량하고 세금을 재조정하였다."

세계에서 가장 오랜 문명국 중 하나였던 이집트는 아프리카 대륙의 동북방에 위치하고 있다. 거대한 피라미드를 세울 만큼 강력한 중앙집권국가였고, 파라오라고 불리는 국왕은 동시에 종교의 수장이었다. 그러나 이 고대 문명국가는 이미 2,000년 전에 페르시아에게 망했고, 오늘날에는 같은 땅이면서도 전혀 다른 문명 수준의 나라가 그 자리에 들어서 있다.

이집트는 무더운 날씨가 연중 계속되고, 비가 적기 때문에 사막지대가 되기 안성맞춤이지만, 다행히 이 나라의 중심에는 빅토리아

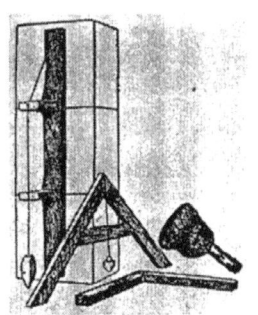

| BC 2600년 쯤의 석공(石工) 용의 망치, 곡자(曲尺), 수준기(水準器)및 수직 상태를 재는 추 | 참조 : 찰스 싱어(Charles Singer, 『기술의 역사(A history of technology)』)

| 니풀(바빌로니아의 동남쪽)에서 발견된 제곱 및 제곱근표 | 이와 같은 표의 사용 목적 중 하나는 주판에 의한 곱셈의 번거로움을 덜어 주는 데 있었던 것 같다.

호수에서 시작된 나일 강의 큰 물줄기가 흐르고, 해마다 일정한 계절에 주기적으로 상류로부터 물이 흘러와서 나일 강 하류 일대에 큰 홍수가 일어난다. 이 대홍수 덕분에 상류 지방의 기름진 흙이 쓸려 온다. 그래서 이 물이 빠진 후에는 거름을 주지 않아도 농사는 저절로 잘된다.

'고대 이집트 문명은 나일 강이 준 선물이다'라는 말이 있듯 이 이집트 사람에게는 이 대홍수야말로 하늘이 베푼 가장 큰 선물이었다. 그러나 해마다 일어나는 나일 강 범람은 동시에 여러 문제를 야기시켰다. 첫째, 홍수가 시작될 시기를 정확하게 알아낼 필요가 있었다. 왜냐하면 이 범람을 농사에 이용하기에 앞서 이집트 전체가 물바다가 되기 때문에 아주 광범위한 대비를 해야 하고, 따라서 사전에 이것을 알고 있어야만 했다. 둘째로는, 앞에서도 이야기한 바와 같이 홍수가 지나간 다음에 농토 정리의 문제였고, 셋째로는 나일 강을 다스리기 위한 여러 가지 토목사업, 즉 운하를 파고, 수문을 만들고, 둑을 쌓는 등의 일을 해야 했다.

이러한 사업을 위해서 당시의 이집트 사람들에게 절실히 필요했던 지식이라 할까 기술은 우선 수학에 관한 것이었다. 앞의 헤로도토스의 기록을 보면, 이미 고대 이집트에 기하학(정확히는 측량술)이 있었음을 알 수 있다. 이러한 사정은 이집트에 못지 않게 오랜, 그리고 빛나는 수학의 역사를 가진 바빌로니아의 경우에도 마찬가지였다(메소포타미아 평원을 흐르고 있는 티그리스 강과 유프라테스 강, 이 두 강의

홍수와 그 유역에서 일어난 문명을 보통 바빌로니아 문명이라고 일컫는다).

　이들 고대의 수학은, 기원전 6세기로부터 기원전 5세기에 걸쳐서 탄생한 그리스 수학에 의해 마치 아침해가 뜨자마자 사라지는 이슬처럼 자취를 감추고 말았다고 하는 사람들이 있지만 그것은 너무 터무니없는 이야기이다. 그리스 수학이라 불리운 이후에도 아주 오랫동안 이집트나 바빌로니아 수학은 제 구실을 하였을 뿐만 아니라 그리스 수학에 실제로 영향을 끼쳤다는 것을 잊어서는 안 된다. 특히 그리스 초기의 수학자는 모두 예외 없이 이집트, 바빌로니아, 그리고 지중해 연안과 아시아의 나라들을 두루 다니면서 수학을 익히고, 그 지식을 자기 나라 사람들에게 전하였다. 그리스 이전의 수학이 그리스처럼 완전한 지식 체계를 갖추지는 않았다고 하더라도 그의 원천이었다는 것만은 틀림없는 사실이다.

승려들의 수학

이집트 나일강의 하류 지방에는 파피루스(Papyrus)라는 갈대와 비슷한 풀이 무성하게 자라고 있었다. 이집트인들은 이 파피루스로 종이를 만들어 사용했다. '아메스 파피루스' 또는 발견한 사람의 이름을 따서 '린드(Rhind) 파피루스'라고도 불린 파피루스 문서에는 당시의 수학이 기록되어 있었다. 그것은 기원전 2000년경 이집트의 승려[僧

侶, 정확히는 사원의 서기(書記)] 아메스(Ahmes)가 엮은 것으로, 여기에는 다음과 같은 분수 표시가 실려 있다.

$$\frac{2}{5} = \frac{1}{3} + \frac{1}{15}, \quad \frac{2}{7} = \frac{1}{4} + \frac{1}{28}, \quad \frac{2}{9} = \frac{1}{6} + \frac{1}{18}, \quad \frac{2}{11} = \frac{1}{6} + \frac{1}{66}, \cdots$$

$$\frac{2}{99} = \frac{1}{66} + \frac{1}{198}, \quad \frac{2}{101} = \frac{1}{101} + \frac{1}{202} + \frac{1}{303} + \frac{1}{606}$$

즉, 분자가 2이고, 분모가 5부터 101까지의 분수를 여러 가지 분모의 단위분수(분자가 1인 분수)의 합으로 나타낸 분수이다. 이것을 보면 이집트인은 주로 단위분수만을 다루었던 것이 아닌가 하고 추측하지만, 이집트인이 왜 이같은 표시법을 썼는지에 대해서는 정확히 알 수 없다.

또, 파피루스에는 다음과 같은 문제도 보인다.

"어떤 수와 그 $\frac{1}{3}$을 더한 것은 24이다. 어떤 수는 얼마인가?"

이집트인은 이 문제를 다음과 같이 풀었다. 지금 어떤 수를 3이라고 가정하면, 3과 그 $\frac{1}{3}$을 더한 것은 $3 + \left(3 \times \frac{1}{3}\right) = 4$이다 그런데 이 문

| 아메스의 파피루스 | 농토의 면적을 구하는 방법, 분수 계산의 방법이 기록되어 있다.

제에서는 어떤 수와 그 $\frac{1}{3}$을 더한 것은 24라고 했다. 24는 4의 6배이다. 따라서 어떤 수는 3의 6배, 즉 $3 \times 6 = 18$이다.

이 방법을 '가정법(假定法, method of false position)'이라고 부른다. 또 이 문서에는 평면도형의 면적과 입체도형의 부피를 구하는 방법이 나온다. 특히 원의 면적은 지름에서 그 $\frac{1}{3}$을 뺀 것의 제곱과 같다고 쓰여 있다. 예를 들면, 반지름이 9인 원의 지름은 18이므로 원의 면적은 $18 - \left(18 \times \frac{1}{3}\right) = 12$, $12^2 = 144$이라는 것이다 여기에는 피타고라스 정리와 관련된 내용은 다루어져 있지 않다. 그러나 '줄잡이꾼'으로 불리는 측량 기술자가 존재하였으며, 또 실제로 피라미드와 같은 기하학적인 대건축물을 세울 줄 알았던 그들이니만큼 적어도 길이가 3:4:5의 비(比)로 매듭지어진 밧줄을 이용하여 직각을 그었던 것은 의심의 여지가 없다.

지금은 초등학생들도 아는 간단한 수학 지식이지만 당시에는 승려나 귀족 같은 특권 계층만이 독점하고 있던 지식이었으며, 일반적으로 서민들은 하나, 둘 하고 세는 정도로 극히 소박한 셈법밖에는 몰랐을 것이다. 그러니까 당시의 '고급' 수학은 지금의 수학과는 성격이 다른 것으로, 왕립 도서관이나 신전의 도서관에 소중히 보관되는 경전과도 같은 것이었다. 이 신성한 '경전(수학 문서)'을 열람하고 수정하며 기록하는 일은 특별한 신분 계층인 승려들만이 할 수 있었다.

셈의 시작

이집트라든지 바빌로니아(메소포타미아), 그리고 중국에서는 놀라울 정도로 먼 옛날부터 수학이 시작되었다. 특히 이집트와 바빌로니아에는 이미 BC 2500~2600년부터 수학이 존재하였다.

이집트인은 물건의 갯수를 셈할 때, 작은 돌을 사용해서 물건 하나에 돌 하나씩을 대응시켜, 그것이 10개 모아지면 한 단위를 올렸다. 말하자면 그들은 10개씩 묶어서 셈을 하는 10진법을 사용하였던 것이다.

왜 하필이면 10진법의 셈을 하였는가에 대해서는 인간의 손가락이 10개라는 사실이 바로 그 답이 된다. 바꾸어 말하면, 고대 이집트에서 돌맹이로 셈을 하기에 앞서서 손가락 셈을 하였다는 이야기가 된다.

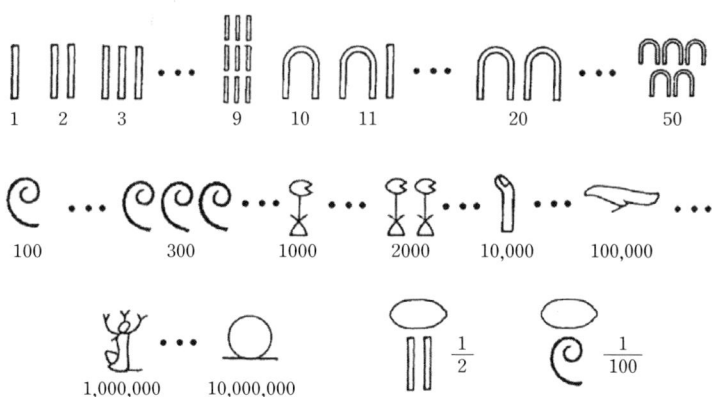

| 이집트의 숫자 | 이집트인은 10개씩 묶어 셈하는 10진법을 사용하였다.

10진법은 인류가 문명을 일으킨 곳마다 예외 없이 사용되었던 셈법이다. 인간은 피부색이 제각기 다르며, 습관과 생각도 가지각색이지만, 한결같이 손가락이 10개라는 신체 구조를 지니고 있었기 때문이다. 그러나 여기에는 단서가 붙는다. 그것은 누구나 손가락을 이용하여 셈을 시작한 것은 아니라는 사실이다. 지금도 원시림 깊숙한 곳에서 살고 있는 미개인들 중에는 10 미만의 수밖에 셈하지 못하는 사람들이 있다고 하는데, 그것은 바로 손가락을 쓰지 않고 셈을 한다는 증거이다.

 심지어 어떤 인류학자가 "손가락 셈을 하였는지의 여부는 바로 문명과 미개의 분수령이 된다."라고 말할 정도로 이 '기술(손가락 셈)'은 대단히 중요한 역사적인 의미가 있다.

 우리말의 수사(數詞)인 '다섯', '열'도 과거에 조상들이 손가락으로 셈을 하였던 흔적을 여실히 보여 준다. 손가락을 하나씩 꼽으면서 셈을 하다가 다섯번째에는 모두 '닫힌다'는 뜻에서 '다섯', 그리고 닫은 손가락을 하나씩 펴나가서 마침내 10이 되면 모두 '열리'기 때문에 '열'이라고 부른 것 같다.

| 이집트 서기(書記)의 상(像) | 기원전 2500년경 이집트 서기의 상으로, 수기호(數記號)를 사용하여 세금을 기록하고 있다.

	A	B	C	D	E	F	G	H	I	J
	표준 현대 형식		장부용형식		상대의 갑골문 형식 (−14C에서 −11C)	금분 형식과 화폐 문자 형식(−10C에서 −3C)	주 시대의 화폐에서 볼 수 있는 기타의 형식(−6C에서 −3C)	산목 형식(−2C에서 +4C) 1위 10위	후기 산목 형식(+13C) 1위 10위	상업용 형식(+16C부터)
1	一	*i*	395	弌壹 또는 弌貳	395	—	—	一	｜	｜	｜
2	二	*erh*	564	또는 參	564	=	=	=	‖	‖	‖
3	三	*san*	647		647	≡	≡	≡	⦀	⦀	⦀
4	四	*ssu*	518	肆	518	≣	≣	≣ XX Ⅲ	⦀⦀	⦀⦀X ≡X	X
5	五	*wu*	58	伍	58	⊗	⊗	≡ X X X	⦀⦀	⦀⦀O	丂
6	六	*liu*	1032	陸	1032	∧	⋔	⋔ ⋔ ⊥ T	T	T	⊥
7	七	*chhi*	409	柒	409	+	+	⋏ ⋎ ⊥ Ⅱ	Ⅱ	Ⅱ	⊥
8	八	*pa*	281	捌	281	)(	)(	)(	⫼	⫼	=
9	九	*chiu*	992	玖	992	𠃌	㇌	㇌	⫿ ⫼	⫿⫼X	夂
10	十	*shih*	686	拾	686	｜	｜	+ ㄓ	위치에 따라 나타내어진다	위치에 따라 나타내어진다	+
100	百	*pai*	781	伯	781			百			Ƨ
1,000	千	*chhien*	365	仟	365			千			千
10,000	萬	*wan*	267	萬	267			萬			万
0	零	*ling*	—	零	—			8세기까지는 그 위치를 공백으로 한다.	O		O

| 고대 및 중세의 중국의 기수법 | 산목(算木: 수를 셈하는 데 쓰던 나무가지) 참조: 조지프 니덤 (Joseph Needham)의 『중국의 과학과 문명(Science and Civilization in China)』

이집트	｜	⋃	⋃⋃	⋃⋃⋃	⌐	⌐⌐	2	⋋	∧	⋀	⋀⋀	⋀⋀⋀	⋀∧	⋀⋎	⋀⋋
헤브류	א	ב	ג	ד	ה	ו	ז	ח	ט	י	יא	יב	כ	ק	קכו
그리스	Α	Β	Γ	Δ	Ε	F	Ζ	Η	Θ	Ι	ΙΑ	ΙΘ	Κ	ΚΑ	Ρ	ΡΚϚ
로 마	I	II	III	IV	V	VI	VII	VIII	IX	X	XI	XIX	XX	XXI	C	CXXVI
힌 두	𑁧	𑁨	𑁩	𑁪	𑁫	𑁬	𑁭	𑁮	𑁯	𑁧०	𑁧𑁧	𑁧𑁯	𑁨०	𑁨𑁧	𑁧००	𑁧𑁨𑁬
근대 아랍	١	٢	٣	٤	٥	٦	٧	٨	٩	١٠	١١	١٩	٢٠	٢١	١٠٠	١٢٦
중세 유럽	I	2	3	4	5	6	7	8	9	10	11	19	20	21	100	126
현 대	1	2	3	4	5	6	7	8	9	10	11	19	20	21	100	126

| 고대의 숫자 |

'셈한다'라는 영어의 'calculus'라는 낱말은 그 본뜻이 '작은 돌'이었다는 점에서, 이와 같이 간단한 말 속에서도 옛사람들의 셈이 어떠했는지를 엿볼 수 있다. 어쨌든 이 원시적인 방법을 바탕으로 하여 가감승제(加減乘除)의 사칙계산(四則計算)은 물론, 간단한 방정식까지도 풀어야 했으니, 그렇게 할 수 있기까지의 애로는 이만저만이 아니었을 것이다.

등차급수와 등비급수

아메스(Ahmes)의 파피루스에는 오늘날 우리가 등차수열(等差數列), 등비수열(等比數列)이라고 부르는 것도 실려 있다. 등차수열은 다음과 같이 어떤 수 a에서 시작하여 그것에 일정수 d를 계속 더해서 얻어지는 수의 열(列)을 말한다.

$$a, a+d, a+2d, a+3d, \cdots$$

이때, 처음의 수 a는 초항(初項), 다음의 수 $a+d$는 제2항, 그 다음의 수 $a+2d$는 제3항 그리고 더해 가는 일정수 d는 공차(公差)라고 부른다. 따라서 등차수열을 n항까지 늘어놓으면

$$a, a+d, a+2d, \cdots, a+(n-2)d, a+(n-1)d$$

초항이 a, 공차가 d인 등차수열을 n항까지 더한 합

$$S=a+(a+d)+(a+2d)+\cdots+(a+(n-1)d)$$

에 대해서는

$$S=\frac{1}{2}n\{2a+(n-1)d\}$$

라는 공식이 성립한다.

등비수열은 어떤 수 a에서 시작하여 일정수 r을 계속 곱해서 얻은 수열

$$a,\ ar,\ ar^2,\ ar^3,\ \cdots$$

이다. 이때 a는 초항, 다음의 수 ar은 제2항, 그다음의 수 ar^2은 제3항, 곱하는 일정수 r은 공비(公比)라고 한다. 따라서 등비수열을 n항까지 나열하면,

$$a,\ ar,\ ar^2,\ ar^{n-2},\ ar^{n-1}$$

이다. 초항이 a, 공비가 r인 등비수열을 n항까지 더한 합

$$S=a+ar+ar^2+\cdots+ar^{n-1}$$

에 대해서

$r=1$이면 $S=na$, $r\neq 1$이면 $S=\dfrac{a(1-r^n)}{1-r}$

이라는 공식이 성립한다.

이들 공식을 이용해서 푸는 문제가 아메스의 파피루스에 실려 있다.

바빌로니아의 60진법

바빌로니아(메소포타미아)에서 발견된 여러 기록을 살펴보면, 하나의 원에서 원둘레를 컴퍼스를 써서 그 반지름의 길이로 잘라 가면 정확히 6등분된다는 사실에 대해 그들이 큰 관심을 보였음을 알 수 있다. 원둘레를 360등분하면 그 $\frac{1}{6}$ 은 60이다. 이것으로부터 바빌로니아인

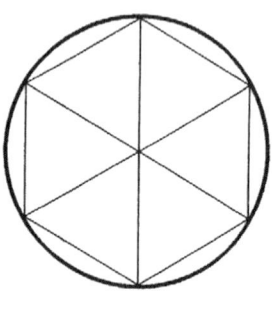

| 6등분한 원둘레 |

은 60이라는 수를 중요시했을 것이라고 추측할 수 있다.

각도를 나타내는 단위로, 1회전을 360°로 하고, 1°를 60′(분), 1′을 60″(초)로 하는 것도 바빌로니아의 60진법에서 비롯되었다.

또한 하루를 24시간으로, 1시간을 60분으로, 1분을 60초로 나누는 것도 바빌로니아로부터다.

옛 바빌로니아 지방에서 근래에 발견된 점토판(粘土板: 티그리스·유프라테스 강의 기슭에서 캐낸 찰흙을 이겨서 책 모양으로 만든 판자에 끝이 날카로운 갈대 줄기로 눌러서 '쐐기문자'를 적은 것)에 〈그림 1-1〉의 (ㄱ)과 같은

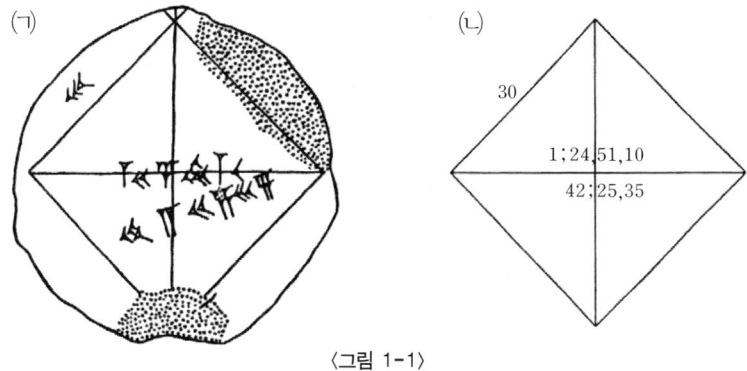

〈그림 1-1〉

도형과 글씨가 새겨져 있었다. 이를 해독하면 〈그림 1-1〉의 (ㄴ)과 같이 된다.

여기서 30이라는 수는 정사각형의 한 변의 길이를 나타낸다. 정사각형의 대각선 위에 적힌 수 1; 24, 51, 10(';'은 1과 24 사이에 60진법의 소수점이 있는 것으로 간주하여 덧붙인 것)을 지금의 10진법으로 고쳐서 나타내면,

$$1;24,51,10$$
$$=1+\frac{24}{60}+\frac{51}{60^2}+\frac{10}{60^3}$$
$$\fallingdotseq 1+0.4+0.0141667+0.0000463$$
$$=1.41421297$$

이 1.41421297은 $\sqrt{2}=1.41421356\cdots$의 근삿값이다. 그러니까 바빌로니아에서는 이미 $\sqrt{2}$를 소수점 아래 5자리까지 정확하게 셈할

줄 알고 있었다는 이야기이다.

2의 제곱근 $\sqrt{2}$와 정사각형의 한 변인 30을 곱한 수가 〈그림 1-1〉 (ㄴ)의 아래쪽에 적힌 수 42, 25, 35이다. 왜냐하면, 정사각형의 대각선 길이를 d로 하면, 피타고라스 정리에 의하여

$$d^2 = 30^2 + 30^2$$
$$d = \sqrt{2} \times 30$$
$$\fallingdotseq (1;24,51,10) \times 30 (=30;720,1530,300)$$
$$= 40;25,35$$

따라서 이 수는 한 변이 30인 정사각형의 대각선 길이임을 알 수 있다. 이 사실로 미루어 보면 바빌로니아인이 그들 나름대로 무리수도 다루었음을 짐작할 수 있다.

그리스 이전의 도형 연구

국가 경영상의 필요에 의해서 생겨난 실용적인 계산술이나 측량술은 그리스로 전해지면서 '학문'이라고 불릴 만한 체계를 갖추기 시작하며, 특권 계층만이 아니라 수학을 배우고자 하는 모든 사람이 있는 대중적인 성격으로 변하기 시작하였다.

"그리스 사람들은 사물의 본질을 규명하였다. 다시 말해서 물질의

실체(實體)를 파악하고 수의 뜻을 밝히는 등, 하나의 합리적인 동일체로서의 세계를 인식하기 위해 힘썼다."라고 한 것은 독일의 철학자 칸트(Immanuel Kant, 1724-1804)였다. 실제로, 그리스인은 그 이전과는 전혀 다른 새 문명 형태를 확립하였다. 그들의 문화는 기하학에 잘 상정되어 있다.

그런데 기하학이란 어떤 학문일까? 옛날에는 기하학을 이렇게 규정(=정의)지었다. 즉 "기하학이란 원, 삼각형, 사각형 등의 도형을 정확히 그려내고, 이들 원, 삼각형, 사각형 사이에 어떤 관계가 있는지를 엄격히 따지고, 몇 개의 원, 삼각형, 사각형이 있을 때는 어떤 위치에 있는지를 연구하는 학문이다."

그러나 이만큼 말을 길게 늘어놓아도 아직 충분한 설명은 되지 못한다. 왜냐하면 가령 하나의 원이 있을 때, 이 원의 반지름을 재보면 그 길이가 모두 같다는 것을 알 수 있는데, 그 이유를 따지는 일도 기하학의 대상이 된다. 또 두 원이 두 점에서 만날 경우, 또는 한 점에서만 만날 경우, 전혀 만나지 않을 경우가 있는데, 이 세 가지 경우가 어떤 조건에서 일어나는지를 따져보는 것도 기하학에서 다룬다.

그리고 또 삼각형의 각 변의 중심과 그것에 맞선 꼭짓점을 이어보면, 이 세 직선은 반드시 한 점에서 만난다(무게 중심). 그뿐만 아니라 이 점은 각 선분을 2:1의 비율로 나누고 있다. 왜 그런가 하는 문제도 기하학에서 다룬다.

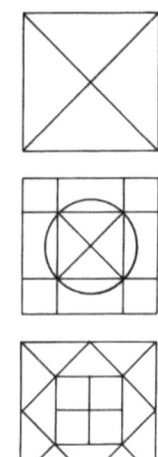

| 바빌로니아의 점토판(粘土板)에 새겨진 간단한 도형 |

고대 농업 국가인 이집트, 바빌로니아, 중국에서는 토지의 측량에 필요한 수학, 즉 기하학이 일찍부터 발달하였고, 그중에서도 여러 모양의 토지 넓이를 재는 일이 우선으로 해결해야 하는 문제였다. 따라서 그 기본이 될 삼각형은 그 넓이가

$$밑변 \times 높이 \times \frac{1}{2}$$

라는 사실도 일찍부터 알려졌다.

이렇게 따져보면 앞에서 말한 기하학의 정의는 만족스러운 것이 못 된다는 것을 알 수 있다. 그렇다고 아무리 그럴듯한 말로 달리 꾸며보아도 기하학의 이름으로 다루는 모든 지식을 예외 없이 포함시킬 수 있는 설명을 찾아내기 힘들다. 그러나 기하학의 영역은 이 초

등기하(유클리드의 『원론』—유클리드기하—은 그보다 정도가 높다.)에 그치지 않고, 비유클리드기하, 사영기하(射影幾何) 그리고 위상기하(位相幾何, topology) 등 다양하다.

하물며 수학이란 무엇인가를 딱 잘라 규정짓는 그럴듯한 정의는 도저히 불가능하다. 수학을 하면서도 수학이 무엇인지를 알 수 없다고 하니, 참 이상한 일이 아니냐는 의문을 가지는 사람도 있을 것이다. 그러나 그것은 말하자면 여기 이렇게 있는 나 자신에 대해 "도대체 나란 무엇인가?" 하고 묻는 것과 같은 이치로서, 어려운 철학적인 문제까지도 끌어들이고 만다.

이 문제에 관해서는 어려운 말을 빼고, 우선 수학이 어떻게 발생하였는가를 간추려 보기로 하자. 이 수학사의 연구를 통한 접근은 손쉬운 방법이다.

고대 수학의 신비 사상

고대 사회에 있어서 과학적인 지식은 신비적인 종교의 주문(呪文)이나 경문(經文)처럼 지배자의 권위를 높이는 일에 크게 한몫 했다. 노예들로부터 노동력을 제공받는 대신 지배계급은 신(神)으로부터 얻은 권능인 수학 지식을 이용해서 몽매한 백성들을 다스렸다. '아는 것이 힘이다'라는 표어를 고대 왕조처럼 몸소 구현한 시대도 일찍이 없었다.

이집트나 바빌로니아의 수학도 극히 실용적이고 기술적인 것이었다. 즉 실용적인 지식일수록 백성을 지배하는 데 있어서 큰 힘과 권위를 발휘하였음을 뜻한다. 그들의 수학은 지금 우리가 수학을 공부할 때, 반드시 만나게 되는 정리의 형식을 갖추지 못했고, 증명(證明)이라는 것도 없었으며 오히려 신의 지혜라며 감추는 것이 수학의 권위를 높이는 일로 생각했다. 그러나 이론적으로 정리가 되어 있지 않다 해서 당시의 수학을 과소평가해서는 안 된다. 이 시작의 몇 걸음이 나중에 있을 몇 십, 몇 백 걸음 이상으로 어렵기 때문임을 간과해서는 안 된다.
　고대 중국의 수학에 눈을 돌려보면, 주(周, BC 1100~BC 771)나라 때 이미 그 상당 부분이 만들어진 『구장산술(九章算術)』이라는 수학의 고전이 일찍부터 우리나라를 포함한 동양의 여러 나라에 보급되었다. 앞에서 이야기한 것처럼 이집트의 수학은 세계 최초의 수학서라 할 수 있는 『아메스의 파피루스』에서 그 내용을 짐작할 수 있다. 그런데, 이 수학책을 엮은 아메스가 기원전 18세기경의 성직자였다는 사실만을 알고 있을 뿐, 나머지는 먼 역사의 장막에 가려져 있다. 심지어 『구장산술』에 관해서는 누가―또는 누구누구가―엮었는지조차 알려져 있지 않다. 재미있는 것은 이들 동서양의 옛 수학책이 둘 다 거기서 다루고 있는 지식을 신비스러운 것으로 생각하고 있었다는 점이다.
　『아메스의 파피루스』 첫머리에는 "모든 대상 속에 숨어 있는 의 문스러운 사실 모든 비밀을 이해하게 만들어 주는 여러 가지 지침"이라고 쓰여 있고, 『구장산술』의 머리말에도 "옛날에 팔괘(八卦)를, 그리고 만물을 다스리는 신통력을 얻고, 삼라만상의 변화를 깨닫고, 99의 셈법을 만들었다."와 같이 쓰여 있어서 지금 생각하면 극히 당연하고 간단한 곱셈의 구구법조차도 자연의 섭리가 작용한 결과로 알고 있었던 모양이다.

과학사의 대가 보흐너(S. Bochner, 1899~1982)의 말을 빌리면 "수학이라는 것은 경우에 따라서 비교적(秘敎的)인 성격을 띤 것처럼 보이기도 하지만, 어쨌든 인간의 역사상 처음으로 얻어진 체계적이고 합리적인 지식이었다. 옛 시대의 수학적 성과는 다른 분야, 가령 건축, 시각예술, 음악, 그리고 상업, 항해, 시, 종교, 도덕 등의 성과와 적어도 같은 정도로 '놀라운' 것임에 틀림없다."

고대 수학의 침체 원인

이처럼 '놀라운' 인간의 창조물이 그후 계속 발전되지 않고 왜 긴 세월 동안 그대로 멈추고 말았는지는 수학사를 처음 배우는 사람들이 가장 궁금하게 생각하는 대목이다. 왜냐하면 수학을 포함해서 모든 과학은 끝없이 계속 앞으로만 향해서 줄달음질친다는 이른바, 과학적 발전관이 오늘날의 상식이기 때문이다.

| 『구장산술』의 서문 | | 남병길(南秉吉), 『구장술해』의 일부 | 『구장산술』 중에서 면적 계산[(方田)章]에 관한 주해.

    그러나 과거의 수학은 그렇지는 않았고 세계의 문명권마다 독특한 수학이 발생하였는가 하면, 그 내용과 방법 면에서도 오늘날처럼 통일되지 않았고 약간의 차이가 있었다. 고대 수학 중에서도 특히 이집트와 중국의 수학은 정체(停滯)가 심했는데, 이에 대하여 유명한 수학사 연구가 캐조리(Florian Cajori, 1859~1930)는 다음과 같이 풀이하고 있다.

    "이집트 사람은 중국 사람처럼 정치 분야뿐만 아니라 과학에서도 일찍 발전을 멈춘 정체(停滯)의 국민이라고 할 수 있다. 왜냐하면 수학의 발견이나 의학에 관한 문헌이 이미 일찍부터 성전(聖典)으로 취급되었고, 그 이후 이것에 수정을 가하거나 보완을 하면 이단자 취급을 받았기 때문이다. 이같은 성전화(聖典化)의 태도가 과학의 발전을 처음부터 막아 버렸던 것이다."

이같은 중국 수학의 정체 현상은, 중국에는 수학이라 할 만한 것이 없다는 이야기가 결코 아니다. 나중에 다시 언급하겠지만 세계 수학사의 입장에서 보아도 그야말로 손색없는 빛나는 업적이 있었다.[1]

우리나라의 경우는 13세기경 중국 송(宋, 960~1279)나라 말엽부터 원(元, 1271~1368)나라 초기에 걸쳐서 저술한 수학책 『산학계몽(算學啓蒙)』『양휘산법(楊輝算法)』『상명산법(詳明算法)』이 조선시대를 통틀어 수학 관계의 기술 관리를 등용하는 문제집이자 참고서로 쓰였다. 앞에서도 이야기한 『구장산술』은 그야말로 신성시(神聖視)되어 조선 말기에 최대의 수학자라고 일컫는 남병길(南秉吉, 1820~1869)이 『구장술해(九章術解)』라는 책을 지어냈는데, 이것은 물론 『구장산술』을 수정한 것이 아니고 약간의 주석(註釋)을 붙인 것에 지나지 않았다.

조선시대 당쟁(黨爭)의 구실이 된 것은 소위 사문난적(斯文亂賊)이라는 말로 알려진 고전(古典)에 대한 무조건적인 복종주의였다. 이러한 정신풍토 속에서 수학책마저도 『산경(算經)』, 즉 산학(=數學)에 관한 경전(經典)이라고 불렸다. 따라서 수학의 내용에 대한 비판은 생각할

---

[1] 이 관점에서 비유럽계의 '또 하나의 수학사'를 강조하는 주장도 있다[『The crest of the Peacock』(G. G. Joseph)].

수도 없었으며, 심지어 비과학적인 형이상학(形而上學)이나 미신 비슷한 괴상한(?) 운명론으로 탈바꿈하기까지 하였다.

중세 유럽에서도 사정은 비슷했다. 특히 5세기쯤부터 11세기에 걸친 중세의 수준은 그리스 시대와는 비할 바가 못 될 정도로 형편없이 후퇴하고 말았다. 물론 수학상의 발견이라든지 주목을 끌 만한 저술도 찾아볼 수 없었고, 그나마 수학 교육을 받은 사람이라면 세속을 떠난 성직자 계급에 국한되어 있었다. 그들이라고 해서 새로운 창조적인 연구를 한 것이 아니었고, 기껏해야 고대의 자연과학과 수학 관련 책을 모으고, 다시 베껴 연구하는 정도였다. 당대 지식인들의 마음을 사로잡은 것은 신학(神學)과 굳게 뭉쳤던 스콜라 철학이었다.

중세 유럽의 대학에서의 수업은 소위 삼학[三學; 문법, 논리, 수사(修辭)]과 사과(四科; 수론, 기하, 천문, 음악)였고, 후자인 사과(四科)에 수학이 있었다. 그러나 실상은 기하라고 해도 괴상한 철학으로(?) 바꿔버린 것이었고, 그나마 1년 동안에 하나 둘 인사치레로 문제 풀이를 하는 것이 고작이었다. 16세기 유럽의 많은 대학에서는 학생들이 유클리드의 『원론』 12권 중 6권까지를 '알고 있다'고 형식적으로 맹세하기만 하면 학점이 나왔다는 데서 당시 수학에 대한 분위기를 짐작하고도 남음이 있다.

모든 학문의 연구에는 무엇보다 자유가 보장되어야 한다. 미신, 종교, 또는 어떤 권위 있는 학설, 사상 등의 정신적인 요인 때문에 억눌려서 자의든 타의든 간에 연구, 발표에 하등의 지장을 받는 일이 없는 자유를 말한다. 유럽에서는 고대의 천문학이 기독교 신학과 결부되어, 그 때문에 근대 천문학의 개척자들이 많은 수난을 겪었다. 종교 재판소의 문을 나오면서 "그래도 지구는 돌고 있다."라고 투덜댔다는 갈릴레이의 독백이 당시 과학자들의 고충을 여실히 전해 준다. 그리고 동양(특히 중국과 우리나라)에서는 모처럼의 훌륭한 수학적 업적을 조상이 남겨 주었어도 그 성과를 계속 다듬고 발전시키는 후계자를 얻지 못한 채 단절된 일이 예사였다. 고전지상주의(古典至上主義) 정신이 전통을 이루었기 때문에 학자들은 감히 선지자(先知者)의 뜻과는 다른 새로운 지식을 창조할 생각은 엄두도 내지 못했던 것이다.

다시 한 번 강조하지만 수학의 발달을 위해서는 무엇보다 자유로운 정신이 보장되어 있어야 한다. 수학에서도 자유는 아득한 옛날의 일이 아니고 가까운 19세기에도 심각하게 문제가 된 적이 있었음을 상기하라. 이에 관해서는 비유클리드 기하학의 개척자들, 그리고 칸토어와 그의 집합론(集合論)을 이야기하는 자리에서 차분히 생각해 보기로 한다.

유의점

1. 이집트 수학과 그리스 수학의 차이점
2. 수학의 성격과 시대적 배경
3. 고대 수학의 특성
4. 수학과 자유

2

이론 수학의 시작 – 그리스의 수학

그리스란

모든 문화는 그리스에서 비롯되었다는 말이 있다. 유럽의 지도를 펼쳐 보면, 지중해 한복판에 긴 장화 모양의 이탈리아 반도가 그 뒤꿈치를 불쑥 내밀고 있다. 그 동쪽에 도사리고 있는 것이 그리스 반도이다. 이 반도를 중심으로 하여, 지금으로부터 약 2,500~2,600년 전에 유럽 사람들의 마음의 고향인 저 찬란한 그리스 문화가 꽃을 피웠다.

정확히 말하면 이 문화는 그리스 반도에서만 일어난 것은 아니었다. 활동한 사람들은 그리스 사람이 틀림없지만 그 무대는 지금의

| 그리스 수학의 무대 | 고대 그리스 수학의 선구자들의 연고지는 지중해의 동서(東西)를 잇는 지역에 산재해 있다. 제논은 이탈리아의 엘레아에서, 피타고라스는 크로토나에서, 아르키메데스는 시칠리아의 시라쿠사에서, 탈레스는 소아시아의 밀레토스에서, 유클리드, 아폴로니우스, 히파티아 등은 이집트의 알렉산드리아에서 활약하며 그리스 수학을 꽃피우게 했다.

그리스보다도 이집트, 소아시아(터키), 이탈리아 등, 지중해 연안 지방에서 더 활발하였다.

  그리스는 지리적으로 보면 우리나라처럼 삼면이 바다로 둘러싸인 반도이다. 내륙 쪽으로는 험준한 산으로 가로막힌 좁다란 골짜기가 유일한 생활의 터전이었고, 그리스 사람들이 여기서 빠져나갈 수 있는 길은 지중해라는 바다뿐이었다. 그들은 이 바다를 무대로 삼아 상업, 무역, 그리고 때로는 해적 노릇도 서슴지 않았다. 그리하여 기원전 7~8세기쯤부터는 당시의 문명국인 바빌로니아, 이집트 등과 무역을 활발하게 하였고, 그 결과 이 선진국들로부터 많은 것을 배우게 되었다.

  진취적인 그리스인들은 이밖에 지중해 여러 곳에 많은 식민지를 만들어 여기저기 여행한 덕분에 아주 색다른 자연 풍물과 이질적인 생활 습관, 그리고 문화의 양식을 몸소 겪었고, 그만큼 식견도 넓어졌다. 지금으로 말하자면 세계 일주 여행을 식은 죽 먹듯이 몇 번이

| 기원전 470년경의 그리스의 항아리 | 시민이 시장에서 질서 있게 논쟁하는 장면이 그려져 있다. 그리스 기하학이 마치, 원고와 피고의 양쪽을 승복시킬 수 있는 이론이 정연한 법조문과 같은 체계를 갖게 된 것은 이같은 분위기 속에서였다.

고 거듭하였던 셈이다. 당시 그리스 사람들의 시야가 얼마나 트인 것이었는지 짐작할 수 있을 것이다.

탈레스, 피타고라스, 플라톤, 유클리드 등 그리스의 대표적인 학자가 모두 예외 없이 '율리시즈의 바다(에게 해)'를 종횡으로 누비면서 이곳저곳에서 얻은 산 지식을 밑거름으로 하여 학문을 닦고 많은 사람들을 공감시킨 폭넓은 사상으로까지 발전하였다. 이것을 승화시킨 것이 그리스 기하학이었다.

그러나 역사란 우리가 생각하는 것보다는 훨씬 아이러니한 것이어서 민주적인 아테네를 상징하는 것은 귀족주의적인 철학자 플라톤이며, 실제로 수학이 학문으로 발달한 것은 왕이 신(神)의 권능을 이어받았음을 내세운 전제적(專制的)인 알렉산드리아에서였다. 반면에 당시로서는 가장 문명이 발달한 로마에서는 그리스 수학은 아예 완전히 묻혀버리고 말았으니 말이다.

그리스의 철학

그리스 철학의 아버지이자 기하학의 창시자라고도 일컬어지는 '그리스의 일곱 현인' 중의 한 사람이 탈레스였다. 이후 그리스의 학문 사상은 몇 갈래의 흐름으로 나뉘었으나, 그중에서 대표적인 철학자 한 사람을 고른다면, 역시 플라톤(Platon, BC 427~347)이 첫 번째로 꼽힌다. 플라톤이 그리스적인 사고방식을 창조했다는 뜻에서가 아니라, 거꾸로 그의 철학이 그리스 사람의 사고방식을 가장 잘 반영하였다는 뜻에서이다.

플라톤이 소크라테스(Socrates, BC 471~399)의 제자였다는 것을 모르는 사람은 없을 것이다. 그러나 스승인 소크라테스가 죽은 후, 플라톤은 널리 여러 나라를 여행하면서 유명한 수학자들과 친교를 맺었다. 큐레네에서는 테오도로스(Theodoros)로부터 기하학을 배웠고, 이탈리아에서는 피타고라스 학파 사람들과 사귀었다. 그 결과 수학을 멸시했던 스승 소크라테스와는 반대로 수학을 사랑하였고, 아카데모스의 숲에 세운 학교(아카데미아)에서는 수학(기하학)에 소양이 없는 사람은 입학을 금지할 정도였다.

플라톤 철학은 한 마디로 말해서 '이데아(idea) 설(說)'이다. 플라톤은 이 세상에 나타나는 모든 현상은, 이를테면 신(神)의 정신(idea)이 일시방편으로 그림자를 던진 것에 지나지 않는다고 생각하였다. 눈, 귀, 손 등의 감각으로 어떤 존재를 느끼는 것만으로는 확실한 지식이 되지 못한다. 마치 꿈속에서 실제로는 보지도 만지지도 못하면서, 현실의 일과 같이 느끼는 것처럼. 우리가 몸담고 있는 현실의 세계는 초월적(超越的)인 신이나 영혼이 꿈꾸면서 만들어내는, 말하자면 가짜 세계라는 것이다. 참된 세계는 이데아의 세계라야 한다는 이 주장은 어떻게 보면 불교의 진리관과 비슷한 것 같지만 불교에서는 현상뿐만 아니라 그 바탕에 있을 본질의 존재까지도 모두 부정한다는 점이 다르다. 플라톤의 이데아 설에서 현상의 부정은 본질을 강조하기 위한 방편이다. 앞에서도 말한 바와 같이 이러한 생각은 플라톤 한 사람의 생각이라기보다는 그리스 사람의, 그리고 그후 유럽 사람들의 전통적인 사고의 바탕이 된 것이다. 현상보다도 본질의 존재를 강하게 주장하는 본질관(本質觀)과, 아예 본질마저도 부정해 버리는 무상관(無常觀)의 차이 때문에 유럽의 문화와 동방의 인도 문화와의 틈은 갈수록 크게 벌어졌다. 한편, 중국인(물론 우리 한국인도)의 독특한 현실주의는 이것들과도 판이하게 다른 문화를 계속 이룩해 온 것이다.

  플라톤의 설명을 계속 들어 보자. 바다나 사막에 신기루가 나타나면, 갑자기 호수나 도시가 있는 것처럼 보이지만 사실은 그렇지 않다. 그것은 우리의 감각이 주는 착각에 지나지 않는다. 물속에 곧은 막대기를 넣어 보면, 짧게 또는 구부러져 보이는 것 같은 착각, 즉 그릇된 현상을 믿고 본질의 세계를 제대로 보지 못한 것은 돌이킬 수 없는 실수이다. 플라톤은 이것을 동굴에 갇힌 사람에 비유하였다. 불행하게도 타고날 때부터 평생을 동굴에 갇혀 살아야 할 숙명을 지닌 사람이 있다고 하자. 이 죄수가 볼 수 있는 것은 밖에 있는 간수가 든 횃불로 인하여 동굴 벽에 비친 제 그림자뿐. 이것만으로 인간을 '이해'할 수밖에 없다. 이를테면 우리가 옳다고 믿고 있는 눈, 귀 등의 감각 기관을 통해서 얻는 인식이 이 불쌍한 사나이의 경우와 다른 점이 무엇이겠는가 하는 것이 플라톤의 철학이었다.

이와 같은 입장에서, 삼각형이나 원 같은 도형을 생각해 보자. 아무리 정확한 자로 직선을 그린다고 해도, 그리고 또 아무리 공들여서 컴퍼스를 사용한다고 해도 그것은 단순히 그렇게 보일뿐 실제로 똑바른 직선이란 있을 수 없고, 그 위의 모든 점이 중심에서 똑같은 거리에 있는 원은 현실의 세계에는 존재하지 않는다. 진짜 직선과 원은 인간의 이성(理性), 즉 이데아의 세계에만 존재한다. 완전한 삼각형, 완전한 원은 눈으로 보고 손으로 만질 수 있는 현실 속에서가 아니라 관념(觀念, idea)의 세계에서만이 이루어지는 것이다. 이 플라톤의 철학을 '관념론(觀念論)'이라고 부르는 것은 그래서이다.

그리스 시대의 수학과 학문

그리스 이전의 문명, 즉 이집트, 바빌로니아에서는 기하학을 공부하는 가장 큰 이유가 그 지식을 실제 현실에 응용하는 데 있었다. '필요는 발명의 어머니'라는 격언이 말해 주듯이 토지 측량, 토목 공사 등 절실한 현실 문제를 해결하는 데 꼭 필요한 수단으로써의 수학지식이다. 너무도 구체적인 그때 그때의 문제 해결만을 다루다 보니 그들의 '실용수학'은 그 이상의 발전을 하지 못하고 말았다. 이것이 고대수학이 정체된 중요 이유이다.

그러나 플라톤 철학이 대표하는 그리스적 사고의 산물인 수학은 그것과는 판이한 성격의 것이었고, 그 수명도 길어서 오늘날까지도 생명의 불꽃을 태우고 있다. 이 사실은 어떤 교훈을 우리에게 던져 준다. 학문이란 너무 현실과 밀착되면 그 생명이 오래 지탱되지 못한다는 것 말이다. 예를 들면, 요즘의 공학용(工學用)의 응용수학이 그것이다. 새로운 기술의 개발로 더 이상 복잡한 계산이 필요 없게 되면 그런 지식은 금방 용도 폐기된다. 현실적인 요구에서 생겨난 수학이 현실적인 요구가 없어지면 그와 함께 사라지게 되는 것은 당연하다. 그런데, 그리스 태생의 수학은 현실적인 쓰임새가 목적이 아니라 스스로 '내부의 소리'에 의해 이루어진 것이기 때문에 현실의 요구와는 상관없이 오랜 생명력을 유지할 수 있었다.

세상은 우리의 상식과는 달라서 일상적인 일은 모두 노예에게 맡기고, 초현실적인 관념의 세계에 몸담았던 그리스의 자유 시민이나 귀족들의 사치스러운(?) 명상 속에서 얻은 지식이 현실과 밀착된 계산 기술보다 값진 것을 보여 준 것이다. 하기야 너무 현실을 외면했기 때문에 마침내는 수학이라기보다 괴상한 철학(신학?)으로 타락해 버리는 면이 없지도 않았다. 중세의 보에티우스류(流)의 수론(數論)은 그 좋은 보기이다.

어쨌든 감각을 떠나서 오로지 이성에만 호소할 때, 비로소 '이데아'의 세계를 문제 삼을 수 있고, 그리고 그 이성은 수학적인 방법에 의해서 다듬어진다고 하였으니, 이 수학은 단순히 현실의 기술적인 문제를 해결하기 위한 것이 아니었고, 그보다 모든 학문에 접근하기 위한 기본적인 소양이었다. 그래서 그리스에서는 계산술 따위의 하찮은(?) 기술은 '로지스티케(logistike)'라고만 불러 '고상한 수학'과 엄연히 구별하였다. 그리고 이 '천한' 일은 노예들에게나 맡겼다(유클리드의 『원론』에는 계산이 전혀 등장하지 않는다!).

그리스 수학의 특징의 하나는 — 그리스의 학문 일반의 특징이기도 하지만 — 수학자라고 해서 오늘날처럼 수학의 전문가를 뜻하는 것은 아니었다. 수학자는 동시에 철학자이기도 하였다(하긴 유럽에서 직업적인 수학자가 등장한 것은 불과 200년도 채 되지 않는다).

고대 그리스의 교양인들은 소크라테스와 같은 예외가 더러 있기는 하지만 거의 모두가 '수학을 모르는 자는 철학을 하지 못한다.' 라든지, '신은 수학적(=기하학적)으로 사고한다.' 라고 하는 신념을 믿고 있었다. 즉, 수학은 그들의 이성적 사고인 로고스(logos) 그 자체였다. 그런데 인간의 사고를 이성적인 것으로 가다듬기 위해서는 논리적으로 따질 능력이 있어야 한다. 논리적인 수학, 그것은 계산술이 아니라 기하학이었다. 그리스 수학을 대표하는 것은 당연히 기하학이어야 했다.

그리스의 미술과 건축, 음악, 그리고 우주관은 모두 기하학적인 조화(proportion)와 균형(symmetry)을 바탕으로 하였다. 그만큼 기하학적 정신은 비단 철학에서뿐만 아니라 그리스 사람의 온갖 사고를 지배하고 있었다.

그러나 그 결과가 반드시 바람직한 것만은 아니었다. 그들이 크게 내세우는 '완전한 체계'나 또는 '순수한 지성'이라는 것들이 실제로 '그리스적'이라는 인상을 주지만 너무나 지나치게 큰 권위를 갖게 되자 그 이후의 과학이 어떠해야 하는지까지도 규정해 버린 것이다. 그들의 과학 방법론, 즉 분석하고 종합하는 과학 체계는 오늘날 학문 발전에 기여한 것이 사실이지만, 때로는 과학이 비약적 혁신을 시도할 때 이 오래된 체계가 커다란 방해가 되기도 하였다. 아리스토텔레스의 권위를 넘어서기 위해 근세 과학이 몸부림을 쳐야 했고, 천동설을 뒤엎고 지동설이 등장하기 위해서 과학자가 화형을 당하는 희생을 치르기도 했다. 신이 이 훌륭한 과학을 인류에게 넘겨줄 때 '권위'라는 독소도 함께 넣어 준 것이다. 국가가 정한 제도 속에서 줄곧 숨 쉬어 왔던 동양(특히 중국과 한국)의 과학은 그 극단적인 예이다.

> **유의점**
>
> 1. 이데아론(論)과 그리스 기하학과의 관계
> 2. 그리스 기하학과 오리엔트 기하학과의 대비
> 3. 그리스인의 계산
> 4. 그리스의 수학자와 철학의 관계

3

그리스 수학계의 거인들

탈레스

1,000년 이상 계속된 그리스 문명에서 기라성같이 나타난 사상가들은 거의 대부분 수학과 관련이 있는 인물들이었지만 그중의 몇 사람에 대해서는 꼭 알아야 할 것이다.

그리스의 밀레토스에서 태어난 탈레스(Thales, BC 624?~546?)는 소금, 기름(올리브유) 등을 거래하는 상인으로서, 이집트에 여행하였던 당시는 배우려는 의욕이 강한 청년이었다. 이집트에서는 왕이 죽으면 돌로 산과 같은 큰 무덤을 쌓아올렸다. 이러한 왕릉(王陵, 피라미드)을 만들기 위해서는 수만 명의 노예가 매일 수십 년간 일해야 할 만큼 엄

수학자

"물은 만물의 근원이다."

탈레스

청난 노동력과 경비가 소요되었다. 지금도 수십 개의 피라미드가 남아 있지만, 그중 큰 것은 높이가 500~600척을 넘는다.

탈레스는 이 거대한 피라미드의 높이를 겨우 막대기 하나로써 알아맞추어 당시 사람들을 놀라게 하였다. 그러나 알고 보면 이 방법은 닮은 직각삼각형 사이의 간단한 관계를 이용한 것에 지나지 않는다. 그는 막대기를 수직으로 세우고 이것과 피라미드의 그림자의 끝이 일치하도록 했다. 이어서 그는 〈그림 1-2〉와 같은 비례식을 만들

피라미드의 꼭짓점을 A라 하고, A부터 밑변에 내린 수선의 발을 B라고 한다. 또, 다른 장소에 막대기 DE를 땅에 수직으로 세워 두고, 맑은 날에 B로부터 A의 그림자 C까지의 거리와 E로부터 E의 그림자 F까지의 거리를 동시에 잰다. 이때 $\triangle ABC$와 $\triangle DEF$의 대응하는 변이 서로 평행이기 때문에 $\triangle ABC$와 $\triangle DEF$는 서로 닮았다.

따라서 $\dfrac{AB}{DE} = \dfrac{BC}{EF}$ 이다. 즉 $AB = \dfrac{DE \cdot BC}{EF}$ 이다.

여기서 DE, BC, EF는 모두 길이를 측정할 수 있기 때문에 AB도 구할 수 있다.

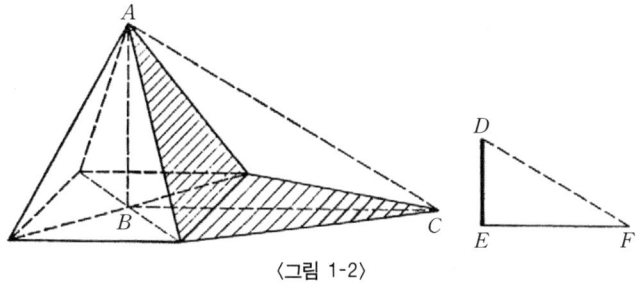

〈그림 1-2〉

어 피라미드의 높이를 알아낸 것이다. 당시로서는 이 마술사와 같은 이 솜씨가 이집트 왕 아마시스를 감동시켰다고 한다.

중국에서도 일찍부터 이 방법을 천문학과 토지 측량에 이용하였다. 특히 중국은 국가 권력이 천문(天文, 하늘에 나타난 현상)과 관련이 깊어서 이 방면의 연구가 왕성했고, 앞서 이야기한 『구장산술』과 거의 같은 시대에 지어진 천문학책인 『주비산경(周髀算經)』에는 막대기, 즉 노몽(gnomon, 이것을 주해(周解)라고 불렀다)으로 여러 가지를 쟀다.

그리스에서는 탈레스가 비례 관계를 이용해서 문제를 푼 최초의 사람이었다. 이 한 가지만으로도 그의 이름은 수학의 역사에 길이 새겨 둘 만하다(무엇이든 최초의 '한 발'이 가장 어렵다). 그가 상인 생활을 그만두고 학자로서 여생을 마치게 된 것도 이와 같은 타고난 자

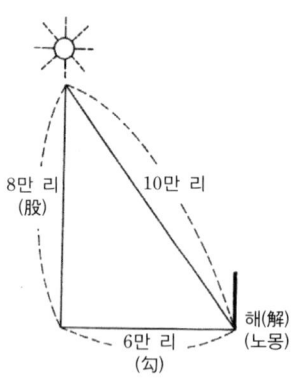

| 『주비산경(周髀算經)』에 실려 있는 노몽 이용의 예 | 노몽(解, 해)이 서 있는 곳으로부터 태양의 바로 밑, 즉 노몽의 그림자가 생기지 않는 곳까지는 6만 리이다. 처음의 지점에서 태양 바로 밑까지의 거리를 구(勾, 직각삼각형의 직각을 낀 짧은 변), 여기서 태양까지의 높이를 고(股, 직각삼각형의 직각을 낀 긴 변)라 하고, 구와 고를 각각 제곱하여 합한 값의 제곱근을 구하면, 노몽에서 태양까지의 거리 10만 리를 얻는다.

질이 있어서였다.

탈레스는 이오니아학파의 창시자였는데, 그 철학은 우주(자연 세계)의 근본 원인이 무엇인지를 규명하는 데 있었다. 이것이 오늘날 자연철학이라고 불리는 학파의 시작이다. 철학자 탈레스는 수학보다 천문학과 관련하여 더 잘 알려져 있다. 그는 당시에 이미 지구는 둥글다는 것을 알고 있었으며, 1년이 $365\frac{1}{4}$일이라는 것을 이집트인들이 그리스에 소개하기도 했다.

무엇보다도 그의 이름이 높아진 것은 기원전 585년 5월 28일에 일식(日食)이 있을 것을 예언해서 그것이 적중한 사건 때문이다. 뿐만 아니라, 메디아와 리디아와의 싸움이 이 일식 때문에 끝이 난다는 것까지를 덧붙여 말한 것이 딱 들어맞은 사실은 그를 더욱 유명하게 만들었다.

일식 때문에 태양이 갑자기 빛을 잃은 것을 본 두 나라의 장군은 "이대로 전쟁을 계속하다가는 신의 노여움을 사게 된다. 이 전쟁을 끝내고 신에게 용서를 빌어야 한다."며 군대를 철수시켰던 것이다.

탈레스가 증명했던 수학 명제 중에는 다음과 같은 것들이 있다.

(1) 맞꼭지각은 서로 같다.

2개의 직선 AB와 CD가 만나면, 그림 3처럼 4개의 각 $\alpha, \beta, \gamma, \delta$가 생긴다. 이때 α와 β, γ와 δ가 서로 맞꼭지각이라는 것쯤은 여러분도 잘 알고 있다. 하긴

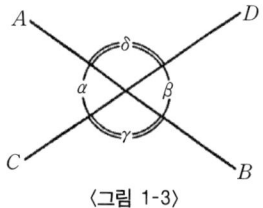

〈그림 1-3〉

$$\alpha=\beta,\ \gamma=\delta$$

라는 것은 일찍부터 이집트인들도 잘 알고 있었다. 그러나 탈레스는 이에 그치지 않고, 왜 그러는지 그 이유를 분명히 밝혔다. 즉

$$\alpha+\gamma=2\angle R,\ \beta+\gamma=2\angle R$$
따라서, $\alpha+\gamma=2\angle R=\beta+\gamma$, $\alpha+\gamma=\beta+\gamma$
그러므로, $\alpha=\beta$이다. 이렇게 말이다.

명제의 성립 이유를 분명히 밝힌다는 것은 매우 중요하다. 왜냐하면 단순히 그 사실을 아는 것에 그치는 것이 아니라 그 사실의 본질을 규명하고, 그 명제와 다른 명제와의 관계도 명확히 알아낼 수 있기 때문이다.

(2) 이등변삼각형의 두 밑각은 서로 같다.

이것은 △ABC에서 $AB=AC$일 때 $\angle B=\angle C$임을 말하는 것이지만, 이 사실도 이집트인은 경험적으로 잘 알고 있었다. 그러나 그 이유에 대해서는 설명하지 못했다(않았다?).

탈레스는 이 명제에 대해서도 증명했다.

지금 △ABC를 뒤집어 △ACB를 생각하면, 두 삼각형 △ABC와 △ACB에서 $\angle A=\angle A$, $AB=AC$, $AC=AB$이기 때문에 이 두 삼각형은 완전히 포개어진다. 즉, 합동이다.

따라서 ∠A=∠C이다.

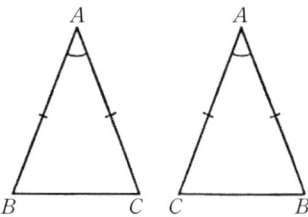

(3) 두 쌍의 변과 그것에 끼인 각이 각각 같은 두 개의 삼각형은 서로 합동이다.

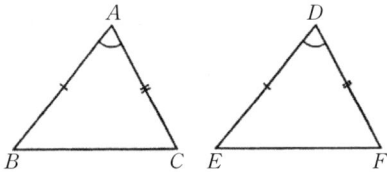

(4) 한 변과 그 양 끝각이 각각 같은 두 삼각형은 서로 합동이다.

이와 같이 탈레스는 이집트인의 경험적인 지식을 이론적으로 정리하고, 이들 지식을 다시 실제 문제에 응용했다.

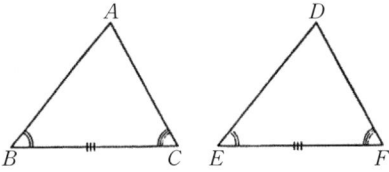

다음과 같은 예가 그것이다.

(ㄱ) 어떤 두 지점 A, B 사이에 산이나 호수가 있어서 직접 거리를 잴 수 없을 때, 두 지점 AB 사이의 거리를 간접적으로 알아내는 방법.

먼저 A, B 양쪽을 바라볼 수 있는 지점 O를 정하고, A와 O를 연결하는 선분을 $\overrightarrow{AO}$의 방향으로 연장해서 그 위에 $AO=OC$가 되는 점 C를 잡는다.

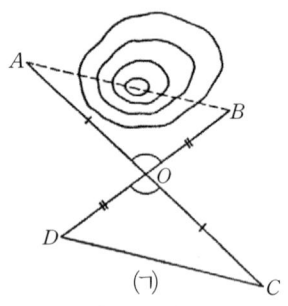
(ㄱ)

또 B와 O를 연결한 선분을 $\overrightarrow{BO}$의 방향으로 연장해서 그 위에 $BO=OD$가 되는 점 D를 잡는다. 그러면 AOB와 COD가 생긴다. 이 두 삼각형에서 O는 맞꼭지각으로 같고 $OA=OC$, $OB=OD$이기 때문에 두 삼각형은 합동이다. 즉, $\triangle AOB \equiv COD$이다.

따라서 합동인 두 삼각형에서 같은 각에 대한 변의 길이는 서로 같으므로 $AB=CD$이다. 그러므로 CD의 길이를 재어서 알아내면 AB의 길이도 알 수 있다. 이것은 앞의 (3)을 응용한 것이다.

(ㄴ) 해안의 한 지점(Q)에서 바다에 떠 있는 배까지의 거리를 재는 방법.

바다 위의 배를 P로 하였을 때, 해안에 Q 이외에 또 하나의 점 R을 잡고 RQP와 QRP를 잰다. 그리고, 이것들과 같은 각을 이루는 직선을 QR에 대해서 P의 반대편, 즉 해안 쪽에 긋고, 그 두 선이 만나는 점

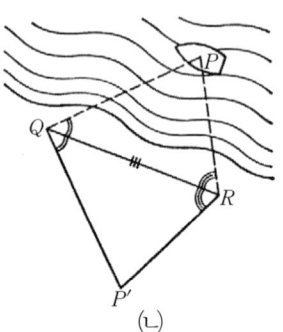
(ㄴ)

을 P'로 한다. 당연히 $\angle RQP = \angle RQP'$, $\angle QRP = \angle QRP'$이다. 그러면 PQR과 $P'QR$에서 QR은 공통이고, 두 양끝 각이 각각 같기 때문에

이들은 합동이다. 따라서 $QP=QP'$이다. 그러므로 QP'의 길이를 재면 QP의 길이가 나온다. 이것은 앞의 (4)를 응용한 것이다.

그 밖에도 탈레스는 다음 명제들을 증명하였다.

(5) 삼각형의 내각의 합은 $2\angle R$이다.

(6) 하나의 원에서 지름 위의 원주각은 모두 직각이다(이것은 피타고라스가 발견했다는 설도 있다).

(7) 두 개의 삼각형에서 대응하는 변이 모두 평행이면, 그 두 삼각형은 서로 닮았다.

ABC와 DEF에서 $BC /\!/ EF$, $CA /\!/ FD$, $AB /\!/ DE$이면, ABC와 DEF는 닮았다.

즉, $\angle B = \angle E$, $\angle C = \angle F$, $\angle A = \angle D$이고, $\dfrac{BC}{EF} = \dfrac{CA}{FD} = \dfrac{AB}{DE}$이다.

탈레스는 피라미드의 높이를 재기 위해서 명제 (7)을 이용하였다.

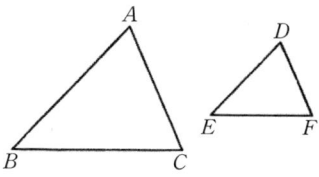

피타고라스

러셀(B. Russell)은 그의 『서양철학사』에서 피타고라스(Pythagoras, BC 582?~497?)를 '역사상 가장 지적이고, 가장 중요한 인물'이라고 극찬하고 있다. 기원전 6세기경에 에게 해 사모스에서 태어난 사람이라고 전해지나, 그에 관한 이야기는 지금의 상식으로는 너무나 터무니없는 면이 많다. 그중에서 믿을 만한 부분만을 추려보면 대강 다음과 같다. 젊었을 때부터 이집트, 바빌로니아를 두루 여행하면서 40세쯤 되어 당시 그리스의 식민지 남이탈리아의 크로톤에 돌아와 학교를 세웠다. 맹자(孟子)가 말하는 '천하의 영재(英才)를 얻어서 가르친다'는 것이 그리스의 학자에게도 큰 보람이었던 모양이다. 이 학교는 이른바 별꼴 오각형[星形五角形, 양]의 배지를 달고, 피타고라스를 중심으로 연구 활동을 했고, 엄격한 규율로 단결되어 연구 결과도 '피타고라스'의 이름으로만 발표하기로 되어 있었다. 이렇다 보니, 이 학교(=학파)는 자연히 비밀결사 조직을 형성하게 되었고, 정치에도 큰 영향을 끼쳤다. 귀족주의(貴族主義)적인 이 학파는 때마침 일어난 민주화 풍조에 반대하는 입장을 취했다가 그들로부터 압박을 받고 마침내 피타고라스는 학살당하고 말았다.

피타고라스라면 누구나 중학교에서 배운 피타고라스 정리(定理)를 먼저 머리에 떠올린다. "직각삼각형의 빗변을 한 변으로 하는 정사각형의 넓이는 다른 두 변 위에 세워진 정사각형의 넓이의 합과 같다."

수학자

"모든 것은 수이다."

피타고라스

그는 이 정리를 발견했을 때, "이것은 나 혼자만의 힘으로 된 것이 아니고, 오로지 신의 도움으로 가능했다."라고 기뻐하여 황소 100마리를 잡아 신에게 공물로 바쳤다고 전해진다.

두 변의 길이가 각각 3, 4인 직각삼각형을 만들어 보면, 빗변의 길이는 5가 된다. 즉, 직각삼각형의 세 변의 길이가 가장 간단한 경우는 이것들이 각각 3, 4, 5가 될 때이다. 또 실제로 1자 2치(1m 20cm라도 상관이 없다)의 밧줄을 각 부분이 3치, 4치, 5치씩으로 구분되도록 구부리고 양 끝을 맺으면, 3치와 4치의 변 사이의 각이 꼭 90°, 즉 직각이 된다(이 방법은 정확히는 피타고라스 정리의 평을 이용한 것이다). 자나 컴퍼스 없이 직각을 만들고 싶을 때는 이 방법으로 한다. 지금도 목공이나 석공들은 이 방법을 이용한다.

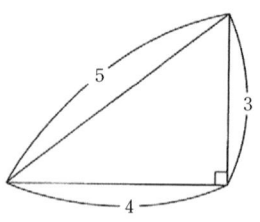

피타고라스 정리는 얼핏 보기에는 넓이에 관한 것처럼 생각되지만, 직각을 이루는 각 변의 길이의 관계, 또는 역으로 말해서 직각을 만들기 위한 세 변의 길이에 관한 문제라고 할 수 있다. 이 피타고라스 정리를 피타고라스 자신이 어떻게 증명했는가는 전해지지 않지만, 아마 다음과 같은 방법이었을 것이다.

먼저 한 변의 길이가 $a+b$인 정사각형을 만들고 이 정사각형을 〈그림 1-4〉의 (ㄱ)처럼 분할하면, 면적이 $a·2$인 정사각형이 하나, 면적이 $b·2$인 정사각형이 하나, 그리고 면적이 ab인 직사각형이 두 개

생긴다. 따라서 그 전체 면적은 a^2+b^2+2ab이다.

다시 같은 정사각형을 그림 4 (ㄴ)처럼 분할하면 면적이 c^2인 정사각형이 하나, 면적이 $\frac{1}{2}ab$인 직각삼각형이 4개 생긴다. 따라서 그 전체 면적은 c^2+2ab이다. 그리고 〈그림 1-4〉에서 두 정사각형의 면적은 같기 때문에 $a^2+b^2+2ab=c^2+2ab$이다.

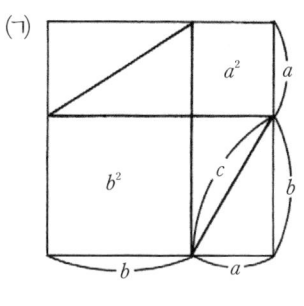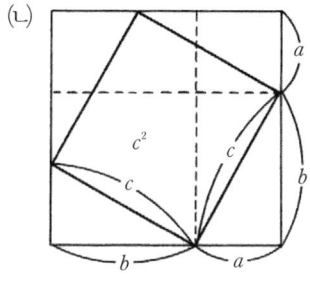

〈그림 1-4〉

이 식을 정리하면, $a^2+b^2=c^2$이다.

피타고라스 정리의 역(逆), 곧 '삼각형의 세 변의 길이가 $a^2+b^2=c^2$이라는 관계를 만족하면 a, b 사이에 끼인 각은 직각이다.'는 다음과 같이 증명된다.

피타고라스 정리의 역을 증명하기

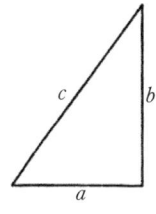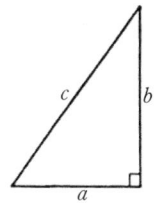
먼저 a, b를 밑변과 높이로 하는 직각삼각형을 만든다. 그리고 이 직각에 대한 변을 c'로 하면, 피타고라스 정리에 의해

$$a^2+b^2=c'^2$$

이다. 그리고 가정에 의해 $a^2+b^2=c^2$이기 때문에 $c=c'$이다. 따라서 두 삼각형은 합동이고, 처음에 주어진 삼각형의 a, b 사이의 각은 직각이다.

피타고라스는 그밖에 음악 이론, 수의 이론 등 많은 수학적 업적을 남겼다. 피타고라스는 계산술과는 다른 '수' 그 자체의 성질을 연구하는 수론(數論)의 창시자이기도 하다. 홀수[기수(奇數)], 짝수[우수(偶數)], 소수(素數), 서로소인 수, 완전수, 과잉수(過剰數), 부족수, 친화수(親和數), 피타고라스 수(피타고라스 정리를 만족하는 3개의 자연수) 등은 모두 피타고라스가 생각해 낸 개념이다.

피타고라스 학파의 사람들은 존재하는 것과 관련된 수는 모양을 갖지 않으면 안 된다고 생각하여 수를 도형과 결부시켜서 연구했다. 곧 그들은 도형을 이루는 최소 원소인 점(點)을 아름답게 배열할 때의 수에 대하여 특별한 흥미를 보였다. 그 대표적인 것은 점을 정삼각형꼴로 배열했을 때의 수, 즉 '삼각수'(三角數)와 정사각형으로 배열했을 때의 수인 '사각수(四角數)'이다(〈그림 1-5〉).

이들은 전체적으로 어떤 규칙성을 갖고 있다. 즉, 제n번째의 삼각수 T_n은

$$T_n=1+2+3+\cdots+n=\frac{1}{2}n(n+1)$$

이다. 그리고 제n번째의 사각수 S_n은 $T_n=n^2$이다.

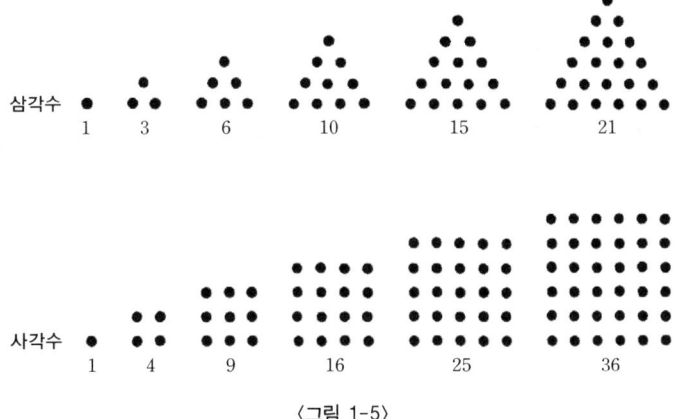

〈그림 1-5〉

이처럼 수의 세계가 '질서', 즉 규칙성에 의해 강하게 뒷받침된다는 사실을 깨달은 그들은 심지어 이 우주가 수 또는 수들의 관계(비율)에 의해 모두 설명할 수 있다고 믿었다. 그래서 그들은 '만물은 수'라고 주장하였다. 이러한 피타고라스의 신념은 플라톤에게 계승되어 그에 의해 철학적으로 다듬어졌으며, 코페르니쿠스, 갈릴레이, 케플러, 뉴턴으로 이어지는 서양 사상사에 결정적인 영향을 주었다.

플라톤

플라톤의 철학에 관해서는 앞서 설명하였으므로 이번에는 수학과 관련이 있는 이야기만을 하겠다.

수학자

"기하학을 모르는 자는 이 문으로 들어올 수 없다."

플라톤

앞에서도 이야기한 바와 같이 플라톤은 소크라테스의 가장 우수한 제자였다. 그는 아테네의 서쪽 교외(郊外) 아카데모스의 숲에 학교를 세워 우수한 제자를 육성하였다. 오늘날 '아카데미'라는 말이 전문학술기관을 의미하게 된 것은 여기에서 비롯된 것이다.

플라톤의 학교에서 가르치는 주요 과목은 기하학과 산술(算術: 계산술이 아닌 수의 이론, 즉 수론)이었다. 그가 교문 현판에 "기하학을 모르는 자는 이 문 안에 들어오지 말라."고 써붙였다는 이야기는 유명하다. 그러나 여기서 말하고 있는 '기하학'이란 지금의 그것보다 훨씬 폭넓게 '기하학적 정신'이라고 할 내용이었다(플라톤 자신은 피타고라스와 같은 수학자는 아니었다. 그는 수학 자체보다도 '철학'을 위해 수학을 필요로 하였을 뿐이다). 따라서, 이 현판에 담긴 뜻을 현대식으로 새긴다면 다음과 같이 된다.

"기하학을 모르는 자뿐만 아니라, 기하학밖에 모르는 자(=기하학의 전문 기술자일 뿐인 자)는 이 문 안에 들어오지 말라."

플라톤과 기하학의 관계를 말해 주는 것으로는 유명한 '배적문제(倍積問題)'가 있다.

어느 땐가 델로스라는 도시에 괴질이 유행했다. 시민들이 평소에 늘 섬기고 있었던 아폴로 신에게 이 병의 퇴치를 기원하자, "정육면체의 제단(祭壇)의 부피를 2배로 늘리면 너희들의 소원을 들어주겠다."라는 신탁을 받았다. 석공을 시켜서 이 정육면체의 각 변의 길이를 각각 2배로 만들어서 바쳤으나 질병은 그치지 않았다. 재차 신탁을 기다리자, 새 제단의 부피는 2배가 아닌 8배가 되어 버렸으니 꼭 2배로 고치라는 분부였다. 결국 이 문제는 $x^3=2$의 해, 즉 2의 세제곱근 $\sqrt[3]{2}$를 작도하는 수학 문제로 귀결된다. 플라톤의 아카데미아에서도 이 문제의 해결에 힘썼다.

플라톤(또는 그의 학파 사람들)이 고안한 정육면체 배적(倍積)의 장치

다음 그림에서, 고정된 직각 MZN 및 움직일 수 있는(직교의) 십자형 $B \cdot VW \cdot PQ$를 생각해 보자. 또 두 개의 변 RS 및 TU가 고정된 직각의 두 팔 위를 수직으로 미끄러지도록 되어 있다. $GB=a$ 및 $BE=f$가 일정한 길이가 되도 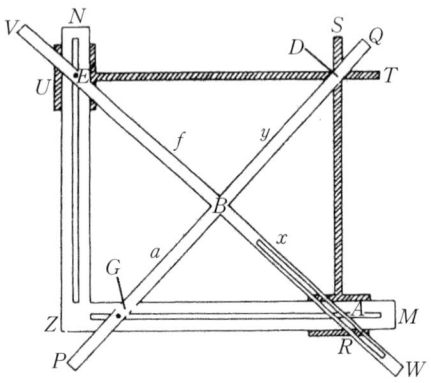 록 십자형 위의 두 정점 E 및 G를 잡는다. 점 E 및 G가 각각 NZ 및 MZ 위에 오도록 십자형을 놓고, 변 TU와 RS를 미끄러지도록 하고, 직사각형 $ADEZ$의 정점 $A \cdot D \cdot E$를 십자형의 팔 $BW \cdot BQ \cdot BV$가 지나갈 만한 위치에 장치 전체를 갖다 놓을 수가 있다. 이와 같은 배치는 $f>a$라면 항상 가능하다. $a:x=x:y=y:f$임은 명백하므로 이 장치에서 f를 $2a$와 같게 한다면 $x^3=2a^3$이다. 따라서 x는 모서리 a인 6면체의 두 배 부피를 가진 6면체의 모서리이다.

플라톤은 마침내 자와 컴퍼스보다 더 편리한 기계를 만들어 이 난문을 해결하였다. 그러나 그는 스스로 "수학이란 기계의 힘을 사용하지 않고 순수 사유(思惟)에 의해서, 즉 자와 컴퍼스만을 사용하여 문제를 해결해야만 의의가 있다."며, 끝내 자신의 해결 방법에 만족하지 않았다.

플라톤의 수학관(數學觀)은 결국 그의 철학인 이데아론에 근거를 두고 있는 것이지만, 더 따져보면 당시 그리스의 사회상을 잘 반영하고 있음을 알 수 있다. 기계적이거나 기술적인 조작은 거의 온갖 생산 활동을 노예들에게 맡겨버린 그 당시 교양사회의 일반적인 풍조에서 볼 때 '바람직스럽지 못한' 것이다. 이렇게 형성된 그리스 문명은 후대에까지 강한 영향을 미쳐 기하학을 끝내 자와 컴퍼스, 즉 '직선과 원의 수학'으로 국한시키는 결과를 가져오고야 말았다. 하긴, 작도 문제를 게임으로 생각한다면, '자와 컴퍼스'라는 제약을 귀족 취미라고 탓할 것은 못 된다. 게임에는 항상 제약이 따르기 마련이니까.

이 배적문제는 자와 컴퍼스만으로는 작도할 수 없다는 것이 플라톤 이후 2,000여 년이나 지나서야 겨우 증명되었다.

궤변으로 이름 높은 소피스트들은 너무나 이상주의적인 플라톤의 주장에 가만히 있을 턱이 없었다. 소피스트 중에서도 악명 높기로 유명한 프로타고라스(Protagoras, BC 500~430)는 접선(接線)의 개념을 다음과 같이 꼬집었다.

"원과 한 점에서 접하는 접선이 존재할 수 있나? 원과 직선이 떨어져 있으면 한 점도 공유할 수 없을 것이고, 또 붙어 있다면 한 점일 수 없으니 말이다."

이 말이야말로 후일에 뉴턴의 미분학을 공격한 버클리 대주교(大主敎)의 의견이나 같은 것이다.[2] 이 반론에 대해서 세계 최초의 유물론자(唯物論者) 데모크리토스(Demokritos, BC 461~370)가 다시 반발하고 나섰다. "인간은 불완전한 도구를 사용하기 때문에 실제로는 수학적인 원에 접하는 수학적인 직선을 그을 수 없다. 따라서 원과 한 점에서 접하는 직선을 눈으로는 볼 수 없다. 그러나 우리는 정신의 눈으로는 볼 수 있으며, 논증의 힘으로 그것을 알 수 있다."

플라톤은 한층 더 나아가 "수학자들은 설명이 필요 없는 존재를 인정할 수 있다. 또 이를 바탕으로 가설을 세워 논리를 전개하고, 구하고자 하는 결론을 얻어낸다. 눈에 보이는 도형을 이용하고 그것에 관해 따지지만, 그들은 눈에 보이는 도형에 국한해 생각하는 것이 아

---

[2] 뉴턴은 미적분학을 창시했을 당시, 함수 $y=f(x)$의 도함수 $f'(x)=dy/dx$를 '유율(流率)'이라고 불렀다. 뉴턴은 이 유율($dy/dx = \lim_{\Delta x \to 0} \Delta y/\Delta x$)을 '아주 작은 증가량의 궁극적인 비'라고 설명하였다. 이에 대하여 버클리는 다음과 같이 의문을 제기하였다. "도대체 이 '유율'이란 무엇인가? 그것은 유한의 양(量)도 아니고, 무한히 적은 양도 아니다. 또한 존재하지 않는 양도 아니다. 그렇다면, 이건 '죽은 양'의 망령이란 말인가?' 그러나 뉴턴이나 라이프니츠는 '무한히 적은 양'인 dx나 dy에 대해 더 이상 명확하게 설명할 수 없었다. 이 두 사람은 dy/dx가 두 개의 일정한(=정적인) 양의 비가 아니라, 이것들이 0에 접근할 때의 과정에서 궁극적으로 도달하는 비의 값임을 알고 있었으나, 이것을 적절히 표현할 방법이 없었던 것이다.

니라 도형이 나타내는 사실과 현상을 생각한다."고 하였다. 이런 그를 단순히 수학자라고 말할 수 없음은 물론이다. 그러나 앞서 말한 것처럼 "기하학을 모르는 사람은 들어오지 말라"고 현판을 붙였던 그의 철학에는 수학의 영향이 매우 크게 작용했다.

유클리드

플라톤의 아카데미아 출신(이라고 짐작되는)인 유클리드(Eukleides, BC 330?~275?)는 그 학파의 사상을 가장 잘 나타낸 수학자이다. 그는 플라톤 철학을 기하학에 반영시켜 그리스의 그때까지의 기하학을 체계적으로 정비해서 13권으로 된 명저(名著) 『스토이케이아[Stoicheia: 원론(原論), 또는 영어로 Elements]』를 엮었다. 성서(聖書)와 더불어 인류 역사상 베스트셀러의 자리를 지켜온 이 책은 20세기 초기까지도 영국에서는 그대로 교과서로 사용했다. 제1권의 제1페이지에 '정의(定義)'가 줄줄이 나열되

| 유클리드의 『원론』 첫 페이지 |

수학자

"기하학에는 왕도가 없다."

유클리드

어 있는데, 이들 정의는 이 책에서 중요한 위치를 차지하고 있다. '정의'는 그리스어로 ὅρος라고 하므로 '말의 정확한 규정', 다시 말하면 '어떤 것의 본질을 말로 나타내는 명제(命題)'라고 해석해야 할 것이다. 그러나 실제로는 경험에서 얻어진 것을 언어로 가장 명확하게 표현하려고 노력한 것이라고 하는 쪽이 더 옳을 것이다.

어떤 것을 계속 분할해 가면 끝내는 우리의 감각으로는 식별할 수 없는 단계에 도달한다. 이것을 유클리드는 "점은 부분을 가지지 않는 것이다."(정의 1)라고 표현했다. 그러니까 '길이[長]'가 없는 상태를 말한다. 이와 관련해서 '폭이 없는 길이'를 생각할 수가 있다.

그래서 '길이'를 정의하지 않고 곧바로 "선(線)은 폭이 없는 길이이다."(정의 2)라고 했다. 그러나 이것만으로는 선의 구조를 확실하게 나타낼 수는 없으므로 "선의 양끝은 점(點)이다."(정의 3)라고 보충하고, "선은 점으로 구성된다."라고 했다. 선을 더 분류해서 "직선이란 모든 점이 평등하게 있는 선을 말한다."(정의 4)라고 직선을 도입했다.

선의 정의와 마찬가지로 "면(面)은 폭과 길이만을 가진 것이다."(정의 5)라 하고, 정의 3을 본따서 "면의 끝은 선이다."(정의 6)라고 정의한 다음, 면은 선으로 형성되어 있다고 했다. 이같은 생각을 바탕으로 정의 4처럼 "평면은 그 위의 두 점을 어떻게 생각하든지 그것을 양끝으로 하는 선이 이 면 위에 완전히 얹혀 있는 면이다."(정의 7)라고 평면(平面)을 정의한다. 이렇게 따져 가면 이들 정의는 모든 경험의 산물이라는 것을 알 수 있다.

그다음부터는 유형대로 정리하는 형식을 취해서

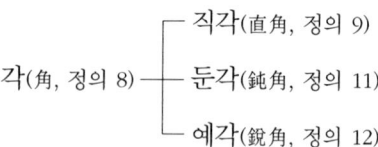

또 "경계는 어떤 것의 끝쪽을 말한다."(정의 13)라고 정의한 다음, "도형은 하나 또는 많은 경계에 의해서 둘러싸인 것이다."(정의 14)라고 새로 도형의 개념을 도입하고, 이것을 각의 경우와 마찬가지로 종류별로 분류한다. 즉,

원(圓, 정의 15)과 반원(半圓, 정의 18), 직선 도형(정의 19)을 정의하고, 직선 도형을 다시 다음과 같이 나누어 정의한다.

1. **삼각형**(정의 19)

    (1) 등변, 이등변, 부등변삼각형(정의 20)

    (2) 직각, 둔각, 예각삼각형(정의 21)

2. **사각형**(정의 19)

    (1) 정사각형, 직사각형(정의 22)

    (2) 마름모꼴(정의 22)

    (3) 사다리꼴(정의 22)

3. **다각형**(정의 19)

끝으로, 평행선을 정의한다. "동일 평면상에 있는 두 직선을 양쪽으로 끝없이 연장해도 만나지 않을 때, 이것을 평행선이라 한다."(정의 23)

이어서 '공준(公準)'이 등장한다. 이 낱말의 본래의 의미는 '요청(要請)'이다. 따라서 곧이곧대로 표현하면 '승인을 요구하는' 명제이다.

다섯 개밖에 없으므로 이것을 차례차례 적어 나가 보면, 다음과 같다.

1. 임의의 점에서 임의의 점까지 하나의 직선을 긋는 것.
2. 한정된 직선을 연장하여 하나의 직선으로 하는 것.
3. 임의의 중심 및 반지름으로 원을 그리는 것.
4. 직각은 모두 같다는 것.
5. 한 직선이 두 개의 직선과 만나서 그 한쪽의 두 내각의 합이 2직각(180°)보다 작을 때는, 그 두 직선을 연장하면 내각의 합이 2직각보다 작은 쪽에서 만난다.

이들 공준은 얼핏 보아도 자연계의 사실을 그대로 반영한 것인데, 이 중에서 마지막 5번째 공준이 가장 유명하며, 유클리드의 기하학을 특징짓는 것이다. 그래서 특히 '평행선의 공리' 또는 '유클리드의 공준'이라 불린다. 유클리드는 제5공준을 사용하지 않고 그 역(逆)인 "두 직선이 한 직선과 만나고, 그 어느 한쪽에서 두 직선이 만나면, 그 쪽에서 생기는 두 내각의 합은 2직각보다 작다."라는 명제를 증명했다.

제5공준의 역의 증명

지금 두 직선 a, b에 제3의 직선 c가 각각 점 A, B에서 만나고, a, b가 P에서 만난다고 하자. 선분 AB의 중점을 M이라 할 때, $PM = MQ$가 되도록 점 Q를 잡으면, $\triangle AMP \equiv \triangle BMQ$이다.

따라서, $\alpha + \beta = \angle QBP < 2\angle R$이다.

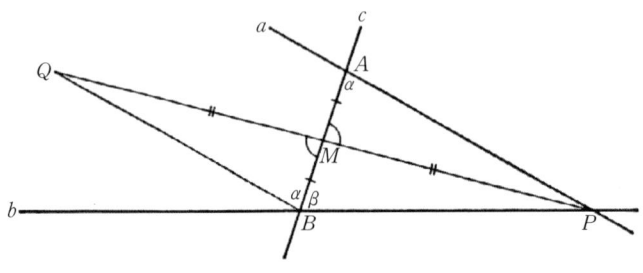

그러나 유클리드는, $\alpha + \beta = \angle QBP < 2\angle R$이면 두 직선은 내각이 2직각보다 작은 쪽에서 만난다는 것은 증명하지 못했다. 그래서 그는 이것을 공준으로 내세운 것이다.

이어서 '공리(公理)'가 또 5개 있다. 여기에 공리로 번역된 것은 '누구든지 진리로서 승인하는 개념'이란 의미이다('공준'이 기하학에 국한된 특수 명제인데 비해 '공리'는 일반적인 명제라는 차이가 있다).

그 내용은

1. 동일한 것과 같은 것끼리는 서로 같다.
2. 같은 것에서 같은 것을 더하면 그 결과는 또한 같다.

3. 같은 것에서 같은 것을 빼면 나머지도 또한 같다.

4. 완전히 겹칠 수 있는 것은 서로 같다.

5. 전체는 부분보다 크다.

이다. 제1공리는 추이율

$$A=B,\ B=C \text{이면}\ A=C$$

와 같은 뜻이다. 이어서 본론으로 들어가도록 되어 있다.

『원론』에서 다룬 증명이 얼마나 엄격했는지 – 따라서 그만큼 '수학적'이었는지 – 는 피타고라스 정리에 관한 증명 하나만 읽어 봐도 금방 알 수 있다(다음은 이것을 요약한 것이다). 지금의 중학생에게는 너무 까다롭다고 해서 쉬운 증명으로 바뀌어 실리는 정도이니까.

피타고라스 정리의 증명 – 유클리드의 방법

'직각삼각형에서 직각을 낀 두 변을 각각 한 변으로 하는 정사각형의 면적의 합은 빗변을 한 변으로 하는 정사각형의 면적과 같다.

〈증명〉

오른쪽 그림에서

(1) 정사각형 $ACHI = \triangle ABI \times 2$ (왜?)

　 직사각형 $ADKJ = \triangle ADC \times 2$ (왜?)

(2) △ABI ≡ △ADC (왜?)

(3) (1), (2)로부터

정사각형 $ACHI$

= 직사각형 $ADKJ$

(4) 같은 방법으로

정사각형 $BFGC$

= 직사각형 $BJKE$

(5) 이상으로부터

정사각형 $ACHI$ + 정사각형 $BFGC$ = 정사각형 $ADEB$

따라서,

$AC^2 + BC^2 = AB^2$

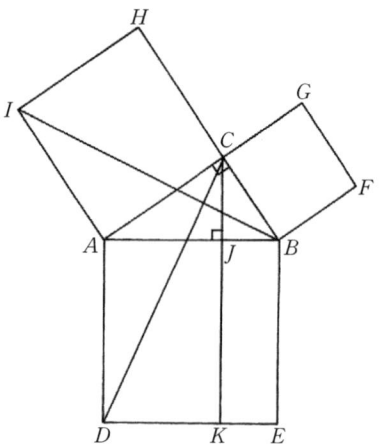

 유클리드는 훗날 이집트의 프톨레마이오스 2세가 될 왕자에게 기하학을 지도한 적이 있었는데, 너무 어려우니 좀 쉽게 가르쳐 달라는 왕자의 요구에 "기하학에는 왕도(王道)가 없습니다."라고 꾸짖었다는 일화가 있다.

 기하학이 제왕학(帝王學, 최고의 학문)이라는 긍지가 있었기 때문에 왕자에게도 서슴지 않는 힐책을 가할 수 있었던 것이다. 이것은 그리스 사람의 이성을 대변하는 것이 기하학이고, 따라서 기하학은 진리를 깨우치는 방법이며, 진리는 누구에게나 예외가 없기 때문에 기하학의 공부에도 예외가 있을 수 없다는 철저한 신념을 말해 주고 있다.

사유(思惟=논리적인 사고)와 이성에 대한 절대적인 신뢰는 감각적인 것에 대해서는 반대하고, 나아가면 결국 현실 경시로 이어진다.

"논리로만 전개되는 이 학문(기하학)을 배워서 어디에 써먹겠다는 말입니까?"라는 제자에게 유클리드는 "너는 장사나 해서 돈이나 벌어라" 하고 호통 치며 하인을 시켜 돈을 몇 푼 내주게 하여 내쫓았다. 이 에피소드는 바로 그리스 수학의 특징을 말해 주는 좋은 예이다.

유클리드의 『원론』이 한 치의 논리적 모순 없이 구축된 데는 제논과 같은 궤변가의 활약도 한몫했다. "아무리 발이 빠른 아킬레스라도 앞서 가는 거북이를 잡을 수 없다."는 주장을 뒷받침하는 궤변에 흔들리지 않기 위해 완벽한 논리 체계를 세울 필요가 있었다.

3대 난문

그리스의 민주정치는 당시 페르시아 대제국의 절대왕권 정치에 대한 도전이었다. 그래서 페르시아 전쟁이 발발한다. BC 480년에 일어난 살라미스 해전에서 그리스의 민첩한 해군은 페르시아의 대함선을 격파해 버렸다. 그후 그리스는 펠로폰네소스 전쟁(BC 431)이 일어나기까지 번영할 수 있었다. 특히 아테네는 정치, 문화의 중심지로서 여러 나라에서 학자와 예술가들이 모여들었다. 여기서 소피스트(sophist)라는 직업적인 교사가 생겨나고, 그들은 궤변으로 자신의

수학자

"나는 화살은 과녁에 맞지 않는다."

제논

주장을 폈기 때문에 철학자들로부터 많은 비난을 받았다. 다음의 '3대 난문(難問)'은 이들 소피스트와 관계가 깊다고 한다. 그건 그렇고 자와 컴퍼스만을 사용하여 해결해야 하는 이 유명한 기하학의 문제는 그리스뿐만 아니라 그후 2,000년에 걸친 세계(유럽)의 수학 발전에 지대한 영향을 끼쳤다.

(1) 임의각의 3등분 문제

주어진 임의의 각을 2등분하는 것은 자와 컴퍼스로 쉽게 그릴 수 있지만 3등분하는 문제는 그렇지 않다. 소피스트 중 한 사람인 히피

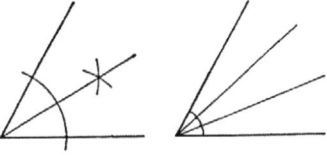

아스(Hippias, BC 460)는 다음과 같은 방법을 써서 이 문제를 해결했다. 정사각형 $ABCD$에서 한 변 AB를 A를 중심으로 등속도로 시계 반대 방향으로 회전시켜 AD의 위치에 이르게 하고, 이와 동시에 변 BC를 일정 속도(등속도 운동)로 AD까지 이동할 때, 두 선분이 만나는 점 P가 그리는 곡선 $\overset{\frown}{BH}$를 생각한다. 이 곡선을 히피아스곡선(또는 원적곡선)이라 한다. 3등분할 각을 $\angle EAB$라 하면, EA와 히피아스곡선의 교점 L에서 선분 LU를 긋고, CU의 3등분점에서 MV와 NW를 긋는다. 그러면 선분 AM과 AN이 $\angle EAB$를 3등분한다(〈그림 1-6〉).

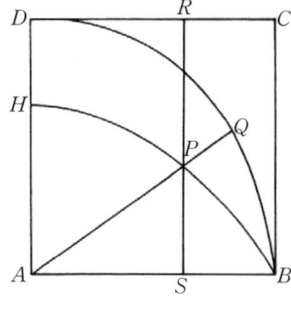 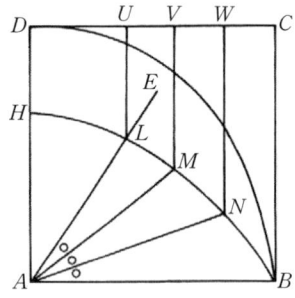

〈그림 1-6〉

또한 〈그림 1-7〉과 같은 도구를 고안한 사람도 있다. 선분 OB, OC는 $\angle XOY$의 3등분선이다. 그러나 이것들은 모두 특수한 곡선이나 기계적인 방법을 쓴 것이며, 자와 컴퍼스만으로는 해결되지 않는다.

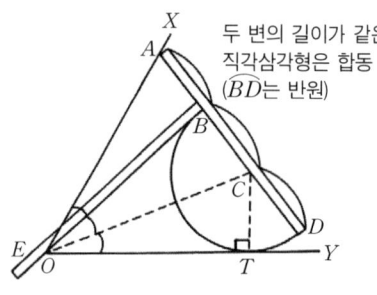

〈그림 1-7〉

(2) 입방체의 부피를 배로 늘리는 문제

이 문제는 앞에서 플라톤의 이야기를 할 때 설명하였으므로 자세히 이야기하지는 않겠다. 이것은 주어진 정사각형의 2배 면적인 정사각형의 작도를 공간상으로 확장한 문제이다.

즉, 주어진 정육면체의 한 변의 길이를 1로 하였을 때 부피도 1이므로, 작도해야 할 정육면체의 부피는 2이다. 따라서 이 정육면체의 한 변의 길이를 x로 하면 $x=\sqrt[3]{2}$가 된다.

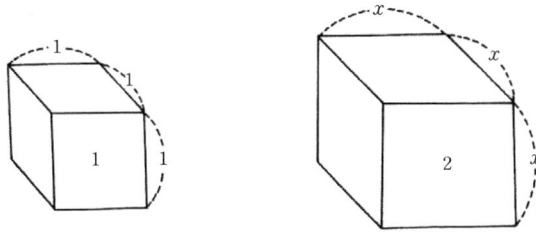

히포크라테스(Hippocrates, BC 430)라는 수학자(의술의 원조인 히포크라테스는 아님)는 이 문제를 $a : x = x : y = y : 2a$를 만족하는 x, y를 구하는 문제로 귀착시켰다. 이것은 $a : x = x : y$로부터 $x^2 = ay$이고, $a : x = y : 2a$로부터 $xy = 2a^2$이 얻어진다. 이 두 식을 곱하면 $x^3 y = 2a^3 y$, 따라서 $x = 2a^3$이다.

(3) 원의 면적과 같은 정사각형의 작도 문제

소피스트들은 주어진 다각형을 그것과 같은 면적을 갖는 삼각형으로 고치는 문제, 삼각형을 같은 면적의 직사각형으로 고치는 문제, 직사각형을 같은 면적을 갖는 정사각형으로 고치는 문제를 모두 해결할 수 있었기 때문에 원과 같은 면적을 갖는 정사각형을 작도하는 문제에도 도전했다. 그림 8에서 보는 바와 같이 원의 면적 S는 πr^2이고, 그와 같은 면적을 갖는 직사각형의 면적 S는 $\pi r \cdot r$이다. 따라서 이 문제는 πr인 길이가 선분을 자와 컴퍼스로 작도하는 문제가 된다. 그러나 아무도 성공하지 못했다.

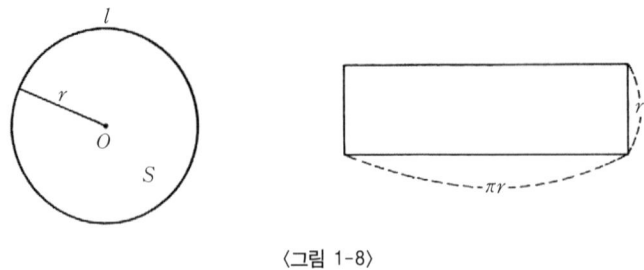

〈그림 1-8〉

자와 컴퍼스에 의한 작도는 1, 2차방정식의 문제까지는 해결이 가능하다. 그러나 위의 첫 번째와 두 번째 문제는 3차방정식의 해를 구해야 하고, 세 번째 문제는 그나마 방정식의 해가 될 수 없는 무리수(초월수) π의 값을 구해야 한다. 이같은 사실이 밝혀진 것은 지난 19세기의 일이다.

아르키메데스

아르키메데스(Archimedes, BC 287~212)처럼 매력적인 천재는 드물다. 그의 머릿속에는 그리스적인 것과 근대적인 것이 서로 얽혀 공존하고 있었다. 어느 면에서는 지극히 현실적이었고, 반면에 플라톤이나 유클리드처럼 지나치게 비현실적인 구석도 있었다.

수학자

"나에게 충분히 긴 지렛대와 움직이지 않는 받침점을
준다면 지구라도 움직여 보이겠다."

아르키메데스

그러나 그가 인류 역사상 세 손가락 안에 들어갈 대과학자임에는 틀림없다. 실제로 17세기에 등장한 미분적분학은 아르키메데스의 연구를 2,000년 만에 열매 맺게 한 셈이었다. 세계 수학사에 있어서 그와 어깨를 나란히 할 수 있는 과학자는 겨우 뉴턴, 가우스 등을 꼽을 수 있을 정도이다. 그의 연구 분야도 수학, 기계학, 물리학, 천문학, 수력학(水力學) 등 광범위하였다.

그의 수학적인 업적 중에는 π, 즉 원주율(원주와 지름의 비율)의 계산이 있다. 그는 π가 $\frac{22}{7}$보다 작고 $\frac{223}{71}$보다 크다. 즉,

$$3.14084 < \pi < 3.142858$$

임을 밝혔다.

원주율의 연구는 원넓이, 원주의 길이를 셈하는 데 반드시 필요하다. 아르키메데스는 원의 지름×원주율(π)은 원주가 된다는 사실에서 원넓이를 다음과 같이 계산했다.

(1) 원주의 길이를 구한다.

······$2\pi r$

(2) 원주의 길이에 반지름을 곱한다.

······$2\pi r^2$

(3) 위의 결과를 2로 나눈다.

······$\frac{2\pi r^2}{2} = \pi r^2$

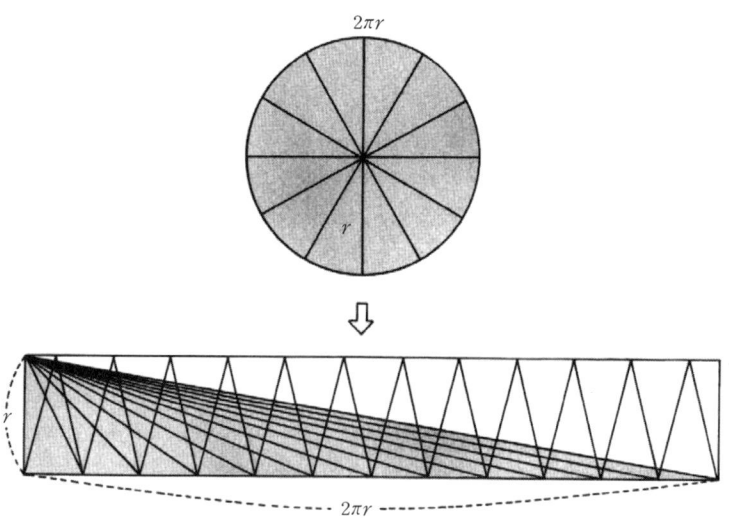

아르키메데스의 연구는 오늘날 초등학교에서 배우는 것과 같은 방법의 것은 아니었지만 결과는 똑같다.

그는 구(球)의 표면적은 그 대원(大圓), 즉 주어진 구와 같은 반지름을 갖는 원의 넓이의 4배, 즉 $S = (\pi r^2) \times 4$이며, 외접하는 원기둥 겉넓이의 2/3임을 증명하였다.

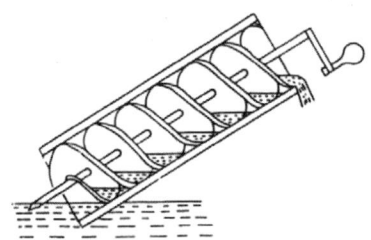

| 아르키메데스의 수차(水車, 나선형의 펌프) | 이것은 2,300년이 지난 현재에도 이집트의 농부들이 사용하고 있다.

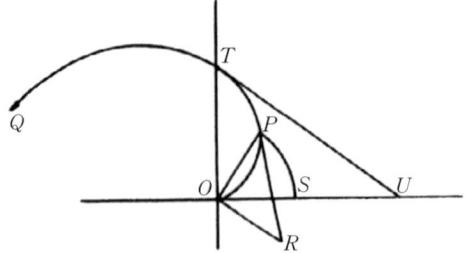

| 아르키메데스의 나선에 의한 원의 구장법(求長法) | 아르키메데스는 알렉산드리아의 코논이 찾아낸, 곡선이 원주와 같은 길이의 직선을 구할 때나, 또는 원을 정사각형화할 때에도 쓰인다는 것을 밝혀냈다. 이 곡선은 오늘날 아르키메데스의 나선(螺線)이라고 불린다. 이것은 반직선이 그 끝점의 주위를 똑같이 회전할 때, 반직선 위를 같은 속도로 움직이는 점이 평면 위에 그리는 자취(궤적)로 정의된다. 돌고 있는 레코드판 위를 중심으로부터 바깥쪽으로 걷고 있는 파리의 발자국을 연상하면 이해하기 쉽다.

 그가 자랑하는 발견 중의 하나는 "원기둥에 내접하는 구의 부피는 그 원주(통) 부피의 2/3와 같다."라는 것이었다. 그런데, 원기둥에 내접하는 원뿔의 부피는 그 1/3이라는 사실이 이미 밝혀져 있었다. 따라서, 이들 세 입체의 부피의 비(體積比)는 1:2:3이 된다. 그는 평소 입버릇처럼 자신의 묘비에 이 사실을 적어 달라고 유언하였다.

 아르키메데스는 과학자로서는 드물게 많은 일화를 남겼다. 그중에서도 "나에게 충분히 긴 지렛대와 단단히 고정된 받침점만을 준다면 지구도 움직여 보일 수 있다."는 주장은 근엄한 학자의 자신에 넘친 장담이었기 때문에 더욱 주위 사람들을 놀라게 하였다고 한다. 그리고 그가 목욕을 하다가 탕 속의 물이 넘쳐흐르는 것을 보고 문득 부력(浮力)의 법칙을 발견하고, "유레카, 유레카!(알았다, 알았다!)"를 외치면서 시라쿠사의 거리로 알몸인 채로 달려 나갔다는 것, 그리고 이 법칙에 의해 순금이 아닌 가짜 금왕관을 만든 금세공(金細工) 기술자의 속임수를 밝혀냈다는 이야기 등 말이다.

그의 논문 중에는 또 각의 3등분 문제에 관한 것도 있다.

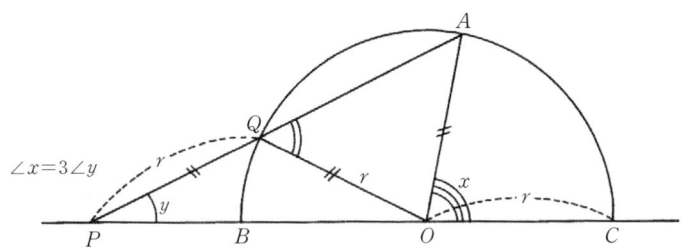

〈그림 1-9〉 아르키메데스의 각의 3등분법

〈그림 1-9〉에서 ∠AOC가 3등분해야 할 각, 그리고 호 CAB는 반원이고 O는 중심이다. P가 지름 CB의 연장선상에 있으며, PQ의 길이를 반지름 r과 같이 잡으면 ∠APC는 ∠AOC의 1/3이다 (그림에서 곧 알 수 있다). 그런데 ∠APC를 작도하기 위해서는 반지름 r의 길이를 표시한 자를 써야 한다. 이것은 '눈금이 없는 자'라는 작도의 조건에 어긋난다.

아르키메데스는 시칠리아의 시라쿠사에서 태어났다. 학문의 도시인 이집트의 알렉산드리아에서 오랫동안 유학하고 고향에 돌아와 일생을 보냈다. 그는 순수 이론적인 과학뿐만 아니라 실용적인 기술에도 뛰어난 재능을 발휘했다.

그의 현실 감각은 전쟁 무기를 제작하면서 두각을 나타냈다. 그의 고국 시라쿠사가 로마의 침략을 받았을 때, 그는 수많은 신무기를 발명하여 침략군을 괴롭혔다. 그중에는 태양 광선을 반사하는 거대한 육각형의 거울을 조립해서 만든 오목렌즈도 있었다. 시라쿠사 군은 그것으로 로마의 배를 불태웠고, 투석기(投石機, 돌을 던지는 기계) 등도 있었다. 로마의 장군 마르켈루스는 아르키메데스를 100개의 눈을 가진 거인 브리아레오스(Briareos)에 비유할 정도였다고 하니 그의 발명이 얼마나 위력을 발휘하였는가를 짐작할 수 있다.

그러나 그의 이와 같은 발명에도 불구하고 시라쿠사가 마침내 패하자 로마 병정이 침입해 왔다. 마침 모래 위에 원을 그리면서 수학 문제에 몰두하고 있던 아르키메데스는 한 병정이 모래를 밟자, "그

| 아르키메데스의 최후 |

원을 밟지 말라!"고 소리를 질렀다. 병정은 패전국의 노인이 소리 지르는 것을 보고 홧김에 그 자리에서 아르키메데스를 죽이고 말았다. 패전국의 과학자는 값진 전리품(戰利品)의 하나로 꼽힌다는 것은 예나 지금이나 같다. 로마 장군 마르켈루스는 어떠한 일이 있어도 아르키메데스만은 살리려 했으나 그의 명령이 지켜지지 않고 말았다. 그러나 그는 학자에 대한 두터운 존경심으로 그의 죽음을 깊이 애도하며, 아르키메데스의 생전의 희망에 따라 원통 내에 구가 내접하는 그림을 새긴 묘비를 세웠다.

아르키메데스는 근대적인 의미의 과학의 창시자라고도 일컬어진다. 그것은 기술로 자연을 지배해 나가는 일면과, 또 한편으로는 논리로 과학 이론을 형성하는 또다른 면을 아울러 지니고 있었다는 뜻에서 말이다.

확실히 그에 관한 일화를 읽어 보면, 그의 몸가짐은 '철학자'다운

면이 많다. 이 짐작과는 달리, 그는 실제로 철학에는 별로 관심이 없었다. 그것은 그가 수학(과학)과 철학의 벽이 차츰 벌어지기 시작한 시대에 살았던 탓이기도 하다. 어쨌든 그에게서 2,000년 전의 고리타분한 옛사람 냄새가 아니라 근대적인 참신한 체취(體臭)를 느끼는 것은 그가 수학 및 과학의 역사상 몇 안 되는 오랜 생명력을 지닌 위대한 '영웅'이었다는 사실과도 맞물린다.

로마로 간 그리스 수학

아르키메데스가 로마 병사에게 죽임을 당한 것은 상징적인 사건이었다. 이후 로마 제국은 그리스의 여러 도시국가를 병합하고 지중해를 제패하였으나, 그리스 과학의 꽃인 수학은 그로부터 오히려 시들기 시작했다. 로마는 순수과학 분야에서는 독자적인 성과를 거둔 일이 거의 없었고, 단순히 피정복국인 그리스, 이집트, 카르타고 등의 문화를 흡수하고 모방하는 일에 그쳤다.

로마는 그리스의 문화를 강탈하기는 했으나, 제대로 발전시키지는 못했다. 특히 수학은 그들에게 관심 밖의 일이었으며, 수학사 위에 남은 로마 사람의 업적이란 수의 표시 및 계산에 있어서 번거롭기만 한 로마 숫자 Ⅰ, Ⅱ, Ⅲ, Ⅳ, Ⅴ, Ⅵ, Ⅶ, Ⅷ, Ⅸ, Ⅹ, Ⅺ, Ⅻ……가 있을 뿐이다. 그들의 수 표시는 1은 Ⅰ, 5는 Ⅴ, 10은 Ⅹ, 50은 L, 100

은 C로 나타내는 5진법(進法)이다. 이것이 10진법에 비해 불편한 것은 두말할 나위가 없다. 그리스에서 창출된 수학의 전통이 로마에서 질식하고 말았다.

그러나 이것은 로마가 과학문명에 등을 돌린 '야만'의 나라였다는 뜻은 결코 아니다. 로마는 그리스에 비하면 비록 순수과학은 꽃피우지 못했지만, 현대적인 의미의 테크놀로지(technology), 즉 '수리과학(數理科學)' 분야에는 나름대로 독자적인 발전을 이룩하였다. 이에 대해서는 뒤에서 따로 이야기하겠다.

후기 알렉산드리아

로마제국이 일어나면서 지중해 일대는 전화(戰禍)의 불길에 휩싸인다. 전쟁으로 학문에 대한 열기는 식어 버렸지만, 그래도 알렉산드리아는 학문과 문화의 중심지로서 위치를 지키고 있었다. 동서의 교류가 빈번해지면서 항해술이 필요해지자 천문학과 삼각법의 연구가 왕성해졌다. 오늘날 각도를 나타내는 60진법도 삼각법에 도입되었다. 당시의 천문학자로는 아리스타르코스(Aristarchos, BC

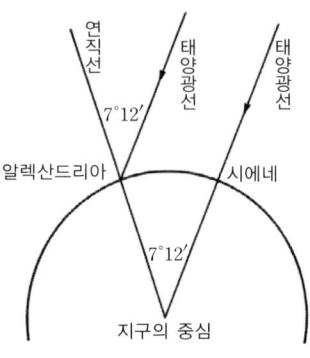

수학자

"수학자는 '순서'와 '관계'만을 따른다."

에라토스테네스

280), 에라토스테네스(Eratosthenes, BC 275~194), 히파르코스(Hipparchos, BC 190~120) 등이 활약했다. 에라토스테네스는 알렉산드리아의 도서관에 있으면서 하짓날 정오에 태양의 고도를 측정하여 지구의 크기를 추정해 냈다.

또, 히파르코스는 천문학을 위해 삼각법의 기초를 확립했다. 그는 오늘날의 삼각함수표에 해당하는 것을 만들었고, 구면천문학(球面天文學)에 대해서도 연구하였다.

당시는 그리스의 이론적인 수학과 동방의 울린 '공존의 시대'였다. 이 시대를 대표하는 실용적인 수학이 함께 어울린 '공존의 시대'였다. 이 시대를 대표하는 수학자로는 삼각형의 넓이에 관한 '헤론의 공식', $\sqrt{s(s-a)(s-b)(s-c)}$ (단, a, b, c는 삼각형의 세 변, $2s=a+b+c$)[3]으로 유명한 헤론(Heron, BC 120~75?), 그리고 기호를 도

---

[3] 이 공식을 피타고라스 정리를 이용해서 구하면 다음과 같다.

그림에서 △ABC의 면적은 $\frac{ah}{2}$ 이다.

그런데, 직각삼각형 △ABH와 △ACH에서
$h^2 = c^2 - x^2$ …… ①
$h^2 = b^2 - (a-x)^2$ …… ②

①, ②에서
$c^2 - x^2 = b^2 - (a-x)^2 = b^2 - a^2 + 2ax - x^2$
∴ $x = \dfrac{a^2 - b^2 + c^2}{2a}$ …… ③

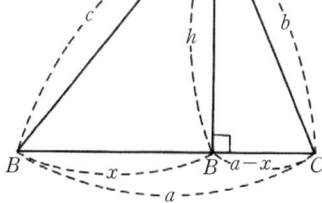

입하여 수의 이론(=整數論)과 방정식(주로 1, 2차방정식)을 연구한 '대수학의 아버지' 디오판토스(Diophantos, 246?~330?)를 꼽을 수 있다.

---

③을 ①에 대입하면,
$$h=\sqrt{c^2-x^2}=\sqrt{c^2-\left(\frac{a^2-b^2+c^2}{2a}\right)^2}$$
$$=\frac{1}{2a}\sqrt{4a^2c^2-(a^2-b^2+c^2)^2}$$
$$=\frac{1}{2a}\sqrt{\{(a+c)^2-b^2\}\{b^2-(a-c)^2\}}$$
$$=\frac{1}{2a}\sqrt{(a+b+c)(a-b+c)(a+b-c)(-a+b+c)} \quad \cdots\cdots ④$$

$a+b+c=2s$로 놓으면,
$a-b+c=2(s-b)$
$a+b-c=2(s-c)$
$-a+b+c=2(s-a)$

이것을 ④에 대입하면
$$h=\frac{2}{a}\sqrt{s(s-a)(s-b)(s-c)}$$

따라서 △ABC의 면적 S는
$$h=\frac{ah}{2}=\frac{1}{2}a\cdot\frac{2}{a}\sqrt{s(s-a)(s-b)(s-c)}$$
$$=\sqrt{s(s-a)(s-b)(s-c)} \quad (단, 2s=a+b+c)$$

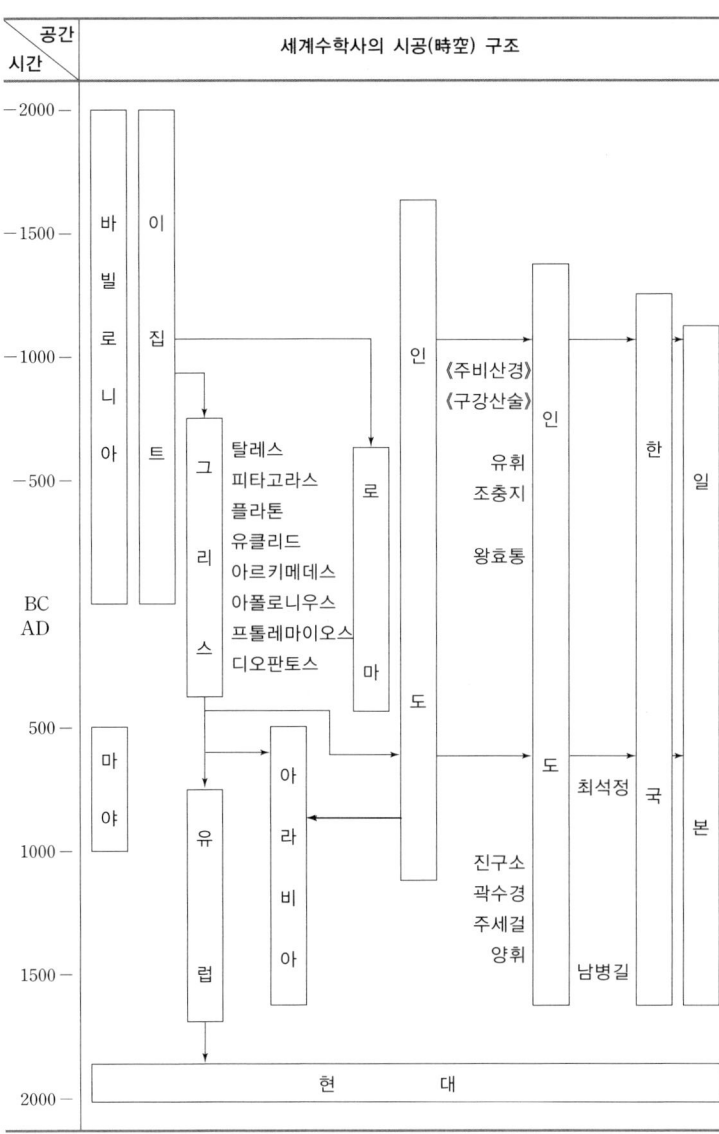

제1장 고대의 수학

유의점

1. 직각삼각형에 관한 피타고라스 정리의 여러 가지 증명법.
2. 피타고라스 학파가 후세에 미친 영향.
3. 유클리드 기하학의 특성, 공준과 공리의 차이.
4. 아르키메데스가 후세에 미친 영향.
5. 아르키메데스가 인류사상 최대의 수학자 중 하나로 간주되는 의미.

연습문제

1. 고대수학과 현대수학의 차이점에 대해서 설명하라.
   - 『원론』 중의 피타고라스 정리의 증명을 완성하여라.
   - 아르키메데스가 고안한 각의 3등분 작도를 설명하라.
2. 그리스 수학의 특정을 말하고 현대수학에 미친 영향에 대해서 설명하라.
3. 로마 시대에 수학이 계승되지 못한 이유는?
4. 플라톤 아카데미의 현판 "기하학을 모르는 자는 이 문에 들어오지 말라."는 말의 의미에 대해 설명하라.

제 2 장
중세의 수학

과학에 관한 중세적 정신은 다른 분야의 중세적 정신처럼 15세기 및 16세기의 르네상스에 이르러 끝난 것이 아니고, 겨우 17세기에 와서 이른바 과학혁명이라는 환경 속에서 끝을 맺었다. 16세기에도 여전히 중세적인 아리스토텔레스 철학은 파도바(이탈리아의 대학도시)에서 판치고 있었으며, 갈릴레이나 데카르트는 그것과 격렬하게 싸웠다.

– 살로몬 보크너(Salomon Bochner), 『과학사 속의 수학』–

1

중세의 사회상

로마 사회와 문화

이탈리아 반도의 로마는 원래 농업을 주로 하는 라틴 민족의 작은 도시국가였다. 로마는 잦은 외침(外侵)에 대항하기 위해 다른 도시국가들과 서로 단결할 필요가 있었다. 로마를 관통하는 티베르 강변의 세 귀족 집단이 동맹을 체결한 것은 비단 로마뿐만 아니라 세계 문명사상 극히 중요한 사건이다. 훗날 이 동맹은 실로 위대한 로마의 기초를 이룩하게 된다. 로마가 일찍이 발달한 것은 이 초기의 세 귀족 집단의 동맹 이외에도 몇 가지 이유를 꼽을 수 있다. 그 원인들 중에서 가장 주목되는 것은 티베르 강을 이용한 무역과 상업이었다. 또 로마는 해안에서 멀리 떨어져 있었기 때문에 지중해를 가로지른 연안 지방의 거주지로부터 가축이나 곡물을 약탈해 가던 해적의 피해를 벗어날 수 있었다. 게다가 로마는 중부 이탈리아의 큰 강(티베르 강) 유역에 위치해 있었기에 당연히 이 도시국가(로마)는 티베르 강 및 그 지류 지방의 유력한 무역중심지가 되었다.

기원전 2세기 중엽 헬레니즘(그리스 문화권)의 여러 국가들이 무너지기 시작하면서 무정부 상태가 벌어졌다. 그리하여 때마침 포에니 전쟁(이 전쟁에서 아르키메데스가 죽는다)의 승리로 세력을 키운 로마의 세력권에 손쉽게 들어가고 말았다.

로마의 건축은 대체로 그리스 건축을 본뜬 것이기는 하지만, 그렇다고 단순한 모방은 아니었다. 그들은 모방한 건축 구조를 바꾸었을 뿐만 아니라 아치(arch, 반원형의 구조물)를 많이 사용해서 건축물에 독특한 성격을 띠게 하였다. 이 아치의 원리는 일찍부터 그리스나 동

| 아치를 많이 이용한 로마의 건축 |

양의 건축에도 알려져 있기는 했으나 별로 활용하지 않았다. 로마의 건축가는 아치를 사용해서 커다란 건축물의 지붕을 만들고, 깊은 계곡 위에 훌륭한 수로교(水路橋)를 놓았으며, 또 현재에 이르기까지 여러 시대에 걸쳐서 홍수의 피해에 견딜 수 있는 견고한 교량을 넓은 강에 건설했다.

수로교를 통해 로마에 끌어들인 물의 대부분은 목욕탕에서 사용되었다. 소박했던 로마인들의 성품은 나라가 부강해짐에 따라 차츰 사치스럽게 되어 공화국 시대를 거쳐서 황제 지배의 제국 시대에 이르러서는 웅장하고 화려한 대욕장(大浴場)이 세워지게 되었다.

이런 대욕장은 로마 황제가 건설한 건물 중에서도 유독 섬세하고 값진 것이다. 냉탕, 열탕, 온탕, 샤워, 수영장 등의 욕실을 비롯하여 화장실, 체조실, 미술실, 도서실, 산책 및 대화를 위한 테라스(발코니, 옥외로 달아낸 공간)와 많은 조각품이 곳곳에 세워져 있으며, 그 밖에 휴식을 충분히 취할 수 있는 사치스럽기 그지없는 온갖 부속 시설이 있었다. 이 대욕장은 건설자(황제)의 관대함을 나타내기 위해 건축되었기 때문에 입장은 무료였다.

로마 문학은 거의 전부가 그리스 문학을 모방 또는 차용했다고 할 수 있지만, 유럽 문명사 전체를 보면 커다란 공헌을 하였다. 즉, 라틴 문학은 귀중한 그리스 문학을 전 세계에 보급하는 역할을 했다. 루킬리우스(Gaius Lukilius, BC 148 탄생)는 가장 위대한 로마의 풍자 작가의 한 사람이었으며, 아우구스투스 치하에는 베르길리우스(Publius

Vergilius Maro, BC 70~10), 호라티우스(Quintus Horatius Flaccus, BC 65~8), 오비디우스(Publius Ovidius Naso, BC 43~AD 17) 등 위대한 시인 세 사람이 나타났다.

또한 고대 로마는 유명한 네 사람의 역사가를 낳았다. 카이사르 [Gaius, ulius Caesar(율리우스 시저), BC 110~44], 살루스티우스(Gaius Sallustius Crispus, BC 86~34), 리비우스(Titus Livius, BC 59~AD 17), 타키투스(Cornelius Takitus, 55~117)가 그들이다. 그중에서 카이사르의 『갈리아 전기(戰記)』는 크세노폰(Xenophon, BC 434~355)의 『페르시아 정전기』와 함께 줄곧 설화문학(說話文學)의 모범이 되었다.

그리스 과학의 몰락 – 로마 과학의 발흥

과학과 예술의 분야에 있어서 세계제국 로마는 독창성을 발휘하지 못했다. 미술품을 가득 실은 배가 아테네로부터 연일 로마를 향해 떠났지만, 이들 미술품의 대부분은 기실 예술적으로는 볼품이 없었다.

이것들을 주로 장식품으로 수입한 로마의 상층 계급 역시 겉으로만 그리스 문명을 흉내 냈을 뿐 마음속으로는 경멸하였다. 더욱이 그들은 그리스의 비실용적인 학문, 특히 수학에 대해서는 눈을 돌리는 일이 없었다. 결과적으로, 위대한 로마가 그리스 문명에 덧붙인 것은 아무것도 없었다. 철학에 관해서도 기껏해야 그리스적인 요소를 부분적으로 꿰맞추는 정도였다. 그러나 이렇게 말하면 로마가 과학 분야에서 내세울 만한 것은 아무것도 갖지 못했다는 이야기인데, 그렇다면 저 수로교(水路橋), 극장, 대욕장(大浴場) 등의 웅장한 유적은 무엇이란 말인가? 여기서 로마 과학의 명예를 위해 몇 마디 덧붙일 필요가 있을 것 같다.

세계 최초로 과학을 몇 개의 전문 분야로 분류한 것은 바로 로마인이었다. 박식하기로 유명했던 바로(Marcus Varro, BC 116~27)의 책 『여러 학문에 관하여』에서는 학문을 다음의 9분야로 나누어 설명하고 있다.

1. 문법[그라마티카(grammatica)]
2. 논리학[디알렉티카(dialectica)]
3. 수사학[修辭學, 레토리카(rhetorica)]
4. 기하학[게오메트리아(geometria)]
5. 산술[아리트메티카(arithmetica)]
6. 천문학[아스트로노미아(astronomia)]
7. 음악[뮤지카(musica)]
8. 의학[메디키나(medicina)]
9. 건축학[아르키텍투라(architectura)]

이 학문의 분류는 후세에 두고두고 영향을 미쳤다. 이처럼 간접적인 방법에 의해서도 학문의 발달에 이바지할 수가 있는 것이다. 본고장 중국에서 자취를 감추었던 귀중한 수학 문헌이 한국 땅에서 발견되어 동양수학(=중국수학)의 연구에 크게 공헌했던 것처럼 말이다.

　과학에 대한 로마인의 태도에는 두드러진 특징이 있다. 첫째로, 수학을 비롯한 그리스계의 과학을 '무조건' 받아들였다는 점, 이것은 보기에 따라서는 로마인의 폭넓은 포용력을 보여준 것이라고도 말할 수 있다. 이러한 독창성의 결여(缺如) 또는 '무감각'은 호의적으로 보면 그만큼 로마 과학의 폭이 컸기 때문이라고도 생각할 수 있다. 실제로 로마인들은 그리스 과학을 받아들일 때, 그 출처를 분명히 하고, 또 성과도 아울러 평가하였으며, 이것들을 기록으로 남기는 것을 잊지 않았다. 이 때문에 그리스 과학의 업적을 후세에 어김없이 전달할 수가 있었다.

　둘째로, 받아들인 외래의 선진(先進) 지식을 나름대로 체계화하였다. 즉 그들은 기술적·실용적인 입장에서 이것들을 재구성하였다. 실용적인 것은 과학적이지 않다고 치부하면 그만이지만, 오늘날 테크놀로지 영역으로 강조되는 '이론과 실제'의 융합, 즉 과학·기술의 제휴라는 관점에서 파악한다면 이것은 주목할 만한 경향이었다고 생각할 수가 있다.

　셋째로, 현실에의 응용을 목적으로 하는 기술 위주의 과학 사상은 수학을 다른 과학·기술 분야와의 연관 속에서 다루는 수리과학(數

理科學)으로 발전시켰다는 점이다. 뷔트루비우스(Marcus Vitruvius)의 『건축학』 10권은 이 경향을 잘 대변해 주고 있다. 얼핏 건축에 관한 것처럼 보이는 이 책은 과학·기술 이론을 비롯하여, 기하학, 철학, 천문학, 지리학, 식물학, 동물학, 도시 계획, 건축, 시계, 기계(器械) 등을 통틀어 다룬 과학·기술에 관한 '백과전서'이다.

중세 암흑시대

로마가 기원전 1세기쯤에 제국의 기틀을 세웠을 당시만 해도 새로운 영토 내에는 수많은 종교가 그대로 남아 있었다. 이들 민족들을 강력한 힘으로 통일하기 위해서는 겉으로의 복종보다도 정신적인 유대가 필요하였다. 그렇다 보니 정복된 각 민족들의 정신적인 독립을 상징하는 종전의 민족종교(民族宗敎)는 위험천만한 것이었다. '모든 길은 로마로 통한다.'는 캐치프레이즈는 종교에도 예외가 될 수 없었다.

노예 반란을 주제로 한 영화 〈스파르타쿠스〉에서도 잘 묘사되어 있지만 로마는 노예제도의 모순 때문에 정치적인 암투, 몰락된 자유인들의 불만, 노예 반란 등, 정치, 경제, 그리고 사회적인 불안이 그칠 사이가 없었다. 이러한 모순 때문에 사람들의 가슴 속마다 들끓고 있는 갈등을 진정시켜 주는 묘약으로써 그럴싸한(?) 종교가 필요했다.

　기독교는 초창기에 박해를 받기는 했으나 초민족종교(超民族宗敎)로서 '인류애'와 '복종의 미덕'을 강조한다는 점에서 그 첫 번째 조건을 충족시켜 주었고, 또 내세에 축복받은 제2의 삶을 보장하는 점에서는 로마의 정치, 경제상의 모순을 달래주는 윤활유의 구실을 하기 때문에 두 번째 조건까지도 만족시켰다. 기독교는 당시 로마가 요구하는 종교로서는 그야말로 필요 불가결의 조건을 갖추고 있었다. 이 때문에 콘스탄티누스(Constantinus, 274~337) 황제가 기독교를 로마 제국의 대표적인 종교로 공인한 이후 로마의 주인이 몇 번이고 교체되었지만, 그와는 상관없이 계속 교세(敎勢)는 상승일로를 거듭하여 마침내는 정신계(精神界)의 지배자이어야 할 로마 교황이 세속 세계의 지배자인 국왕(國王)과 그 힘을 겨루게까지 되었다.

　유럽이 점차 봉건사회(封建社會)로 접어들기 시작하면서부터 문화는 오히려 생동하는 빛을 잃었다. 봉건제는 노예제에 비해서 늦게 탄생하였으나, 오히려 생산력은 쇠퇴하고, 사회문제도 근본적으로는 하나도 해결하지 못하였다.

　로마 제국이 망한(5세기) 뒤, 노예제도를 대신해 새로운 봉건제도가 세워졌지만, 무력으로 영토를 확장한 봉건귀족(封建貴族)은 농노(農奴)를 부려서 얻은 막대한 부(富)에 의지하여 안이한 나날을 보내는 데 여념이 없었다. 정신생활을 지배한 것은 오로지 기독교뿐이었으니 삭막하기 그지없었고, 사람들의 정신세계는 그저 잿빛으로 물들었다고 할 수 있다. 이렇게 하여 중세의 '암흑시대(暗黑時代)'가 도래한 것이다.

중세의 정신생활에서는 기독교만이 지배적인 위치에 있었고, '학문'은 신학(神學), '학자'는 수도자뿐이었다. 그리하여, 과학이며 철학은 신학의 시녀(侍女)로 추락해 버렸다. 그 결과 수도원(修道院) 밖에서의 학술 연구는 불가능해지고 말았다.

수도원 수학

중세의 수도원에서 다루었던 수학은 그리스 시대의 활기찬 그것이 아니었고, 당시의 종교적 이데올로기에 맞도록 플라톤의 관념적인 수학 사상을 한층 비현실적인 것으로 변형시켜 버렸다. 그것은 이미 수학이 아닌 형이상학(形而上學)이다. 이를테면 동양의 음양수리사상(陰陽數理思想, 음양의 이치를 수리로 풀려는 동양철학)이 그랬던 것처럼 '수(數)'를 수학과는 동떨어진 다른 목적을 위한 도구로 타락시켜 버렸다.

이 시대의 수학을 대표하는 것은 보에티우스(A. M. S. Boethius, 480?~524?)의 『산술교정(算術敎程)』이다. 보에티우스는 『철학의 위안(慰安)』을 지은 철학자로 잘 알려져 있다. 그러나 보에티우스의 수학은 수의 이론이라기보다 한마디로 수를 분류하는 것뿐이었다. 이 점은 주역(周易)에 담긴 동양의 수리사상과 너무도 닮았다.

예를 든다면 보에티우스는 삼위일체(三位一體)라는 신학 이론의 입장에서 수를 3으로 분류하기를 좋아했다. 이 점은 동양에서는 예전부터 9라는 수를 중시하여, 그 때문에 수를 '구수(九數)'라고 불렀고, 심지어 곱셈 구구마저도 지금과는 반대로 구단(九段)으로부터 시작했다는 것과 매우 비슷한 발상이다. 이를테면,

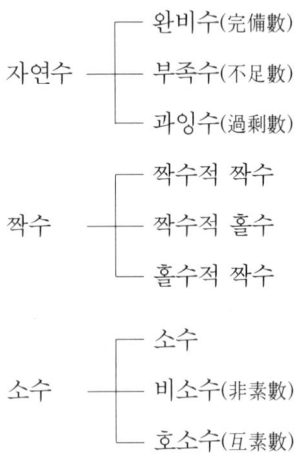

그 밖에 비(比)의 분류, 다각수(多角數)의 분류 등등 말이다.

이런 형편이었으므로 간단한 사칙계산(四則計算)에 관한 설명이라든가, 생활에 응용하는 계산문제 같은 것은 전혀 찾아볼 수 없었다. 그렇기는커녕 한 술 더 떠서 수의 신비성까지도 들먹이고 있다. 즉, 1은 신(神), 2는 선과 악, 3은 삼위일체(三位一體) 등의 개념이다(『주역』에서는 1은 태극(太極), 2는 양의(兩儀), 즉 음과 양이다). 전능(全能)의 신이 만

든 생물의 수는 6이라야 한다. 왜냐하면 6의 약수 1, 2, 3의 합은 6=1+2+3이 되어 완전하기 때문이다. 그런데 8의 약수의 합은 1+2+4=7이어서 8보다 작다. 인류 제2의 기원은 노아(Noah)의 홍수부터인데, 이때 방주(方舟) 안에 있던 동물의 수가 8, 따라서 그때부터 인간은 부족한 존재가 된 것이다, 등. 그러나 "불합리이기 때문에 믿는다."고 외친 어느 교황의 말처럼 그늘진 곳에서는 신비적인 것, 미신적인 것들이 오히려 인간의 마음을 사로잡는다. 이 보에티우스 수학은 밝은 헬레니즘(그리스 문화)의 이성시대(理性時代)가 종말을 고한 이후 중세의 어두운 사회가 낳은 필연적인 산물(産物)이었다.

| 보에티우스와 그가 사형될 때까지 살았던 거처 |

중세의 계산술과 수학책

중세 초기에서 중기에 걸쳐서 나온 수학이란 모두 로마 수학을 연장한 것이다. 이를테면 영국의 성직자 베다(Saint Beda, 672~735)가 지은 『계산론』이라는 책에는 여러 가지의 기독교 축제일(祝祭日)을 정하는 방법이 설명되어 있다. 우리나라의 명절은 1월 1일, 1월 보름, 5월 5일, 추석(秋夕) 등, 모두 음력으로 일정한 날짜가 정해져 있으나 기독교의 축제일 중에는 일정치 않은 것이 있다.

가령 부활절은 '춘분(春分) 또는 추분(秋分)의 하루 뒤에 오는 유월절(逾越節, pass over)이 있는 달의 제14일 직후의 일요일'이라고 정해져 있다. 그러므로 3월 22일(화)을 춘분이라 하고, 그 직후의 음력 보름을 4월 4일(화)이라고 하면, 부활절은 4월 9일이 된다. 베다의 『계산론』에서 축제일의 셈이 중요한 자리를 차지하고 있는 것으로 미루어 보면 중세 수학의 내용이 어떤 것이었는지 짐작할 수 있다.

베다 다음으로 신학자 알비누스(Alcuin Albinus, 735~804)를 들 수 있다. 알비누스는 아일랜드 출생으로, 여러 가지 교육 제도의 확립에 힘썼다. 그가 지은 수학책으로는 『오성(五性)을 예리하게 하는 문제집』이라는 어마어마한 제목이 붙은 것이 있다. 그러나 내용은 수학과는 동떨어진 것들이 대부분이다.

"두 사람이 있다. 5마리에 2파운드를 주고 돼지를 100파운드만큼 공동 구입했다. 이것을 분배한 뒤 재차 같은 비율로 팔아 이득을 보았다고 한다. 그 이유는 무엇인가?"

이것은 수학적인 문제가 아닌 순 엉터리 문제이다. 저자는 이것을 다음과 같이 풀고 있다. 처음 두 사람이 구입한 돼지는 250마리이며, 이것을 분배할 때 A는 살찐 돼지 125마리, B는 마른 돼지 125

마리로 나누었다. A는 그중 120마리를 2마리에 1파운드의 비율로 팔고, B는 120 마리를 3마리에 1파운드의 비율로 팔았다. 두 사람이 판 돼지의 값은 평균 5마리에 2파운드, 그렇다면 A의 매상고는 60파운드, B의 매상고는 40파운드로 합계 100파운드, 즉 처음의 지출 액수와 같다. 그러나 A의 손에는 살찐 돼지 5마리, 그리고 B에는 마른 돼지 5마리가 각각 남아 있어, 그것이 이익이라는 것이다. 이것은 수학 문제라기보다 일종의 재치 문답이라고 해야 옳다.

그리스의 수학자에 비하면 이들 중세 수학자의 연구는 보잘 것 없었다. 중세 암흑기는 수학사적인 입장에서 보아도 암흑이었다. 그러나 이 암흑을 낳았던 것은 첫째로, 수학이 현실적으로 참여할 수 있는 생산 구조가 아니었다는, 즉 수학 없이도 나날의 생활에 아무런 지장이 없을 정도로 생산이 침체되어 있었다는 사실도 있다. 둘째로는, 정신세계가 온통 기독교 사상에 눌려 있어서 자유로운 사고를 할 수 없었다는 점이다.

유의점

1. 로마의 '수리과학'의 특색.
2. 중세 수학의 특징과 사회적 배경.
3. 로마인이 수학을 멀리한 이유.
4. 중세 암흑기와 수학의 관계.

2

비유럽 세계의 수학

인도 사회와 수학

중세에서 근세로 넘어가기 전에 인도와 아라비아의 수학을 먼저 살펴보아야 한다. 중세 수학을 근대화시켜 활력을 불어넣어 준 것이 비유럽 문화권인 이 두 나라의 수학이었기 때문이다.

수학 관계의 모든 문헌은 유럽을 중심으로 기록되어 있어서 인도와 유럽 수학이 교류했다는 것을 생각하기가 매우 어렵겠지만 그리스와 인도는 오랜 옛날부터 교류해 왔다. 석가모니와 피타고라스가 만났다는 그럴싸한 전설이 있을 정도니 말이다.

특히 알렉산더 대왕의 동방침략(東方侵略) 이후는 교류가 빈번했다.

옛날의 전쟁은 사람을 죽이는 살벌한 일뿐만 아니라 문화적 정보 교류를 촉진하는 일도 겸했다. 인도 국왕이 그리스에 무희(舞姬)와 술, 그리고 철학자를 보내 달라고 주문했을 때, 그리스 국왕은 "무희와 술은 보내 주겠지만 철학자의 매매는 법률로 금지되어 있다."고 답서를 보낸 일이 기록에 남아 있다. 뒤집어 말하면 철학자의 밀수도 가능했다는 이야기이다. 이것은 우리나라 백제(百濟)에서 수많은 학자가 일본으로 건너간 일과 아울러 생각하면 흥미롭다.

성직자(聖職者)가 지배하는 이집트, 인도 등에서는 수학도 종교와 밀접한 관련이 있는 수학, 다시 말해서 하늘의 수학인 천문수학(天文數學)이 크게 발달하였다.

'종교를 내세운 세계국가(世界國家)'로 '기독교와 로마', '조로아스터교와 페르시아', '불교와 인도', 또 우리의 주변에는 '유교와 중국' 등을 꼽을 수 있다. 이들 국가의 특징으로는 종교의 강한 영향으로 수학이 언제나 그늘에 가려져 있었다는 점이다. 이들 사회의 공통된 수학관은 수학을 독립시켜 생각한다든지, 또는 모든 학문의 기초가 수학이라는 그리스적인 태도와는 대조적인 모습을 보인다.

이런 점에서 인도의 천문학은 종교 색채가 짙은 미신적 요소가 있었으나, 그들의 수학인 산술, 대수학(代數學), 삼각법 등은 세계 수학에 크게 기여했다. 인도에는 수학만을 다룬 전문가가 없었고, 수학자는 천문학자임을 자칭하였다. 이 점은 중국과 아주 많은 공통점이 있다. 즉, 수학이라면 계산술이 중심이고, 이론적인 체계를 세우려는 노력은 전혀 하지 않았다. 또 인도의 기하학도 중국과 마찬가지로 실용적인 문제만을 다루었다.

이집트와 그리스는 그처럼 문명이 높았고, 기하학에 있어서는 단연 압도적이었으나, 이에 비하여 산술과 대수학은 보잘 것이 없었다. 그 중요한 이유는 그들이 기호(記號)를 사용하지 않았던 점에 있다. 그런데 인도인은 기호를 적극적으로 활용하였다.

우리가 지금 사용하는 숫자 1, 2, 3, ……을 아라비아 숫자라고 흔히 부르고 있지만, 이 숫자는 인도에서 처음 만들어지고 아라비아인이 유럽으로 전해 준 것이다. 따라서 정확하게는 '인도-아라비아 숫자'(Hindu-Arabic figure)라고 해야 옳다.

아바시드 왕조의 제5대 칼리프(회교 교주이자 왕) 하룬 알라시드(Harun al-Rashed, 766~809)의 명령으로 9세기 초에는 이미 많은 그리스 고전이 아라비아로 전해졌는데, 그중에서도 주목할 만한 일은 유클리드의 『원론』 일부가 번역되었다는 사실이다. 이 아라비아역(譯)이야말로 중세 유럽이 처음으로 만난 유클리드였다.

이 한 가지 예에서도 알 수 있듯이 9세기에서 11세기말에 걸쳐서는 마치 오늘날 우리가 영어나 그 밖의 다른 유럽어를 배우는 것처럼 아라비아어를 습득하는 것만이 지식을 넓히기 위한 유일한 열쇠였다.

칼리프 하룬 알라시드의 치세(治世)보다 앞선 773년경, 한 인도의 천문학자가 바그다드의 궁전에 찾아왔다. 그는 인도에서 제작된 천문표(天文表)를 가지고 와서 칼리프에게 바쳤다고 전해지고 있다. 인도의 기수법(記數法)이 아라비아인에게 전해진 것도 역시 이 때쯤인 것으로 믿어진다. 그후에 출간된 아라비아 수학자들의 저작에 '인도 산술'이라는 이름이 보이기 시작한 사실이 이 짐작을 뒷받침해 준다.

이 인도의 기수법은 얼마 안 가서 이제까지의 아라비아 숫자를 대신해 상인이나 수학자들 사이에 널리 퍼지기 시작하였다. 실은 아라비아에는 숫자다운 숫자가 없었다. 무함마드(Muhammad, 570~632)가 출현하기 이전에는 그들은 수를 모두 말로 나타냈다. 또 주변 세계를 정복하여 국가 경제가 팽창함에 따라서 큰 수의 계산에 당면했을 때에도 각 지방마다 피정복 민족 고유의 숫자를 그대로 채용하거나, 아니면 아라비아 수사(數詞)의 머릿글자를 따서 숫자로 대신하는 방법

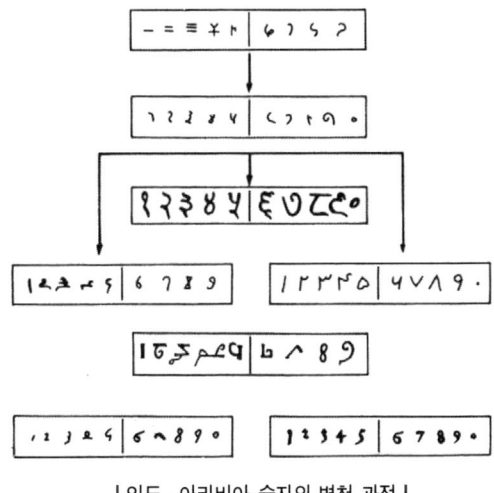

| 인도·아라비아 숫자의 변천 과정 |

등에 의지하였다.

인도에서 가장 오랜 수학 문헌은 바라문교의 근본 경전인 『베다(Veda)』와 불교의 경전(經典) 『수트라(Sutra)』 안에 나타나 있다. 이 책들의 발간은 기원전 7, 8세기쯤의 일이었고, 이미 일상적으로는 쓰이지 않게 된 산스크리트[Sanscrit, 범어(梵語)]로 적혀 있다.

수학에 관해서는 신전이나 사원 등을 지을 때, 의식용(儀式用) 장식이 된 기하학적인 작도(作圖)의 문제가 있고, 원의 넓이를 구하는 문제, 피타고라스 정리(定理)의 응용문제 등이 있다. 예를 들면 직각삼각형에서 $3^2+4^2=5^2$, $12^2+16^2=20^2$, $15^2+36^2=39^2$의 경우 등이다(피타고라스 이전의 일이라는 점에 주의해야 한다!). 건축에 필요한 피타고라스의 수를 구하는 산술 문제들이 있었으나, 어떻게 풀었는지는 확실히 알 수 없다.

기수법은 옛부터 10진법을 사용했고, 큰 수를 다루었다는 것은 전승에도 있다. 석가모니는 10^{54}까지의 10진 기수법을 만들고, 각 자리마다 명칭을 붙였다고 한다.

또, 인도의 수학자는 음수(陰數)의 생각을 일찍부터 가졌고, 이것을 법칙으로 만들어 사용하였다. 예를 들면, 브라마굽타(Brahmagupta, 598~660)는 수를 '재산(財塵, 양수)'과 '부채(負債, 음수)'로 나누어서 취급할 수 있다고 했다. 그러나 실제로는 음수를 양수와 똑같이 취급하지 않았다. 음수를 단순히 논리적으로 가능한 것으로 생각한 탓인지, 인도의 대표 수학자 바스카라 2세(Bhaskara Acharya II, 1114~1185)의 말을 빌리면 '음수란, 이를테면 결코 친해질 수 없는 사람' 같은 존재였던 것이다.

임의의 직사각형을 이것과 동일한 넓이의 정사각형으로 변형하기

직사각형 $ABCD$가 주어졌을 때, 먼저 밑변 AB를 한 변으로 하는 정사각형 $ABFE$를 작도한다. 이어서 ED, FC의 중점 G, H를 잡으면, GH는 직사각형 $EFCD$의 이등분선이다. 직사각형 $GHCD$를 $FBIJ$의 자리로 옮긴다. GH의 연장과 IJ의 연장이 만나는 점을 K로 한다. IK를 반지름으로 하는 원이 BC와 만나는 점을 L로 한다. L을 지나 HK에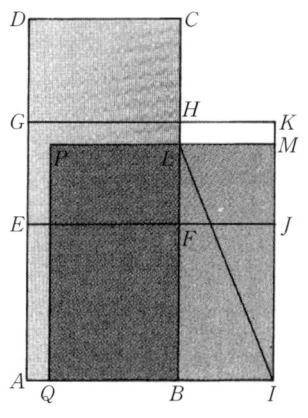
평행선을 긋고, IK와의 교점을 M으로 한다. 이때 생기는 정사각형 $IMPQ$는 직사각형 $ABCD$와 넓이가 같다.

그 이유는 피타고라스 정리를 이용하여 다음과 같이 증명할 수가 있다.

$$IM^2 = IU - LM^2 = AI^2 - BI^2 = (AI+BI)(AI-BI)$$
$$= AD \cdot AB = \square ABCD$$

그것이 어찌되었든, 놀랍게도 인도인이 발명한 숫자와 계산법은 다른 나라들이 꿈에도 생각하지 못했을 만큼 완전했다. 이러한 숫자가 만들어지고 계산술이 발달한 것은 결코 우연한 일이 아니었다.

그 이유는 여러 가지가 있겠지만 중요한 몇 가지를 꼽아 보면 다음과 같다.

첫째, 그들이 계산에 사용한 도구가 아주 편리했다. 인도인은 조그마한 칠판에 대나무로 만든 펜과 흰 잉크로 숫자를 썼다. 때로는 흰 판자 위에 모래를 깔고 붉은 가루를 뿌리고 작은 막대기로 숫자를 쓰는 등 자유자재로 셈을 할 수 있었다.

둘째, 역설적이게도 인도인이 수와 양을 구별할 줄 몰랐다는 것이 큰 이유 중의 하나다. 그리스인은 수와 양을 엄격히 구별하였기 때문에 무리수를 발견하였지만, 그 반면 너무나 논리적으로 수를 따졌기에 신경과민이 되어 계산술의 발달이 늦어지고 말았다. 이런 점을 구태여 따지지 않았던 인도인들은 거꾸로 "불연속(不連續)과 연속 사이에 가로놓인 심연(深淵)을 훌쩍 건너뛰어 버렸다."는 것이다.

셋째, 인도 사회에는 일찍부터 상업이 발달하여 실제로 계산술이 필요하였다. 인도 수학의 결점은 학문이 귀족만을 위한 것이었고, 수학도 대중과는 분리되어 있어서 유희화(遊戱化)되는 경향이 있었다. 특히 운문(韻文)의 형식으로 수학을 표현하는 경향이 엄격한 증명과 추리를 경시하는 결과를 가져왔다. 바스카라의 『리라바티』가 그 전형적인 예이다. 이 수학책의 제목은 그의 딸 이름이며, 수학적으로도 중요한 내용을 담고는 있으나, 그보다도 문학적인 가치 때문에 지금도 산스크리트 문학의 대표적인 작품으로 알려져 있다.

인도의 대수학 – 2차 방정식

2차방정식은 이집트나 바빌로니아의 기록에 단편적으로 보이지만, 이것을 처음으로 본격적으로 다룬 것은 앞에서 이야기한 헤론(Heron, BC 100년경)이었다. 인도에서 2차방정식을 다루기 시작한 것은 기원전 20세기쯤의 일로서, 지금부터 약 4,000년 전으로 거슬러 올라간다.

인도에서는 기하학(주로 작도 문제)과 마찬가지로 방정식의 연구도 종교와 관련이 깊었다. 방정식의 해를 구하는 것도 일반식이 아닌 특별한 경우, 즉 1차식이 없는 2차방정식만을 다루었다.

양수(陽數), 0, 음수(陰數)의 개념을 확립하고, 따라서 2차방정식에는 두 개의 해가 존재한다는 것을 처음으로 인정한 것은 인도인들이었다. 유럽에서는 헤론(BC 100년경)이나 디오판토스(300년경)가 활약하던 시기에도 방정식의 해에 음수가 쓰이지 않은 것을 염두에 둘 필요가 있다. 그들은 음수의 개념조차도 없었다.

아리아바타(Aryabhata, 476~?), 브라마굽타(Brahmagupta, 598~?), 바스카라(Bhaskara, 1114~1185)는 2차방정식을 최초로 일반적인 형태로 다루었다. 아리아바타는 2차방정식 $ax^2+bx+c=0\ (a\neq 0)$을 다음과 같이 풀었다. 먼저 양 변을 a로 나누면

$$x^2+\frac{b}{a}x+\frac{c}{a}=0,\quad x^2+\frac{b}{a}x=-\frac{c}{a}$$

양변에 $\dfrac{b^2}{4a^2}$을 더하면,

$$x^2+\dfrac{b}{a}x+\dfrac{b^2}{4a^2}=\dfrac{b^2}{4a^2}-\dfrac{c}{a} \quad \therefore \left(x^2+\dfrac{b}{2a}\right)^2=-\dfrac{b^2-4ac}{4a^2}$$

따라서 $x=\dfrac{-b\pm\sqrt{b^2-4ac}}{2a}$

이것은 현재의 2차방정식의 근을 구하는 공식과 완전히 같은 것이다. 아리아바타와 브라마굽타는 때로는 양수, 또는 음수를 방정식의 해로 채용했다. 2차방정식을 위의 방법으로 풀고, 2차방정식에는 두 개의 해가 존재함을 인정한 것은 바스카라이다. 그는 다음과 같이 말하고 있다.

"양수의 제곱도 음수의 제곱도 모두 양수이다. 따라서 양수의 제곱근은 둘이다. 그 하나는 양수, 또 다른 하나는 음수이다. 그러나 음수의 제곱근은 존재하지 않는다. 왜냐하면 음수는 절대로 어떤 수의 제곱으로는 얻을 수 없기 때문이다."

2차방정식의 해법에 관하여 놀라우리만큼 재능을 발휘한 인도인들은 3차 이상의 방정식 연구에는 그다지 진보를 보이지 못했다. 바스카라와 같은 수학자조차도 일반적인 방법이 아닌, 어떤 '교묘한 방법'을 써서 풀었으며, 그러한 특수한 기교를 오히려 역설(力說)했을 정도였으니까. 예를 들면,

"어떤 수의 3제곱에 그 수의 12배를 더하면, 그 수의 제곱의 6배에 35를 더한 수와 같다. 교양 있는 사람들이여! 그 수는 얼마인가?"

여기서 어떤 수를 x라 하면,
$$x^3+12x=6x^2+35$$
정리하면,
$$x^3-6x^2+12x=35$$
양 변에서 8을 빼면,
$$(x-2)^3=27$$
여기에서,
$$x-2=3 \quad \therefore x=5$$

이것은 x를 포함한 항이 마침 3제곱식의 항이 되는 특별한 경우이다. 이 인도 수학의 장점을 보완하고 한층 발전시킨 것은 아라비아인이었다. 유럽 중심의 수학사 중에서 대수학(방정식) 분야만은 유독 비유럽 세계에서 이룩되었다(이 인도·이슬람(아라비아)의 수학 유산을 최대로 활용한 것은 유럽인들이었지만). 인도 수학은 군사적, 정치적, 그리고 문화적으로 크게 힘을 떨친 굽타 왕조(4세기) 시대부터 12세기 중반에 이르기까지 독특한 발전을 하였다.

아라비아 수학의 배경 – 사라센 제국과 그 문화

476년, 서로마 제국은 멸망했으나 동로마는 6세기 전반에 유스티누스(Justinus, 452~527) 황제 밑에서 한때 힘을 떨쳤다. 그리하여 서로마 지방을 수복해서 다시 옛로마를 재건하는 것처럼 보이기도 했다. 그러나 황제가 죽은 후 국운이 다시 기울어졌으며 7세기에 페르시아와의 전쟁에서 크게 힘을 잃은 후로는 역사의 무대에서 물러나고 말았다. 이때 일어난 것이 사라센 제국이다.

사라센 제국은 아라비아 민족이 지배하는 새로운 노예국가였으며, 이슬람교가 국교였다. 아라비아인들은 모하메드의 깃발 아래 7세기 전반에 서쪽으로는 이집트에서 아프리카 북녘을 서진(西進)하여 8세기에 에스파냐(스페인)를 침략하고, 동쪽으로는 페르시아를 석권해서 인도를 압박하는 세계적 상업제국(商業帝國)을 건설하였다. 이때 동로마 제국은 겨우 콘스탄티노플 지방, 그리스, 서아시아를 유지했을 뿐, 동방의 패권은 완전히 사라센 제국의 손에 넘어갔다.

사라센 제국이나 로마 제국은 본질적으로는 같은 노예제에 입각한 국가 체제였다. 따라서 과거에 로마가 카르타고나 그리스를 침략했을 때처럼 노예국가의 침략 전쟁이었다.

원래가 복합민족(複合民族)인 사라센, 즉 이슬람인은 당초에는 문화라고 자랑할 만한 것을 가지고 있지 않았다. 그러나 대제국(大帝國)을 건설하려면 문화의 기틀 없이는 방대한 통치 체제를 유지할 수가 없다. 그래서 몽고가 무력으로 대제국 원(元)을 세웠을 때처럼 점령지의 문화를 흡수해야 했다.

이슬람(아라비아)인들은 문화를 스스로 개발할 필요가 없었다. 그들의 점령지에는 이미 눈부신 문화가 꽃 피고 있었기 때문이다. 이집트의 알렉산드리아는 그리스 후기의 헬레니즘 문화의 중심지였고, 또 사라센 제국의 동쪽 끝과 경계를 이룬 인도는 오랜 문화 전통이 있는 곳이었다. 따라서 그들은 단지 그리스나 인도의 문화를 흡수만 하면 되었다. 사실 사라센 제국의 구조가 요구하는 문화란 이 정도면 충분하고도 남았다. 이 점은 얼핏 보기에 로마의 경우와 비슷하지만, 로마는 그리스 문화를 흡수할 뿐이다. 그러나 사라센이 그리스와 인도, 다시 말해서 서방과 동방의 이질문화(異質文化)를 동시에 흡수·융합했다는 점은 주목해야 한다.

바로 이 점에 아라비아 문화의 독특한 성격이 있었다. 따라서 아라비아 수학 역시 그리스와 인도의 것을 통일한 새로운 변을 지녔고, 이러한 배경 때문에 이슬람 세계는 수학사상(數學史上) 중요한 역할을 다했다. 이것이 이슬람 수학이 근세 유럽 수학의 출발점이라고 하는 이유다.

사라센 제국이 형성되어 상업과 무역이 일어나자, 편리하고 정확한 계산술이 필요하게 되었다. 또 동쪽으로는 인도, 중국 남부에서 서쪽으로는 스페인에 걸친 광범위한 행동반경을 가진 아라비아 상인에게는 정밀한 지도가 필요하게 되고, 그것은 천문학의 도움 없이 만들어지기는 불가능하였다. 국교(國敎)인 이슬람교의 의식에 따라서 매일 성지(聖地) 메카를 향해 광대한 영토의 모든 지역에서 예배를 올리기 위해서는 메카의 방향을 정확하게 맞추어야 한다는 문제가 생겨서 지리학(地理學)의 연구를 자극시켰다. 한 편으로는 종교와 연관해서 천문학, 천문수학[曆學] 등도 필요하였다. 계절을 무시하고 단순히 음력(陰曆)으로 정해지는 종교 의식 기간을 정하는 일도 수학에 영향을 주었다. 그들이 수학에 힘쓴 배경에는 이러한 엉뚱한 요소도 있었다.

계산에 편리한 인도의 산술과 대수를 아라비아 상인이 수용하고, 정부에서도 뒤따라 대대적으로 이것을 받아들였다. 특히 사라센 역대 지배자인 칼리프는 국적이나 종교를 불문하고 저명한 학자를 초빙하여 과학의 수입에 힘썼다. 그리스 과학은 인도의 그것보다 한층 더 적극적으로 수입되었다. 수많은 그리스 학자가 시리아로부터 수도 바그다드에 초빙되어, 그리스 고전(古典)의 대규모적 번역에 힘썼다. 그 결과, 유클리드의 『원론』이며 프톨레마이오스의 『천문체계』 등이 처음으로 번역되었다. 특히 후자는 아라비아인들이 『알마게스트(Almagest)』로 불렀는데, 오늘날까지 그 이름으로 알려지고 있다.

이렇게 해서 그리스의 논리적인 기하학과 인도의 산술, 그리고 대수를 흡수한 아라비아인은 이 둘을 융합하고 새로운 형태로 고쳤다. 수학의 역사에 이렇게 의미 있는 역할을 아라비아 수학이 담당한 것이다.

아라비아 수학의 독특한 체계 내에서 중요한 위치를 차지한 것은 상업, 행정, 측량, 지도제작법, 천문, 역법(曆法, 천문계산) 등에 필요한 여러 가지 계산과 측정 수단을 완성하는 것이었다. 그러나 수학을 다루는 사람들은 모두가 천문학자였다. 아라비아에서도 중국이나 인도처럼 학문으로서의 수학은 천문학의 들러리 정도의 위치에 지나지 않았다.

아라비아의 대수학

기원 7세기경 아라비아에서는 이슬람교가 일어나 맹렬하게 세력을 확장함으로써 아라비아는 강력한 종교국가가 되었다. 그 종교의 힘과 무력으로 페르시아를 합병하고 더 나아가 지중해 연안, 이집트, 스페인까지 정복했다. 대대로 교주(敎主)는 모두 학문의 장려와 보호에 힘썼다. 그래서 아라비아는 종교국으로서뿐만이 아니고 문화국가로서도 번영했다. 유클리드, 아르키메데스, 디오판토스, 프톨레마이오스 등의 저작이 차례차례 아라비아어로 번역되었다. 이렇게 해서 그리스의 수학은 아라비아로 전해지게 되었다. 압바스 왕조 시대의 아라비아 수학자 알콰리즈미(Al-Khowarizmi, 780?~850?)는 유럽 수학에 중요한 영향을 끼친 『알제브르 왈르무카발라(al-gebr w'almuqabala)』라는 대수학 책을 썼다[일정한 계산과정을 뜻하는 '알고리즘(algorithm)'이라는 용어는 그의 이름에서 따온 것이다. 또, 이 책 제목 중에 '알제브르(al-gebr)'[알게브라(algebra, 대수학)는 이 낱말에서 비롯되었다]와 '무카발라'는 각각 이항(移項) 및 동류항(同類項)끼리의 정리를 뜻한다.

가령, $10x+3=7x+12$를 예로 들면,

$$10x+3=7x+12$$
$$10x-7x+3-3=7x-7x+12-3$$
$$3x=9,\ x=3$$

방정식의 해는 이 알제브르(이항)와 무카발라(동류항끼리 정리)로 미지수 x의 값을 구하는 것이다. 이 책의 제목 '알제브르 왈르무카발라'를 우리말로 풀이하면 '대수학의 책'쯤 된다.

알콰리즈미는 방정식을 다음 6가지로 분류하였다. 즉,

① $bx=ax^2$,   ② $bx=c$
③ $ax^2=c$,   ④ $ax^2+bx=c$
⑤ $bx+c=ax^2$,   ⑥ $ax^2+c=bx$

그는 이들에 대한 해의 공식을 내놓았을 뿐만 아니라, 기하학적인 증명까지 덧붙이고 있다. 가령, ④번 유형 문제 '어떤 수의 제곱과 그 수의 10배의 합이 39와 같다. 그 어떤 수는 얼마인가?'를 식으로 나타낸 $x^2+10x=39$의 해를 다음과 같은 방법으로 설명하고 있다.

〈그림 2-1〉 (ㄱ)에서의 직사각형(=$10x$)을 (ㄴ)처럼 둘로 똑같이 나누어 가로와 세로에 각각 이어붙인다. 그리하여 오른쪽 아래 구석에 작은 정사각형($5^2=25$)을 덧붙여 정사각형을 만든다.

새로 만들어진 정사각형은 한 변의 길이가 $x+5$이며, 넓이는

39＋25＝64이다. 따라서,

$$(x+5)^2 = 64$$

이 해 중에서 양수만을 취하면,

$$x+5=8, \ x=3$$

실제로, 처음 식의 x에 3을 대입하면

$$(3)^2 + 10(3) = 39$$

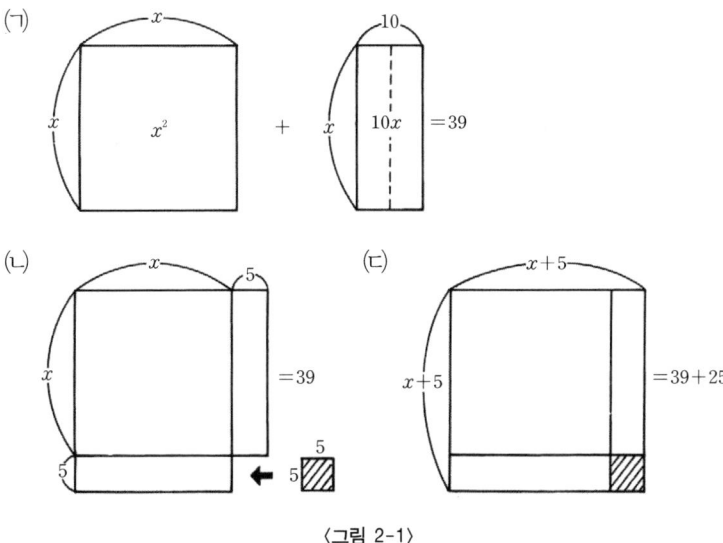

〈그림 2-1〉

이 방법은 지금의 2차방정식의 해를 구하는 방법과 똑같다.

아라비아 대수학의 최고봉은 알카루히(al-Karuhi, ?~1019?)의 연구이다. 그의 대수학은 처음 알렉산드리아의 대수학자 디오판토스의 이론 연구에서 출발해, 디오판토스도 취급하지 않았던 고차방정식(高次方程式)의 해를 구했고, $x^{2n}+ax^n=b$인 꼴의 방정식을 처음으로 풀었으며, 2차방정식의 해법에 대해 산술적 및 기하학적인 증명을 하는 등, 디오판토스의 수준을 훨씬 능가하고 있다. 또한,

$$1^2+2^2+3^2+\cdots+n^2=\frac{2n+1}{3}(1+2+3+\cdots+n)$$

$$1^3+2^3+3^3+\cdots+n^3=(1+2+\cdots+n)^2$$

등의 급수의 합을 구하는 방법과 그 증명을 아라비아에서 처음으로 다룬 사람도 그였다.

그러나 해가 거듭되면서 아라비아 수학은 인도보다 그리스 수학의 영향을 더 많이 받았으며, 그리하여 그리스 수학이 걸었던 길을 다시 밟게 되어 차츰 생기를 잃어 갔다.

대수학에 있어서 아라비아 수학의 최대의 성과는 3차방정식의 기하학적인 해법이었다. 알다시피 2차방정식 $ax^2+bx+c=0$은

$$x=\frac{-b\pm\sqrt{b^2-4ac}}{2a}$$

로서 간단히 풀 수 있지만, 3차방정식 $ax^3+bx^2+cx+d=0$은 간단히 처리할 수가 없다. 시인이자 천문학자인 오마르 하이얌(Omar Khayyam, 1040~1123)은 원뿔곡선을 이용해서 3차방정식의 해를 구했다.

3차방정식의 해를 구하는 데 원뿔곡선을 이용하는 방법은 일찌기

그리스에서도 아르키메데스 등이 활용했다. 원뿔곡선에 관한 그의 지식은 유클리드의 『원론』, 아폴로니우스(200년쯤)의 『원추곡선론(圓錐曲線論)』, 아르키메데스의 『구와 원기둥에 관하여』 등, 그리스 수학의 성과를 주로 인용한 것인데, 이 사실로 미루어 봐도 당시의 아라비아 수학의 수준을 충분히 짐작할 수 있다. 그러나 이에 그치지 않고 오마르 하이얌은 도형에 의한 위의 방법을 확장해서 3차방정식을 19가지로 분류하여 그 해(단, 양수 부분)를 구한다. 수학 개념이 정비되지 못한 상황 속에서도 이처럼 삼차방정식을 체계적으로 다루었고, 게다가 알기 쉽게 기하학적인 설명까지 덧붙인 것은 지금의 눈으로 봐도 놀라운 일이다.

동일한 꼭짓점을 갖는 두 개의 포물선의 방정식을

$x^2=y$, $y^2=ax$ …… ①

라고 하면,

$y^2=ax$에서 $\dfrac{y^2}{x}=a$

이것을 $x^2=y$에 대입하면,

$x^3=a$ …… ②

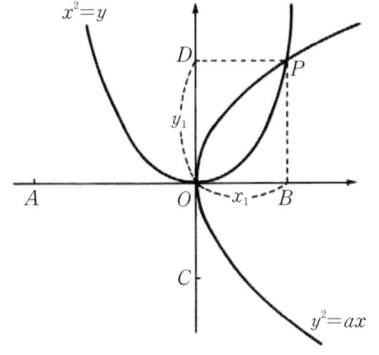

따라서, 3차방정식 $x^3=a$의 해는 ①의 두 방정식을 동시에 만족하는 x, 즉 두 포물선의 공통점의 x좌표인 $DP=OB$이다.

수학자라기보다는 시인 기질의 그는 수학을 다음과 같이 보았다.

"대수학(代數學)은 과학적인 예술이다. 그 대상은 數이며, 미지(未知)의 것을 기지(旣知)의 것에 연관짓는다. 또 문제의 조건을 분석하여 기지의 것에 도달한다. 미지의 사실과 주어진 상호 관계를 파악하는 것이 바로 수학이라는 예술이다."

실제로 그의 시에는 난숙기(爛熟期)의 이슬람 문화의 애수(哀愁)가 저변에 깔려 있다.

이 시기의 수학을 특징짓는 것은 상업 중심의 소비문화의 영향이었다. 세속적인 것을 부정하고 「이데아」의 세계를 추구한 그리스 수학자들이 현실에서 차단된 순수(純粹)의 세계에서 수학의 체계를 발견한 것과는 반대로, 이슬람 수학자들은 현실과 밀착함으로써 문제해결의 수학적 기술(技術)을 발전시켰다. 그러나 유럽, 그리고 오늘의 세계가 이어받은 것은 그리스에서 비롯된 체계화된 수학이었다.

천문학에 힘쓴 아라비아인들이 삼각법을 발전시킨 것은 당연한 결과였다. 아라비아 최고의 천문학자 알바타니(al-Battani, 858~929)는 프톨레마이오스의 천문학을 기초로 정밀한 관측을 하였고, 명저『천체(天體)의 운행(運行)』을 남겼다.

세계 수학사에 빛나는 기념비(紀念碑)적 업적을 세운 사라센(동사라센) 제국도 점차 사회적인 모순이 누적되면서 마침내 봉건화(封建化)하고, 셀주크 투르크의 침략을 받자 그 과학도 10세기를 정점으로 쇠퇴의 길을 걷게 되었다.

유럽에서의 수학은 중세 말엽과 르네상스 초기(12~15세기)에 비로소 뚜렷한 발달을 보이기 시작한다. 이때의 수학 지식은 그리스 수학이 아니라 이슬람 세계의 아라비아 수학을 기초로 하였다. 유럽 중세의 봉건사회 아래에서의 생산은 다만 농업 경제에 의지하였으므로 수학이 수도원 깊숙한 곳에서 겨우 숨을 쉬고 있었던 그 무렵, 새로운 활력소로 등장한 아라비아 수학은 그리스(그리고 동방의 인도)와 근대 유럽을 이어주는 교량 역할 이상으로 중요한 구실을 훌륭히 해냈다.

유의점

1. 인도 수학의 특성.
2. 10진법과 0.
3. 아라비아식 2차방정식의 해.
4. 아라비아 수학의 특징과 세계 수학사에 있어서의 그 위치.
5. 아라비아가 수학을 필요로 한 가장 큰 이유.
6. 아라비아의 수학과 천문학의 관계.

3

중세 유럽의 상업 수학

상인 계급의 대두

다시 유럽의 세계로 눈을 돌릴 때가 왔다. 그렇다고 유럽인들이 그때도 지금처럼 문화적으로 우월했던 것은 아니다. 로마 시대에 게르만이란 '미개한 고장'을 뜻하는 말이었다. 프랑스왕은 왕관도 없이 요즘 젊은이들의 머리털보다 좀 더 긴 장발이 왕의 위엄을 상징할 정도였다(신라의 화려하고 우아한 왕관을 생각해 보라. 우리 조상들이 얼마나 문화국가였는지를!).

중세 유럽은 정치, 경제적인 면에서 봉건시대였다. 서로마 제국이 무너진 5세기경부터 유럽은 여러 나라로 분할되었고, 마침내 봉건제는 9세기에서 11세기경에 완성되었다. 각 나라의 경제는 폐쇄적인 자급자족의 상태로, 서로 거래를 하는 일은 거의 없었다. 그러나 이후 11세기부터 14세기에 걸쳐서는 봉건제도도 기울어지기 시작했다. 새로운 도시가 나타나고 수공업이 전문화하였다. 도시가 성장하고 힘을 얻자 많은 상품이 생산되어 화폐경제가 발달하였다.

특히 십자군원정의 부산물인 동방시장(東方市場)의 개척은 이탈리아, 독일의 상업 도시를 급격히 발전시켰다. 이들 도시는 모두 그 재력을 이용해서 봉건 제후들로부터 자치권을 획득함으로써 독립하게 되었다. 독일의 여러 도시들은 13세기 중엽에 한자동맹(The Hanseatic League)을 맺고 봉건적 왕후(王候)와 맞서기에 이르렀다. 긴 말은 줄이고, 봉건적 세력 밑에서 신흥세력이 대두했다는 이 사실만으로도 중세 말 유럽의 사회 상태가 잘 설명된다. 그 영향은 수학계(數學界)에도 반영되어 신흥세력인 시민계급을 위한 수학이라는 특징이 나타나기 시작한다.

시민계급의 대두 이전에 있어서는 앞에서 설명한 수도원 수학이 유럽 수학계를 대표했다. 그것은 그런대로 봉건제 아래에서 토지측량, 역법(曆法)의 계산에 필요한 수학 수요를 충족시켰다는 가치가 있었으나, 이제 신흥 계급이 요구하는 수학을 수도원 수학이 더 이상 감당할 수 없었다.

십자군 원정 이후 동방 시장과 밀접한 관계를 맺은 유럽, 특히 이탈리아의 상인들은 편리한 아라비아 숫자(지금의 숫자)를 체득하였고, 13세기 말에는 인도·아라비아식 셈법을 소화하였다. 또 해외 무역과 관련하여 아라비아에서 발달한 지리학·천문학은 극히 긴요한 지식을 제공해 주었다. 이러한 새 풍조와 함께 유럽의 지식인들은 눈을 사라센 문화로 돌리게 됐으며, 그때부터 적극적인 문화 수입이 이루어졌다.

로마 제국을 유린하고 유럽 세계의 새 주인이 된, 북녘의 숲과 삼림지대 출신의 '야만족'들이 고대 문명의 보고(寶庫)에 눈을 뜨게 된 것은 아라비아의 이슬람교도(敎徒)들보다 훨씬 뒤의 일이다.

동방 수학의 수입

아라비아 과학의 연구를 적극 권장한 사람으로는 독일의 황제 프리드리히 2세(Friedrich II, 1194~1250) 및 카스테리아(에스파냐의 일부)의 왕 알폰소 10세(Alfonso X)가 있다. 후자는 자신도 아라비아 과학을 연구하고, 아라비아인을 포함한 수많은 학자를 동원해서 프톨레마이오스의 천문표(天文表)를 개정하기도 하였다.

| 유럽에서 최초로 사용된 아라비아 숫자(976년) |

중세 유럽에서 수학의 발달을 촉진시킨 중요한 계기가 된 것은 학

교의 창설이었다. 최초의 학교는 제르베르(Gerbert, 940~1003)가 프랑스에 세운 것이다. 그는 나중에 로마 교황이 되어 실베스터 2세(Silvester II)라고 불린 인물이다. 제르베르는 보에티우스의 수학책을 면밀히 연구한 결과 『계산판(計算板)의 사용법』과 『수의 나눗셈』이라는 두 권의 책을 지어냈다. 그가 세운 학교에서는 새로 고안한 계산판을 이용한 계산을 가르쳤다. 당시의 계산은 계산판을 이용했으며, 종이에는 계산 결과만을 적었는데, 이 계산판은 인도·아라비아식의 10진법을 본떠서 만든 것이다.

그후 12세기에서 13세기에 걸친 100년 사이에 여러 대학들이 유럽 각지에서 문을 열었다. 최초의 대학은 이탈리아의 볼로냐(Bologna) 대학이었고, 옥스퍼드는 12세기, 케임브리지는 그보다 늦은 13세기 초에 세워졌다. 이들 대학에서 명목상 수학의 위치는 대단한 것이었다. 교양 과정에서 배우는 일곱 가지의 지식 분야인 '자유인의 교양(Cliberal arts)' 중 네 부분은 산술, 기하, 천문학, 음악 등이 차지했다.

13세기에 들어와서는 두 '사건' 때문에 수학에 대한 관심이 갑자기 높아졌다. 그 하나는 베이컨(Roger Bacon, 1214?~1294) 등의 스콜라 철학과 신학에 대한 도전이었다. 베이컨은 그의 날카로운 비판을 통해 신앙만을 내세우는 당시의 풍조에 반기를 들어 과학적 인식의 중요성을 강조하고, 과학의 중심 개념은 모두 수학적인 형식으로 나타낼 수 있어야 한다고 주장했다. 이러한 철학계의 진보 세력이 차츰 힘을 얻게 됨에 따라 학문으로서 수학의 위상도 높아졌다.

또 하나의 사건은 '피사의 레오나르도'라고도 불리는 피보나치 (Leonardo Fibonacci, 1174~1250)가 쓴 수학책 『계산판의 책(Liber abaci)』 (1202)의 발간이었다. 피보나치는 성직자가 아니었고, 당시 이탈리아 상업의 중심지 피사에서 태어나 어려서부터 상업적인 분위기에서 자랐다는 것도 이 시대의 수학 풍조를 잘 보여준다. 피보나치는 이 외에도 『기하학 실습』(1220)을 발간해서 그의 독창성을 발휘하였다. 그의 소개로 아라비아 숫자가 널리 보급되었고 계산술도 간단히 익힐 수 있었다. 13세기에 이르러 이탈리아 상인은 거의 완전히 아라비아식 숫자를 채용할 만큼 되었다.

특히 피렌체의 상인은 산술 및 부기에 익숙해졌고, 마침내 이탈리아는 유럽에 있어서의 상업 산술의 원천지(源泉地)가 되었다. 이 사실을 우리나라의 개성(開城) 상인들이 '사개치부법(四介置簿法)'이라는 이름의 복식부기(複式簿記)를 널리 사용했던 것과 비교한다면 꽤 흥미로운 대조가 된다.[1]

피보나치와 『계산판의 책』

12세기 말엽 이탈리아의 피사는 여기저기에 식민지를 갖고 번영

---

[1] 이 문제는 앞으로 한국 수학사의 한 과제로서 다루어져야 한다.

했다. 이 피사에서 무역을 하는 보나치(Bonacci)의 아들 피보나치가 1174년에 태어났다. 피보나치는 필리우스(filius) 보나치의 약칭으로, '보나치의 아들'이란 뜻이다.

아버지는 아들이 자신과 같이 상인이 되기를 원해서 어려서부터 계산판(計算板) 사용법을 가르쳤다. 피보나치는 상인이 되어 이집트, 시리아, 비잔틴, 그리스, 시칠리아 등을 여행하는 동안에 여러 가지

| 피보나치 |

계산법을 익혔다. 그중에서 아라비아 숫자를 활용한 필산법(筆算法)의 우수성을 깨닫게 되었다. 피사로 돌아온 그는 앞에서 잠깐 소개했던 『계산판의 책』을 라틴어로 펴냈다. 이 책은 단순히 아라비아의 산술과 대수를 편집한 정도가 아니라 그것을 완전히 소화해서 체계화한 것이었다. 이 책은 유럽에서 베스트셀러가 되어 유럽의 수학 발전에 큰 영향을 주었다.

이 책의 머리글에서 저자(피보나치)는 "인도의 9개의 숫자는 9, 8, 7, 6, 5, 4, 3, 2, 1 이다."라고 말하고 있다. 계속해서 "이들 9개의 숫자와 아라비아에서 시프르(sifr, sifra=공(空))라고 부르는 기호 0을 가지고 어떠한 수라도 자유로이 나타낼 수 있다."고 덧붙이고 있다. 이것은 오늘날의 10진(進)위치적 기수법을 말하고 있는 것에 지나지 않지만, 당시로서는 혁명적이었다. 그가 숫자를 거꾸로 나열한 것은 아

제2장
중세의 수학 137

라비아의 풍습을 그대로 따랐기 때문이다.

  이 책은 모두 15장이며, 내용은 다음과 같다. 1장은 인도-아라비아 숫자를 읽고 쓰는 법, 2장은 곱셈, 3장은 덧셈, 4장은 뺄셈, 5장은 나눗셈, 6장 정수와 분수의 곱셈, 7장 분수의 계산, 8장 비례, 9장 환전(換錢), 10장 합자산(合資算), 11장 혼합문제, 12장 문제의 해법, 13장 가정법, 14장 제곱근과 세제곱근 구하기, 그리고 기하와 대수편(15장)에서는 구적법(求積法), 대수학(代數學), 일차식, 이차식 등을 담고 있다. 그러나 음수의 해라든지 허근($\sqrt{-1}$, 즉 i) 등은 다루지 않았다. 유명한 피보나치의 수열(數列)

$$1,\ 1,\ 2,\ 3,\ 5,\ 8,\ \cdots$$

은 제12장에 있는 토끼의 문제에 실린 내용이다. 독일의 프리드리히 2세가 1225년 피사를 방문했을 때, 어려운 문제를 내어 저자의 실력을 시험해 보았으나 모두 풀었다는 일화는 유명하다.

  피보나치의 이 수학책이 나온 지 약 100년 후인 1299년에는 피렌체의 상인들이 교황청(敎皇廳)에 호소하여 시대착오적인 로마 숫자의 사용을 강요하도록 한다.

  "피렌체의 상인은 로마 숫자 또는 수사(數詞)를 부기(簿記)에 사용해야 한다. 즉, 앞으로 아라비아 숫자의 사용은 금한다." 아라비아 숫자는 간단히 위조할 수 있다는 이유에서였다. 단지 그것뿐이었다면 오늘날 우리나라의 은행 창구에서 갖은자(漢數字)표기를 함께 쓰게 하듯이, 중요한 대목에서는 종래의 숫자(로마 숫자)와 아라비아 숫자를 겸용하게 했으면 그만일 터인데? 그러나 전통을 고수한 경직된 조치로 말미암아 역사는 다시 역행하는 것처럼 보였다.

상업 수학과 수도원 수학의 대립

장부 기록과 계산을 동시에 할 수 있는 10진법에 의한 편리한 인도·아라비아식 계산법이 상인들 사이에 눈부시게 보급되었으나, 수학자들은 이 계산법에 완강히 반대하면서 끝내 로마식 셈법을 고수하였다.

그들은 성직자였으며 상인과는 달리 종래의 셈법으로 충분히 그들의 현실적인 문제를 해결할 수 있었다. 또 그들은 봉건제의 학자를 대표함으로써 학문에서도 어디까지나 봉건제의 입장에 있었다. 역사의 흐름에서는 어디서나 볼 수 있는 바와 같이 여기서도 진보와 보수의 대립을 보게 된다.

이 엎치락뒤치락은 '낡은 계산판파(計算板派, abacistic school)'와 새로운 '필산파(筆算派, algoristic school)' 간의 싸움으로 오늘날 알려지고 있다. 이 길고 긴 대립의 연속은 마침내 필산파의 완전한 승리로 끝을 맺었다. 그러나 이 승부는 16세기까지 기다려야 했다. 필산파와 계산판파를 비교하면, 전자의 특정은 인도·아라비아식 기수법(記數

法)을 사용하고 0을 숫자로 써서 계산하였다는 점이다. 물론 계산판은 그 이상 사용하지 않았다.

결국 시대의 조류는 한낱 법령으로 막을 수 없게 되어 있다. 15세기에서 16세기에 걸쳐 상공업계가 급속하게 발전하면서 인도식 산술은 일반에게 널리 보급되고, 마침내 수학적 근거가 없는 보에티우스식 수론(數論)도 자취를 감춰 상업 산술이 전성기를 맞게 된다. 이탈리아와 스페인에서는 15세기, 영국·프랑스·독일에서는 17세기에 로마식 셈법 대신 인도·아라비아식 수학과 셈법이 널리 쓰이게 되었다.

이와 비슷한 사건이 우리나라에서도 있었다. '한글'의 보급에 반대한 조선 시대의 한자(漢字)주의자의 고집이 그것이다. 그러나 보다 합리적이고 쓰기 쉬운 것이 반드시 널리 보급되기 마련이다.

오렘

중세 유럽은 13세기 중반쯤부터 영국과 프랑스의 백년전쟁, 영국의 내란인 장미전쟁이라는 긴 전란(戰亂)이 계속되었고, 이로 인한 유행병이 만연하여 문화적으로는 거의 발전이 없었다. 그러나 이 시기의 수학자로서 빠뜨릴 수 없는 사람은 프랑스의 성직자 니콜 오렘(Nicole Oresme, 1323~1382)이다. 그는 지수(指數)의 개념과 그 기호를 비롯하여 유리지수나 음의 지수까지도 고안해 냈다.

같은 수 a를 m번 곱한 $\overbrace{a \times a \times a \times \cdots \times a}^{m}$를 a^m이라 쓰고, 'a의 m제곱'이라고 부른다는 것은 여러분도 잘 알고 있을 것이다. 이때, m을 a의 지수라고 하는 것도 말이다.

지수 m, n이 양의 정수일 때,

(1) $a^m \times a^n = a^{(m+n)}$
(2) $a^m \div a^n = a^{(m-n)} (m > n)$
(3) $(a^m)^n = a^{mn}$

$m = n$인 경우도 위의 (2)식이 성립한다고 가정하면, $a^m \div a^m = a^{(m-n)} = a^0$. 따라서 $a^0 = 1$이라고 약속한다.

또 (2)에서 $m = 0$인 경우도 식이 성립한다고 가정하면, $a^m \div a^m = a^{-n}$. 따라서 $a^0 = 1$이기 때문에 $a^{-n} = \dfrac{1}{a^n}$이라고 약속한다.

이와 같이 정의하면 m, n을 양의 정수뿐만 아니라 0, 음의 정수로까지 확대하여도 (1), (2), (3)이 성립하는 것을 쉽게 확인할 수 있다. 더욱이 q가 0이 아닌 정수일 때, 위의 공식 (3)이 $m = \dfrac{1}{q}$, $n = q$에 대해서도 성립한다 가정하면, $(a^{\frac{1}{q}})^q = a^{\frac{1}{q} \cdot q}$이다. 따라서 $a^{\frac{1}{q}} = \sqrt[q]{a}$로 약속한다. 또, p가 하나의 정수일 때, $m = \dfrac{1}{q}$, $n = p$에 대해서 위의 (3)이 성립한다고 가정하면, $(a^{\frac{1}{q}})^q = a^{\frac{1}{q} \cdot q} = a^{\frac{p}{q}}$이기 때문에 $a^{\frac{p}{q}} = (\sqrt[q]{a})^p$로 약속한다.

이와 같이 정하면 m, n이 임의의 유리수라고 해도 위의 (1), (2),

(3)이 그대로 성립한다. 이처럼 지수의 개념과 기호, 더 나아가서 유리지수의 개념을 확립한 것은 오렘이었다. 오렘은 함수 $y=f(x)$의 변화 상태를 그래프로 나타내는 방법에 대해서도 연구하였다. 물론 그때는 아직 '함수'라는 개념이 없었던 시대였지만.

특히 '무한(無限)'을 수학 안에 끌어들이는 것을 거부했던 그리스 시대와는 달리 오렘은 무한급수를 연구함으로써 '무한'을 수학의 대상으로 삼았다. 무한이 이처럼 수학에서 적극적인 인식의 대상이 된 것은 무한을 신의 속성(屬性)으로 간주하는 기독교의 영향 때문이었다.

중세 암흑시대의 의미

중세 문화(medievalism)란 헬레니즘 시대와 르네상스 시대 사이에 나타난 문화적인 특정을 말한다. 흔히 이 기간을 암흑시대라고 하는 이유는 주로 과학적인 측면에서 볼 때 창조성이 정지되었기 때문이다. 과학의 입장에서 중세는 연속적인 발전이 중단된 공백의 상태였다.

그러나 과학 밖에서는 반드시 어둡기만 한 것은 아니었다. 중세는 지금까지도 잘 알려진 〈로랑의 노래〉(작자 미상, 11세기말), 〈니벨룽겐의 노래〉(13세기) 등의 영웅시(英雄詩)를 비롯해서 단테의 『신곡(神曲)』, 페트라르카(Francesco Petrarca, 1304~1374)의 『단시(短詩)』며, 근대 소설의 선구적인 구실을 한 초서(Geoffrey Chaucer, 1340~1400)의 『캔터베리 이야기』 등, 불멸(不滅)의 걸작을 낳았다. 또 건축에서는 중세의 고딕(Gothic)식 건축은 그림으로만 보아도 그야말로 전무후무(前無後無)한 웅장한 건조물이다. 또 잊어서는 안 될 것은 지식의 보편성(universality)을 위해서 대학(university)이 곳곳에 세워졌다는 사실이다. 종교 분야에서도 토머스 아퀴나스(Thomas Aquinas, 1225~1274)를 비롯한 진취적인 신학자가 신앙과 이성을 조화시키려고 무진 애를 썼던 시대이기도 하였다.

요컨대, 과학 이외의 영역에서는 여전히 중단은 없었다. 과학에서만은 중세적인 아리스토텔레스 철학이 군림하였고, 17세기 초반에도 갈릴레이나 데카르트는 그 압력을 제거하기 위해서 악전고투(惡戰苦鬪)해야만 했고, 겨우 그 후반기에 이르러서야 아리스토텔레스의 유령을 내쫓을 수 있었다. 이에 관해서는 나중에 이야기하겠다.

그러면, 왜 하필 과학만이 유독 정지하고 말았는가 하는 의문이 생긴다. 거듭 말하지만 그것은 봉건제도 아래에서의 폐쇄적인 경제 구조 때문이었다. 생산 구조의 개량이나 진보에 대한 무관심은 과학의 발을 묶어서 그 진정한 가치를 유희적인 것으로 변모시켜 버린다는 '법칙'은 이 경우에도 적용된다.

유의점

1. 기호화의 시작.
2. 상업 수학의 특성.
3. 10진법과 0.

연습문제

1. 아라비아 수학의 수학사적 의의를 설명하라.
2. 수도원 수학의 특징을 설명하라.
3. 편리한 아라비아 기수법이 유럽에 전해졌지만, 100여 년 동안 사용되지 않은 이유는?
4. 중세 유럽 암흑기의 수학을 설명하라.

제 3 장
르네상스 시대의 수학

중세 유럽의 사상이나 생활을 개혁한 요인은 무엇보다 그리스 학문의 도입에 의해서다. 라틴어로 번역된 그리스의 지식은 활발히 유럽 사상에 침투해 갔다. 르네상스의 대과학자는 모두 그리스로부터 시사 받았음을 인정하였으며, 그리스 사람들의 뛰어난 사상을 믿었다.

―M. 클라인, 『수학문화사』―

1

르네상스의 서광

르네상스 사회

새로운 수학의 서광은 마키아벨리(N. Machiavelli, 1409~1527)가 말한 '화려한 옷차림을 하고 영리하고 빈틈없는 말솜씨로 놀아나는 피렌체의 신사들' 안에서 움트기 시작하였다.

유럽 중세는 귀족이나 승려·교회 등이 소유한 장원(莊園)을 독립 경제 단위로 하는 봉건적인 사회 조직이었다. 그러나 상업이 발달함에 따라 폐쇄적인 봉건경제는 무너지기 마련이어서 좁은 봉건 영토 내에 상업 시장을 가두어 둘 수는 없었다. 상업이 발달하면 할수록 거래의 손을 밖으로 뻗치고 영주(領主)의 지배를 벗어나고 있었다. 그

대응책으로 봉건제는 차츰 중앙집권제(中央集權制)로 바뀌더니 마침내 군주제(君主制)가 등장하기에 이른다. 이 새로운 정치 체제는 15세기 말 영국, 프랑스, 스페인 등 여러 나라에서 일어났고, 그로부터 상업은 비약적인 발전을 하여 세계 시장으로의 진출에 대한 새 항로의 개발, 지리(地理)상의 발견 등이 잇따라, 이 절대 군주제는 종교계에도 영향을 주었다.

종래 유럽의 종교계를 지배한 로마 교황청은 봉건제와 밀착해서 이루어진 것이었으므로, 절대 군주국가와의 사이에 마찰이 잦았다. 이 새로운 정치적 상황에 대한 종교계의 변화는 루터(Martin Luther, 1483~1546)와 칼빈(John Calvin, 1509~1564)에 의한 종교개혁운동으로 나

| 피렌체 거리에는 높게 솟은 석조건물 | 중앙은 대성당, 왼쪽은 대리석 종루, 오른쪽은 중세 양식의 옛 청사이다.

타났다.

　변화는 공업 생산면에서도 나타났다. 중세 말기에 이르러서는 이전의 원시적인 기술이 급속도로 발달하기 시작했다. 하긴, 이것은 결과적인 현상만의 이야기였고, 사실은 미약하기는 하였지만 그 사이에 쌓였던 기술적 성과가 마침내 가속화되고, 경제·정치·과학·문화 등 여러 분야에 반영되어 갑작스러운 변혁으로 나타났다. 이러한 변혁의 주역은 마키아벨리의 말처럼 피렌체의 신사들, 곧 신흥(新興) 시민계급이었다.

　이들은 상업과 금융업으로 재산가가 되었다. 그중에서도 피렌체의 메디치 가문(Medici family)은 유명하다. 메디치가는 피렌체에 메디치 은행을 창립하고 유럽 각지에 지점을 내어 번영을 누렸다. 그 재력으로 저명한 사상가, 예술가 등의 후원자가 되었다.

　당시 상권을 둘러싸고 대립하던 세력들이 화해를 모색하기 위한 피렌체의 합동회의(1439년)에서 수도원장, 학자 등이 아리스토텔레스, 플라톤의 저서를 인용하여 자신들의 주장을 펴나가자 그리스 고전에 대한 관심이 고조되었다. 이탈리아의 지식인들은 아리스토텔레스에 대해서는 조금은 알고 있었지만 플라톤은 처음 듣는 철학자였다. 메디치는 피렌체 근교의 별장을 제공하여 그곳을 플라톤 아카데미로 이름 짓고 그리스 고전을 연구하도록 하였다. 그 결과, 과거의 빛나는 지적 유산이 재발견됨으로써 어두운 중세 유럽에 르네상스의 서광이 비치기 시작하였다.

르네상스 정신

'르네상스(Renaissance)'란, 주로 그리스를 중심으로 하는 고전문화의 부활과 재생을 의미한다. 이 현상은 크게 보아 12세기에 유럽이 아라비아로부터의 문화 유입으로 인한 엄청난 영향을 받은 '12세기 르네상스'와 14·15세기의 '이탈리아 르네상스' 두 가지로 나타났다. 피사의 레오나르도가 아라비아 수학을 바탕으로 『계산판의 책』(1202년)을 쓴 것은 12세기 르네상스의 영향이다.

이 시기에는 그동안 유럽 세계에 잘 알려져 있지 않았던 플라톤·아리스토텔레스 등의 아라비아어로 된 철학 고전이 라틴어로 번역 소개되었다. 과학 분야에서는 유클리드의 『원론』 13권을 비롯하여, 아르키메데스, 아폴로니우스, 프톨레마이오스, 메네라오스, 갈레노스, 알콰리즈미, 알화라비, 알킨디 등 최고급의 그리스 및 아라비아의 수학자·과학자들의 서적이 그야말로 홍수처럼 서방 세계로 쏟아져 나왔다.

이제부터 이야기하는 르네상스는 후자인 14, 15세기의 '이탈리아 르네상스'에 대해서이다. 르네상스를 대표하는 만능의 천재 레오나르도 다 빈치(Leonardo da Vinci, 1452~1519)는 자연의 구조는 수학적인 질서를 갖고 있다고 믿었다. 이 신념은 "기계학은 수학적 과학의 낙원이다. 사람은 그 안에서 수학의 과일을 얻어낸다."라는 말에 잘 나타나 있다. 그의 이 사상은 갈릴레이로 이어진다. 그는 『신과학대화

(新科學對話)』에서 "베네치아의 유명한 공장은 매일매일 끊임없이 연구하는 사람들의 머릿속에 넓은 광장과 훌륭한 사색의 대상을 제공해 주고 있습니다. 특히 그중에서도 기계 공작부가 제일 중요합니다."라고 외치고 있다.

이것이 바로 근세 초기, 즉 이탈리아 르네상스의 시대 성격이었다. 이 르네상스는 봉건제도의 재편성과 상공업의 발전이라는 사회·경제적인 여건에서 탄생한 일종의 정신혁명이다. 이러한 배경 아래에서 천문학이나 역학(力學), 그보다도 특히 수학이 굉장한 속도로 발전할 수 있었다.

과학의 발전은 인간 정신의 변화를 전제로 한다. 르네상스기의 과학 발전은 중세의 미신에 사로잡힌 그늘진 세계가 합리의 빛으로 재조명되었음을 뜻한다. 먼저 정신적인 성숙이 없다면, 그 사회는 과학을 일종의 마술로만 받아들이는 어리석음으로 그친다.

르네상스 수학의 특징

르네상스기에는 지배 계층인 교회와 그 압력으로부터 벗어나려는 신흥 상공업 계층 사이의 대립이 계속되었다. 이 시대적 배경을 반영하여 낡은 수도원 수학과 새로운 상인 수학이 서로 대립하였다. 그 중간쯤의 위치에 대학(大學) 수학이 있었다.

14세기 베네치아와 제노바의 상업에 이어서 피렌체의 은행업이 성대하게 발전하자, 이탈리아 시민은 이 상업을 방패로 교회의 권위에 대항할 만한 힘을 가지게 되었다. 이탈리아에 있어서의 상업산술(商業算術)의 대유행은 당시의 경제활동이 어느 정도였는지를 잘 말해 주고 있다. 피렌체, 니스, 베네치아 등의 도시에서 수많은 수학책이 발간되었는데, 이 모두가 상업 산술이었고, 내용이나 문제가 당시 사회의 요구에 잘 맞도록 꾸며져 있었다. 이중에서 보르기(Pietro Borghi)의 『산술(Arithmetica)』(1484)이 가장 중요한 구실을 하였다.

베네치아에서 발행된 이 책은 "나는 상인용의 실용수학을 엮었다."라는 말로 시작한다. 이 선언대로 여기서는 종래의 로마 숫자 대신에 아라비아 숫자를 전면적으로 사용하고 있다. 보에티우스식 중세적인 수론(數論)은 이미 말끔히 자취를 감추고 기수법(記數法), 계산 사칙(計算四則), 도량형(度量衡), 분수, 합자(合資)셈, 화폐 계산, 혼합셈, 가정법(假定法) 등으로 꾸며져 있다.

그러나 수도원의 수학자들은 이러한 새 기운과는 아랑곳없이 여전히 보수성을 지키기에 여념이 없었다. 보에티우스식의 중세 수학을 고수하는 일에 수도원의 일류 수학자들이 정력을 기울이고 있었던 것이다. 또한, 앞에서 이야기한 피보나치의 수학책은 당시의 대학에서 쓰이기에는 너무 부피가 크고 수준도 높았다. 그보다 너무 상업적인 내용이어서 보수적인 대학교수들의 구미에 맞지 않았다. 사실 대학 수학도 수도원 수학의 한 분파에 지나지 않았고, 점성술

같은 미신적 요소가 피타고라스식의 그리스 수론(數論), 보에티우스 수학의 테두리 내에서 맴돌고 있었다. 대학의 지배적 분위기는 비교적 자유스러웠고, 심지어는 국가와 교회를 비판할 정도였으나, 수학에 대한 연구만은 형편없었다. 대체로 대학 창립 당시에는 아직도 과학적인 정신은 길러지지 않았고, 로저 베이컨과 같은 사람의 진취적인 과학사상은 이단(異端)으로 취급되어, 그 때문에 심한 박해를 당할 형편이었으니까 말이다.

파치올리

이 신구(新舊) 수학의 싸움에서 신파 쪽에 판정승을 가져다 준 것이 파치올리(Luca di Pacioli, 1450~1520?)의 『산술서(算術書, Summa de Arithmetica)』(1494)였다. 그는 상공업과 관련이 있는 사람이 아니라 프란치스코회 소속의 수도사였다는 점이 흥미를 끈다. 그는 수도원에서 고전 수학을 연구하고, 로마, 나폴리, 피렌체, 밀라노, 베네치아 등 이탈리아 각지에서 수학을 강의했다. 그때 실용수학의 요구가 높다는 것을 알고 이 책을 베네치아에서 출판했다. 당대 수학지식을 총망라한 이 책의 내용을 적어 보면 다음과 같다.

| 파치올리 |

파치올리의 『산술서』 차례
2행 유클리드 비례론
6행 산술(算術)
10행 상업상의 규칙
14행 가정법
17행 유클리드 무리수
19행 대수 방정식
21행 합자(合資)셈
25행 화폐 교환

    기수법·정수의 사칙, 급수(級數), 개평(開平, 제곱근 구하기)과 개립(開立, 세제곱근 구하기), 분수, 문자, 계산, 대수(代數: 양수·음수, 1원 1·2차 방정식 등), 상업산술, 기하 등이다.

    이 파치올리의 책에서 앞에서도 잠깐 이야기한 복식부기(複式簿記)가 처음으로 소개되었다. 복식부기는 이탈리아의 상인 사회에서 만들어진 것이기는 하나, 그 기초 원리는 수학자의 손에 의해서 완성된 것이다. 이 복식부기야말로 회계를 기계적으로 명확하게 나타내는 획기적인 방법이며, 마치 근대 물리학에 있어서의 갈릴레이, 뉴

턴의 역학(力學)과도 견주어 말할 수 있을 정도이다.[1]

이러한 뜻밖의(?) 소득은 상업 산술의 발달을 크게 자극하였다. 그는 또 『신성비례론(神聖比例論)』(1509년)을 출판했다. 신성비례란 황금분할을 뜻한다. 이 책에는 레오나르도 다 빈치의 삽화가 실려 있는데, 이것만 봐도 두 사람이 서로 교류하고 있었음을 알 수 있다.

3차방정식의 해법

상업과 금융은 불가분의 관계에 있다. 상품을 매입하기 위해서는 많은 자본이 필요하고, 또 그 자본을 관리해 주는 곳이 필요하다. 다음과 같은 이자 계산은 금융계에서 흔히 볼 수 있는 문제이다.

"원금이 10,000원, 연리 5푼, 기한 3년의 원리합계를 구하라."

"연리 5푼, 기한 3년의 원리합계가 13,310원일 때의 원금은 얼마인가?"

이러한 복리 계산 문제라면 간단히 풀 수 있다. 이것들은 대수적으로는 1차방정식 문제이다. 즉, 앞의 경우 원리합계를 x라 한다면, 그 식은

---

[1] 좀바르트(Sombart), 『근대자본주의』, II권의 1.

$$x = a(1+b)^3 \ (a는\ 원금,\ b는\ 연리)$$

의 꼴이 되고, 뒤의 경우는 원금을 x라 한다면,

$$x(1+b)^3 = c,\ 즉\ x = \frac{c}{(1+b)^3} \ (b=연리,\ c는\ 원리합계)$$

라는 식이 성립된다.

그러나 기한은 같은 3년이라도 연리를 구하려면 문제의 성질이 완전히 달라진다. 즉,

"원금 a원이 있다. 기한 3년 후의 원리합계 c원을 얻었을 때의 연리를 구하라."

이러한 문제가 주어지면 이미 산술적인 방법으로는 해결할 수 없다. 왜냐하면, 연리를 x라 하고 식을 세우면,

$$a(1+x)^3 = c,\ 즉$$
$$x^3 + 3x^2 + 3x + 1 = \frac{c}{a}$$

와 같은 3차방정식을 풀어야만 그 답을 얻을 수 있기 때문이다.

이런 현실적인 이유와 수학적인 이유, 즉 2차방정식의 근의 공식이 알려져서 2차방정식의 연구가 일단락된 점 때문에 당연히 수학자들의 관심이 3차방정식으로 쏠렸다. 이슬람의 수학자들이 원추곡선을 이용해서 3차방정식의 해를 기하학적으로 구했다는 이야기는 앞에서 했다. 그러나, 대수적인 해는 아직 찾지 못했다. 파치올리는

그의 책에서 3차방정식의 해를 대수적으로 구할 수 없음을 고백하고 있다. 수학자들은 3차방정식의 해의 공식을 찾는 일에 정열을 기울이기 시작한다.

유럽에서는 15세기 말엽까지도 3차 이상의 방정식의 해법이 알려져 있지 않았다. 이 점에서는 중국이 훨씬 앞서 있었다. 그들은 천원술(天元術, 대수학의 일종)이라는 고차방정식의 근사해법[=지금의 호너(Horner)법]을 이미 알고 있었으니까. 그러나 상업의 발달 때문에 이런 문제가 일상적인 셈 중에서도 번번이 튀어나오게 되자, 수학자들에게 문의가 쇄도했다.

당시 수학자들은 지금의 변호사들처럼 사무실을 차려놓고 계산 문제를 해결해 주고 있었다. 이러한 사회적 분위기 때문에 수학자들은 서로 실력을 겨루었으며, 그 때문에 수학 시합이 자주 열렸다.

시합은 서로 상대에게 문제를 제시하고 정한 시간 내에 누가 상대의 문제를 많이 푸는가로 승부를 가렸다. 따라서 자신이 발견한 해법을 오늘날처럼 발표하지 않고 비밀에 부쳤다.

$x^3+mx=n$형의 3차방정식은 페로(Scipione del Ferro, 1465~1526)가 아라비아 수학을 연구하여 알아냈지만, 그 해법은 오늘날 전해지지 않고 있다. 그가 이 해법을 비밀로 했기 때문이다.

일반적인 3차방정식의 해법은 지금 '카르다노의 해법'이라는 이름으로 알려진 것이다. 이것은 본래 타르탈리아가 애써 연구하여 얻은 방법이었는데, 카르다노가 속임수를 써서 타르탈리아의 입을 열게 하여 그 공식을 자신의 책에 실어 버렸다는 스캔들 때문에 더욱 유명하다. 그 이야기는 다음과 같다.

타르탈리아

가난한 집안에서 태어난 타르탈리아(Nicolo Tartaglia, 1500~1557, 말더듬이라는 뜻)는 북이탈리아에서 민간 수학자로 생계를 유지하고 있었지만 매우 우수한 수학자였다. 타르탈리아는 당시 수학계의 문제거리인 3차방정식의 해법에 도전하여 그 일반적인 해법을 발견했다. 한편, 페로는 제자인 플로리도(Antonio del Florido)에게만 앞에서 이야기한 특별한 3차방정식의 해법을 가르쳐 주고 세상을 떠났다. 당연히 타르탈리아와 플로리도 사이에 수학 시합이 열리게 되었다. 1535

| 타르탈리아 |

| 카르다노 |

년 2월 22일 밀라노에서 열린 수학 시합에서 타르탈리아는 플로리도가 낸 문제를 모두 풀었지만, 플로리도는 타르탈리아의 문제를 손도 대지 못했다.

밀라노의 카르다노(Hieronimo Cardano, 1501~1576)도 3차방정식의 해법을 연구했지만 결과는 신통치 못했다. 카르다노는 교양과 재능을 갖추었고, 과학에 대한 정열도 대단하여 수학, 철학으로부터 의학, 점성술에 이르기까지 조예가 깊었다. 게다가 대학교수직(볼로냐 대학)에 있던 그는 사회적 신분도 높았다. 반면에 그의 심성은 본래 허풍쟁이었고 소행도 좋지 못해서 타르탈리아가 3차방정식의 해법에 성공하였다는 이야기를 전해 듣자, 절대로 공표하지 않겠다는 맹세를 하여 그 방법을 알아냈다.

그러나 카르다노는 타르탈리아를 속이고 1545년에 발표한 그의 책 『위대한 기법(Ars Magna)』에 해법을 실어 버렸다. 그 때문에 명예를 빼앗긴 타르탈리아는 분한 나머지 죽고 말았다. 그 비극의 3차방정식 해법은 다음과 같다.

먼저 $x = u + v$로 놓고, 이것을 $x^3 + mx = n$에 대입한다.

$$(u+v)^3 + m(u+v) = n$$
$$\therefore u^3 + 3u^2v + 3uv^2 + v^3 + m(u+v) = n$$
$$\therefore u^3 + v^3 + 3uv(u+v) + m(u+v) = n$$
$$\therefore u^3 + v^3 + (3uv + m)(u+v) = n$$

여기서 $3uv=-m$이 되도록 u, v를 적당히 정하고 양변을 세제곱하면, 다음 두 식을 얻는다.

$$u^3v^3=-\frac{1}{27}m^3,\ u^3+v^3=n$$

여기서, $u^3=\alpha$, $v^3=\beta$로 놓으면

$$\alpha\beta=-\frac{1}{27}m^3,\ \alpha+\beta=n$$

이므로, 근과 계수의 관계에 의하여 $\alpha(=u^3)$, $\beta(=v^3)$를 두 근으로 하는 2차방정식은

$$t^2-(\alpha+\beta)t+\alpha\beta=0$$

즉, $t^2-nt-\dfrac{1}{27}m^3=0$

따라서 이 2차방정식의 두 근 u^3, v^3은 근의 공식에 의하여 각각 다음과 같이 나타낼 수 있다.

$$u^3=\frac{n+\sqrt{n^2+\dfrac{4}{27}m^3}}{2},\ v^3=\frac{n-\sqrt{n^2+\dfrac{4}{27}m^3}}{2}$$

따라서 $x=\sqrt[3]{\dfrac{n+\sqrt{n^2+\dfrac{4}{27}m^3}}{2}}+\sqrt[3]{\dfrac{n-\sqrt{n^2+\dfrac{4}{27}m^3}}{2}}$

일단 3차방정식의 해법이 알려지면, 그 다음은 4차방정식에 관심이 모아지는 것은 당연한 일이다. 그 일반적인 해법은 카르다노의

제자 페라리(Lodovico Ferrari, 1522~1566)에 의해 발견되었다.

그렇다면 5차 이상은 어떻게 될 것인가? 많은 수학자들이 끊임없이 시도한 이 문제는 현대 수학의 기폭제(起爆劑) 역할을 한, 요절한 대천재 갈루아의 출현으로 해결되었지만, 그 이야기는 뒤로 미루겠다.

문예부흥에서 과학혁명으로 – 새로운 수학 시대의 환경 변화

15세기 중엽 독일에서 인쇄술이 발명됨으로써 그리스·아라비아의 고전을 번역 출판하는 일이 쉬워졌다. 유럽인은 이들 고전을 대하기가 더욱 용이하게 되었다. 특히 이탈리아에서는 상업의 발달에 힘입어 경제적 여유가 생기자, 그리스 고전의 재발견은 인간 해방을 주장하는 휴머니즘 운동으로 나타났다. 이렇게 16세기에 들어선 르네상스는 새로운 과학시대를 열었다.

여기서 특히 주목해야 할 것은 16세기에 들어서면서 유럽의 과학·기술의 세계가 눈에 띄게 변화하기 시작했다는 점이다. 그때까지 학자들의 영역과 장인(匠人)들의 영역은 엄연히 구분되어 있었다. 이 벽을 먼저 무너뜨린 것은 학자 쪽이었다. 이제 그들은 장인을 향한 종전의 멸시적인 태도는 없고, 오히려 장인들의 기술에서 새로운 지식을 얻어내려는 관심과 의욕이 활발히 일어났다. 장인들의 경험과 기술에 의해 자신들의 이론을 보완하거나 새로운 연구 발판을 찾으려는 노력이 학자들의 공통적인 경향으로 나타났다. 16~17세기의 이른바 근대 '과학혁명'은 학문 이론과 장인 기술의 융합을 통해 이루어진 것이다.

근대 과학의 토양이 된 이같은 변화는 유럽을 제외한 다른 문화권에서는 일어난 적이 없었다. 중국에서는 학문은 전통적으로 상류층인 사대부(士大夫)의 교양이었다. 학문의 내용이라야 과거시험에 합격하기 위한 고전(古典)의 지식을 익히는 것이 고작이었으며, 따라서 출제될 고전의 내용에 대한 의문이나 비판은 아예 생각조차 할 수 없었다. 실증(實證)이나 실험을 통한 기술적 지식을 담당하는 것은 사회의 밑바닥에서 일하는 장인들의 몫이다. 그러나 이들의 기술은 상류층의 사대부 지식인들의 관심 밖에 놓여 있었으며, 이 두 지식의 영역은 마지막까지 합류하는 일이 없었다. 한편, 인도는 전통적인 카스트제도 때문에 지식인과 장인이 계층적으로 엄연히 구별되었을 뿐만 아니라 서로의 접촉마저 금지되어, 이 둘 사이의 교류는 엄두도 낼 수 없었다. 아라비아에서도 사정은 비슷했다. 과학 연구는 이른바 '하킴'이라고 불리는 지식인들에 의해 이루어졌었으나, 그 성과는 주로 궁정(宮廷) 문화를 위한 것이었기 때문에 장인 기술과 결합할 여지가 없었다.

요컨대, 학자적인 전통인 '이론지(理論知)'와 장인적 전통의 '기술지(技術知)'의 결합은 르네상스의 시민사회 토양에서만 가능했다. 어째서 유독 유럽에서만 근대과학이 성립하였는가? 이 중요한 물음의 답은 바로 여기서 찾아야 한다. 앞에서 이야기한 3차방정식의 해법을 둘러싼 타르탈리아와 카르다노 사이의 스캔들을 비롯하여, 이제부터 이야기하는 수학 기호의 정비며, 미술 화법(畵法)과 관련된 새로운 기하학의 출현, 더 나아가서는 데카르트의 해석기하 등, 르네상스 시대에 일어난 수학 발전의 바탕에는 근대과학 특유의 '이론과 기술의 제휴'가 깔려 있었다는 것, 그리고 나중에는 이 제휴가 무르익으면서 수학이 그 교량 역할을 맡게 된다는 점에 주목해야 한다.

기호의 정비

이 문예부흥기(文藝復興期)의 대수(代數)는 상업적인 필요와 대수기호의 정비로 시작되었다고 할 수 있다.

(1) 플러스(+)와 마이너스(−)

이들 기호는 계산술의 아버지라고 일컬어지는 독일의 위드만(John Widmann)이 1489년에 라이프치히에서 발표했던 산수책에 처음으로 나타난다. 당초 과부족(過不足)의 의미로 썼지만, 점차 가법(加法)과 감법(減法)을 의미하는 기호로 쓰게 된다. '플러스'라는 표현은 이 책에서 쓰고 있지 않지만 '마이너스'라는 말은 사용되고 있다.

'+' 기호는 라틴어에서 '또는'이라는 의미를 갖는 et를 빨리 쓴 형태에서 비롯된 것이다. 그러나 '−' 기호의 기원은 알 수 없고, 다만 '와인통에 와인이 얼마 남았는지를 표시한 눈금에서 나왔다.'는 속설만 있다.

(2) 근호($\sqrt{}$)

빈 대학의 교수였던 슈라이베르(Heinrich Schreiber)는 1521년에 발표했던 책에서 +, −를 덧셈과 뺄셈의 의미로 사용하였다. 그의 제자 루돌프(Christoff Rudolff)는 1525년에 발행된 그의 대수학 책에서 +, − 외에도 근호 $\sqrt{}$를 쓰고 있다. 근호 $\sqrt{}$는 처음에는 단순히 $\sqrt{}$라고 썼다. 이것은 근을 의미하는 루트(root)의 머릿글자 r로부터 왔다는 이야기도 있다.

(3) 등호(=)

이 기호는 영어로 쓰여진 최초의 대수학책이라고 알려진 레코드(Robert Recorde, 1510~1558)의 『지혜의 숫돌(The Whetstone of Witte)』(1557)에 처음으로 보인다. 그는 이것을 등호로서 채용하는 이유를 '2개의 평행선(=)만큼 같은 것은 없기 때문'이라고 말하고 있다.

(4) 나눗셈 기호(÷)

스위스의 수학자 란(Johann Heinrich Rahn)이 1659년에 취리히에서 발행했던 『대수학(Teutsche Algebra)』에서 처음으로 사용했다.

(5) 소수 기호

처음으로 소수 기호를 도입한 사람은 기술자 출신의 스테빈(Simon Stevin, 1546~1620)이다(자세한 이야기는 뒤에서 따로 하겠다).

(6) 부등호(>, <)

이것은 영국의 수학자 해리엇(Thomas Harriot, 1560~1621)이 죽은 지 10년 후에 발간된 책 『Artis Analyticæ praxis』에 보인다. ≥과 ≤은 그로부터 1세기가 지나 부게(Pierre Bouguer)에 의해 쓰였다.

(7) 곱셈 기호(×)

이것은 영국의 수학자 오트레드(William Oughtred, 1574~1660)의 책 『수학의 열쇠』(1631)에 보인다.

(8) 차(差)의 기호(−)

이것도 위의 오트레드의 책에서 보인다.

(9) 문자 기호

뒤에서 이야기하게 될 프랑스의 수학자 비에트(François Viète, 1540~1603)는 기지량(既知量)과 미지량(未知量)을 구별하기 위해 기지량에 대해서는 b, c, d 등의 자음 문자를 사용하고, 미지량에 대해서는 a, e, u 등의 모음 문자를 썼다.

지금처럼 기지량을 a, b, c, d, e 등 알파벳 앞쪽의 문자로 나타내고, 미지량에 대해서는 x, y, z처럼 알파벳 뒤쪽의 문자를 쓰게 된 것은 데카르트에서 시작되었다.

이처럼 수학상의 기호가 쏟아져 나온 것은 인쇄술의 발달과 깊은 연관이 있었음을 잊어서는 안 된다.

16세기를 대표하는 수학, 즉 대수(代數)의 '원산지'는 비유럽 세계인 아라비아임은 이미 잘 안다. 그렇다면, 무엇이 계기가 되어서, 그리고 또 어떤 이유 때문에 대수가 유럽에서 발전하게 되었을까? 거듭 강조하지만, 그것은 다름 아닌 '중세 후기에 있어서의 상업발달의 압도적인 영향 밑에서 계산술과의 쌍둥이로서' 이탈리아 상인이나 은행가들의 실제적인 필요 때문이었다. 이것은 기묘하게 느껴질지 모르지만 엄연한 역사적 사실이다.

수학의 역사상 '근대화를 준비한 세기'로 알려진 이 시대는 한편으로 점차 두터운 학자층을 형성하면서, 또 한편으로는 기술, 건축, 회화, 항해, 지리학, 천문학 등의 여러 요인에 의해서 자극을 받은 수학 문제가 쏟아져 나와 이론이나 실제로 많은 미해결 문제가 쌓이게 되었다. 그 때문에 수학을 비롯한 여러 과학·기술 분야의 연구 개발을 위해 새로운 기틀이 마련되어야 하였다.

르네상스는 설령 수학의 체계 자체에는 획기적인 변화를 주지 않았다 하더라도 갖가지 풍요로운 소재로 이 학문에 활기를 불어넣었다.

그러나, 르네상스 수학의 가장 중요한 의의는 그리스의 수학과 인도·아라비아의 수학이 통합됨으로써 여기에서 유럽 수학의 전통이 굳어지고, 이것을 발판으로 하여 근대 수학을 출발시켰다는 점에서 찾아야 한다.

레오나르도 다 빈치와 투시화법

중세의 미술은 모두 종교적인 것이었으나, 르네상스로 들어서면서 인간 중심 사상(휴머니즘)의 입장에서 인간의 눈에 보이는 그대로의 자연과 인간의 아름다움을 나타내려는 사실주의(寫實主義)가 등장했다.

레오나르도 다 빈치(Leonardo da Vinci, 1452~1519), 라파엘로(Sanzio Raffaello, 1483~1520), 미켈란젤로(Michelangelo Buonarroti, 1475~1526), 뒤러(Albrecht Dürer, 1417~1528) 등의 명작은 모두 이런 풍조를 반영해서 자연과 인간을 생생하게 캔버스에 옮긴 것이다.

'피사의 레오나르도'라고 불린 피보나치에 대해서 '피렌체의 레오나르도'로 불린 레오나르도 다 빈치는 회화, 조각, 건축 등의 예술 분야뿐만 아니라, 천문학, 물리학, 토목공학, 기계학, 식물학, 해부학 등의 과학 분야, 그리고 잠수함·대포·전차·비행기 등의 발명에도 놀라운 창의력을 발휘한 만능의 천재이다. 그는 수학에 대한 직접적인 업적은 없으나, 미술에 있어서 투시화법(透視畵法)의 창안자이다. 이것은 화법기하학의 시작을 알리는 것이다. 그 당시에 투시법을 연

수학자

"수학의 정밀성을 비난하는 자는
엉터리를 먹고 사는 자다."

레오나르도 다 빈치

구한 사람으로는 이탈리아의 알베르티, 프란체스키(Franceschi, 1420~1492) 등이 있지만, 본격적으로 그림에 활용한 사람은 레오나르도 다 빈치였다. 이 투시법은 독일의 화가 뒤러가 독일에도 소개하였다.

새로운 관점은 새로운 방법을 낳는다. 그 이치에 따라서 화법(畵法)에도 변화가 일어났다. 어느 대상을 볼 때, 당연한 이야기이지만 눈과 그 대상을 맺는 직선, 즉 시선이 장애물을 만나서는 안 된다. 이것은 그림을 그릴 때도 예외가 아니다.

그러나 중세의 회화는 종교적인 의미를 무엇보다 중시했기 때문에 이 법칙을 무시하여 실제로 시선이 닿지 않는 것까지도 화면에 나타냈었다. 그러나 시선이 움직이는 대로 대상의 형태를 그리기 위해서는 종전과는 다른 기법을 모색해야 했다. 결과적으로 앞에서 말한 화가들은 모두 이 투시법을 열심히 연구한 대가(大家)들이었다. 이

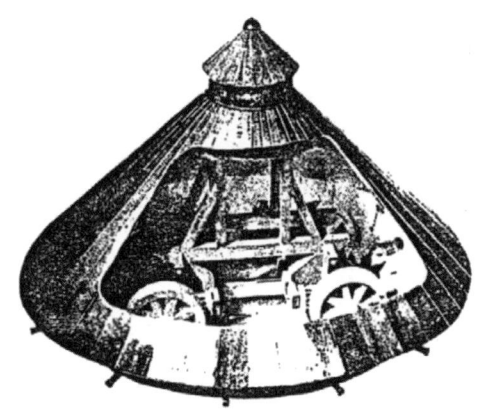

| 레오나르도 다 빈치가 설계한 전차 |

때문에 기하학에도 큰 변화가 일어나 사영기하학이라는 새로운 기하학이 등장하는 터전이 마련되었다.

눈의 위치를 고정할 때, 그림은 눈과 그 대상의 중간에 위치하게 되고, 눈, 그림, 대상의 3자 사이에 기하학적인 관계가 성립한다. 이러한 관계를 연구하는 새 기하학(=사영기하학)의 탄생은 투시법 때문에 자극받은 것이었다. 그러나 이것만이 유일한 계기는 아니고 그 밖에도 다른 요인이 있었다.

르네상스의 미술을 대표하는 또다른 분야가 토목(土木), 건축(建築)이었다. 당시 건조물의 주 소재는 돌(石)이었다. 돌의 기본적인 단위는 우리가 흔히 채석장에서 보는 바와 같이 상자 모양의 육면체가 보통이다. 그러나 곡선을 나타내려고 할 때, 육면체로만 돌을 다듬어 조립하는 것은 불편하였고, 새로운 재단법이 있어야 했다. 회화의 투시법, 건축의 절석기술(截石技術)이 르네상스의 기하학, 즉 사영기하학의 선구자 노릇을 한 것이다.

이처럼 르네상스 시대는 수학에 있어서도 대수학, 기하학 등에 걸쳐 폭넓게 새로운 변화가 일어났으나 크게 보면 이것은 앞에서도 말했듯이 르네상스라는 시대사조의 밑바탕에서 흐르는 기술적 지성의 일변을 보여 준 것이었다. 이러한 특징은 레오나르도 다 빈치의 뒤를 이은 근대과학의 기수들, 즉 타르탈리아(3차방정식 해법의 발견자), 스테빈(소수 표시의 발명자), 갈릴레이, 데카르트, 베이컨 등을 통해 일관되게 이어진 새로운 '시대정신'의 물줄기였다는 사실에 유의할 필요가 있다.

> 유의점
>
> 1. 르네상스 시대에 태동한 수학의 두 가지 측면을 설명하라.
> 2. 파치올리의 수학 저술의 내용을 설명하라.
> 3. 르네상스 미술과 수학의 관계를 설명하라.
> 4. 르네상스 시대에 방정식이 발전한 과정을 설명하라.
> 5. 수학과 기호와의 관계를 설명하라.

2

천문학과 수학

천문학과 계산술

복리(複利) 계산과 관련해서 시작된 고차방정식의 해법은 앞서 말한 것처럼 대수학(代數學)에 일대 진보를 가져왔으나, 계산면에서는 제곱(平方), 세제곱(立方) 또는 그 근을 구하는 문제가 생겨, 결국 실제 사용하는 데는 대단히 불편하였다.

바쁜 상거래에 구태여 3차방정식의 복잡한 해법을 써서 금리계산(金利計算)을 하는 상인이 아무도 없기는 지금도 마찬가지이다. 실제로는 아주 편리한 계산법을 가지게 되었기 때문이다.

대수(對數), 즉 로가리즘(logarithm)이 그것이다.

앞서 예로 든 문제 "원금 a, 기한 3년 후의 원리합계 c를 알고 연리를 구하라"라는 문제는 방정식 $a(1+x)^3=C$로 나타내지만, 이것은 대수(對數)를 이용하면,

$$\log a + 3\log(1+x) = \log c$$

즉, $\log(1+x) = \dfrac{\log c - \log a}{3}$

가 되어 제곱, 세제곱 또는 제곱근, 세제곱근의 문제를 결국 가감승제의 사칙연산으로 바꾸어 계산할 수 있게 된다. 그러나 이 로그 계산은 원래 복리계산의 필요에서 생긴 것이 아니라, 이보다 훨씬 복잡한 계산을 간단하게 처리해야 할 천문학에서의 필요 때문이다. 그런 뜻에서 천문학의 계산법은 이 시대의 새로운 장(章)을 이룬다. 이에 관해서는 뒤에 다시 이야기하겠다.

천문학의 발달 배경

르네상스의 큰 요인 중의 하나인 상업의 비약적인 발전, 즉 세계시장의 개척은 지리상의 새로운 발견을 가져왔다. 15세기 초에 포르투갈 무역상들은 인도로 가는 직통 항로를 찾으려고 아프리카의 서해안을 남하했으나, 아프리카 서해안에는 저 유명한 베르데 곶(Cape Verde)이 있어서 이 곶보다 남쪽 아래로 내려가기 위해서는 육지가

전혀 보이지 않는 큰 바다로 들어가야만 했다. 그때까지 육지가 보이는 범위 안에서 항해하는 연안항해(沿岸船海)만을 일삼아 온 그들에게는 전혀 경험하지 못했던 대모험이었고, 새로운 항해법을 개발해야 할 문제와 직면하게 되었다. 원양항해를 위한 지식 없이는 인도로 향하는 항로의 개발은 이루어질 수 없었다.

'두드려라, 그러면 열리리라'라는 말은 새 항해술의 개발에도 적용되는 진리다. 바다와 하늘밖에 보이지 않는 대양의 한 가운데에서도 늘 자신의 위치를 확인해야 할 원양항해는 천문학의 발전을 자극하였다. 그 결과 아라비아로부터 전해진 나침반의 개선과 삼각법의 연구 등, 천문학상의 문제 해결의 노력이 활발하게 일어났다. 그 결과 천문학의 '혁명' 시대가 도래했다.

가령, 지금 배가 태평양 한 가운데에 있다고 할 때, 경도와 위도만을 알면 배가 어디로 가고 있는지 알 수 있다. 그러나 경도, 위도를 알기 위해서는 별의 위치를 관측할 수 있는 정확한 시계, 항해력(천체력, 즉 천체의 운동을 나타내는 표)과 육분의(六分儀, 별의 고도를 측량하는 기계) 세 가지 조건이 갖추어져 있어야 한다.

15, 16세기경 유럽인들이 대양 항해에서 사용한 방법은 본질적으로는 이와 같은 기구를 사용한 계산이다. 다만 당시에는 정확한 시계가 없었으므로 천체력(天體曆)과는 달리, 위치에 의해 표준시를 측정하였으며, 또 육분의도 없었으니 계산으로 일일이 천체의 높이를 측정하였다.

물론, 이 방법에는 적지 않은 오차가 있었으나, 그런대로 대양의 한가운데에서도 자기의 위치를 알 수 있었던 것만은 틀림없다. 이리하여 길 에아네스(Gil Eanes)의 베르데 곶의 우회(1434), 바르톨로뮤 디아즈(Bartholomeu Diaz, 1450?~1500)의 희망봉 발견(1486), 콜럼버스(Christopher Columbus, 1451~1506)의 아메리카 대륙 발견(1492), 바스코 다 가마(Vasco da Gama, 1469?~1524)의 인도항로의 발견(1498) 등이 연이어 이루어진 것이다.

새 항해술의 필수적인 도구는 시계와 천체력이었다. 이것 없이는 배의 위치를 정확히 결정할 수 없다. 그래서 근세 초기의 과학자에게 제기된 가장 큰 문제는 정확한 시계와 천체운동을 추산(推算)할 수 있는 천체력(天體曆)의 작성이었다.

천체력의 작성과 삼각법

육지에서는 시계가 10분쯤 틀렸다 해도 별 것 아니다. 데이트 시간에 10분쯤 늦는다고 해서 파경의 비극이 일어날 리 없으나, 항해자에겐 치명적인 일이 되고 만다. 10분의 근소한 차는 적도 상에서 배의 위치가 동서로 280km 이상 차이가 난다. 이 오차는 대략 부산~서울 간의 직선 거리와 같다. 이같은 일이 천체력에서도 일어난다. 천체력은 매일 일정한 시각의 별의 위치를 미리 산출해서 만든

표이다. 이 표에 일정한 별의 위치를 적위(赤緯, 하늘의 적도를 기준으로 해서 본 위도)가 1°만 틀리게 기재해도, 배의 위치는 남북으로 100km의 오차가 생긴다. 이러한 배경이 르네상스의 천문학 연구가 활발해질 수 있었던 직접적인 원인이었다.

1473년, 독일인 레기오몬타누스[Regiomontanus, 1436~1476, 본명은 요하네스 뮐러(Johannes Müller)]는 프톨레마이오스의 천문표(天文表)를 근본적으로 개정해서, 유명한 『에페메리데스(Ephemerides ab Anno)』를 저술하였다. 이 책은 1475년에서 1506년 사이인 31년간에 걸친 태양과 달의 위치, 월식, 일식 등을 명시하고 있는데, 이는 앞서 말한 디아즈, 콜럼버스, 바스코 다 가마 등이 시도한 처녀 항로의 지침서가 되었다.

삼각법(三角法)은 중세의 거의 전 기간 동안 천문학의 한 분과(分科)였지만, 본래는 천체 관측이 점성술과 가까운 성격이었기 때문에 순전히 과학적인 목적으로 연구하지는 않았다. 그러나 이제는 항해술의 개척과 코페르니쿠스의 태양중심설의 증명 등에 필요한 과학적 지식으로 그 양상을 바꾸게 되었다. 또 레기오몬타누스는 유럽 최초의 삼각법의 전문서인 『모든 종류의 삼각형에 관하여(De triangulis omnimodis)』(1533)를 펴냈다. 이것을 계기로 평면삼각형과 구면삼각형을 모두 포함한 새로운 삼각법의 연구가 활발해져서 많은 발견을 할 수 있었다.

태양중심설과 천체 운동

코페르니쿠스의 태양중심설 『천체(天體)의 회전에 관하여』(1543)은 이러한 분위기에서 등장했다. 그때까지 유럽이 신봉한 천문이론은 알렉산드리아의 지리·천문학자 프톨레마이오스의 천문학이었다. 이 천문학은 지구가 우주의 중심이라는 지구중심설에 입각한 것이다. 그런데 새로 나타난 코페르니쿠스 천문학은 지구를 우주의 중심으로 보지 않고, 대신 태양을 우주의 중심으로 삼았다. 이것은 전통적인 우주의 질서를 뒤집는 결과를 가져왔고 과학, 철학의 양면에 엄청난 문제를 야기했다. 이 충격과는 대조적으로 유럽의 태양중심설이 동양에 소개되었을 때 동양의 지식인들이 보인 냉담한 태도는 퍽 흥미롭다. 동양의 천문학은 본래 달력 작성을 위한 역법(曆法)이 중심이었고, 천체의 구조에 관한 기하학적, 역학적(力學的)인 우주론은

| 프톨레마이오스 |

| 코페르니쿠스 |

관심 밖의 일이었기 때문이다.

이제 근본적인 가설이 무너져 버린 프톨레마이오스의 천문학을 그렇다고 비과학적이라고 일축해 버리는 것은 잘못이다. 지구중심설은 태양계의 운동을 지구의 입장에서 관찰한 것이었고, 태양의 입장에서 보는 태양중심설에 비해서 일반성이 적을 뿐, 지구의 입장에서도 별의 운동을 예측하고 추산할 수 있었다. 종래의 프톨레마이오스 천문학이 중세를 통해서 일반적으로 인정을 받았고, 1600년쯤까지 로마 교회가 신성시한 이유가 여기에 있다. 알아 두어야 할 것은 고대 과학도 분명히 미신과는 다른 합리적인 지식 체계를 갖추었다는 점이다. 다만 프톨레마이오스 체계의 약점은 현실의 쓰임새보다 오히려 이론의 짜임새에 있었다.

프톨레마이오스의 체계는 그 설명을 하나하나 분리해서 생각하면

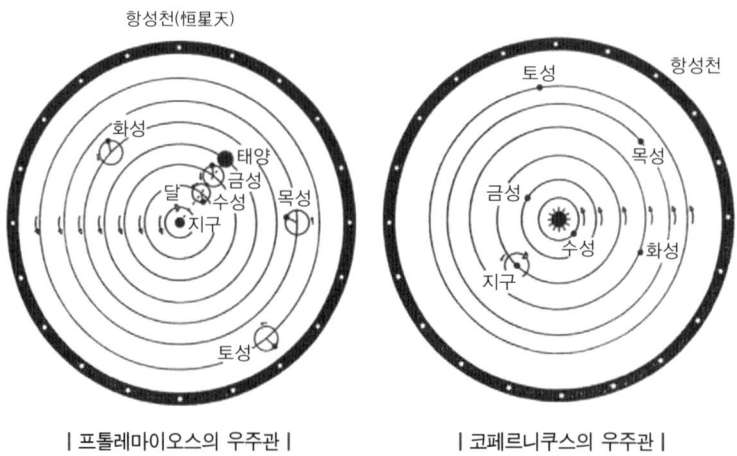

| 프톨레마이오스의 우주관 | | 코페르니쿠스의 우주관 |

이론이 정연하게 보이지만 전체적인 구성은 엉성했다. 이 결함 때문에 전체적인 조화를 존중하는 휴머니즘 철학자들의 입맛을 도저히 만족시키지 못한 낡은 이론이 되고 말았다. 근대 사상의 선구자인 니콜라우스 쿠자누스(Nicolaus Cusanus, 1410~1464)도 그러한 철학자의 한 사람이었다.

프톨레마이오스의 지구중심설에 대해서 코페르니쿠스는 전체적으로 통일된 우주론(태양중심설)으로 자신의 이론을 일관시켰다. 이 코페르니쿠스설은 단순히 천문학상의 한 학설에 그치는 것이 아니고, 당시 유럽의 전통적 세계관에 대해서 정면으로 도전하는 것으로 정치·종교 분야뿐만 아니라 널리 사상(철학)면에서 심각한 영향을 끼쳤다. 갈릴레이에 대한 종교재판(1633)은 코페르니쿠스설의 문화사적·사상사적·과학사적인 의의를 상징하는 사건이었다.

그러나 코페르니쿠스의 천문학은 프톨레마이오스의 지구중심설을 태양중심설로 바꾸어 설명했을 뿐, 그 외에는 종래의 결함을 그대로 답습하였다. 그 최대의 결점은 아무런 근거 없이 모든 행성의 궤도를 원(圓)으로 간주한 점이다. 이 가설은 정밀한 관측 결과와 일치하지 않는다는 것이 천문 관측에 의해서 드러났고, 이것이 마침내 케플러가 행성 운동의 3법칙을 발견하는 결과를 가져왔다.

케플러

케플러(J. Kepler, 1571~1630)는 독일 남서부의 와일이라는 마을의 가난한 집에서 태어났다. 교회 학교의 성적이 우수해서 튜빙겐대학의 신학과에 급비생(給費生)으로 입학할 수 있었다. 그는 장래에 목사가 되겠다고 생각했었는데, 이 대학의 천문학 교수인 메스트린에게 코페르니쿠스의 이론을 배우면서 천문학에 관심을 갖게 되었다. 그는 당시 관측 천문학자로서는 코페르니쿠스보다 탁월했던 티코 브라헤(Tycho Brahe, 1546~1601)의 조수가 되었으나, 그 자신은 코페르니쿠스설의 신봉자였다.

케플러가 수정한 새로운 천문학 체계는 프톨레마이오스와 코페르니쿠스의 천문학 체계를 이론과 응용의 두 가지 면에서 능가하면서 태양중심설의 정당성을 입증한 것이다. 케플러는 새 이론에 입각한 천체력인 루돌프표(1627)를 작성하였으며, 이에 따르는 계산법인 삼각함수의 지식을 더욱 발전시켰다. 앞에서 이야기한 삼각법의 발전이 모두 천문학자의 손으로 이루어졌다는 것은 이러한 배경을 두고 한 말이다.

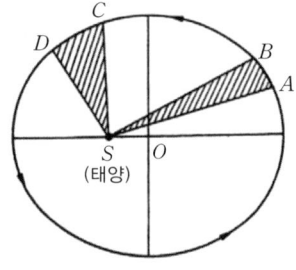

| $\widehat{AB}$를 통과하는 시간과 $\widehat{CD}$를 통과하는 시간이 같으면, 부채꼴 SAB=부채꼴 SCD |

케플러는 티코 브라헤의 정밀한

수학자

"기하학은 아름다움의 근원이다."

케플러

관측치와 코페르니쿠스의 이론상의 값이 일치하지 않는 사실 때문에 고민하다가 타원궤도론을 착상한다. 이 타원궤도의 계산에서 미적분의 발상이 일어났다. 이를 한층 발전시킨 사람은 카발리에리이다.

그의 위대한 과학상의 성과 뒤에는 현대인의 눈으로 도저히 납득하기 어려운 '기묘한' 일면이 있었다. 그는 본래 '피타고라스-플라톤주의'의 신봉자였다. 피타고라스(또는 그 학파)는 세계의 중심에 위치하는 지구(그때는 아직도 지구중심설)로부터 각 행성에 이르는 거리는 정확히 자연수의 비(比)가 되고, 이들 행성의 운동은 그 비율에 따라서 높고 낮은 조화음(調和音=harmony)을 엮어냄으로써 하늘의 화성(和聲)을 이룬다고 생각했다. '만물은 수!'라는 피타고라스의 선언은 우주가 수학적인 조화를 이룬다는 믿음에서 나온 것이다. 철학자 플라톤도 이러한 우주 질서와 조화의 생각을 이어받아, 지구로부터 달·태양·수성·금성·화성·목성·토성에 이르는 거리의 비가 1:2:3:4:8:9:27이라고 주장했었다. 유럽의 학문은 중세에는 아리스토텔레스 철학의 지배하에 있었으나, 르네상스 이후 16세기쯤부터 다시 '피타고라스-플라톤주의'에 눈을 돌리게 되어, 코스모스(cosmos=秋序宇寅)의 사상이 다시 학문의 세계를 지배하게 되었다. 근대과학은 이 수학적 질서를 추구했던 코페르니쿠스·갈릴레이·케플러·뉴턴 등에 의해서 이룩된 것이다. 그러므로 케플러가 피타고라스주의자였다는 사실 자체는 그리 놀라운 일이 아니다. 다만, 케플러의 경우는 정도가 지나쳤다. 그는 이 수학적 우주상(數學的宇宙像)에 흠뻑

| 정8면체[공기(空氣)] |

| 정6면체[토(土)] |

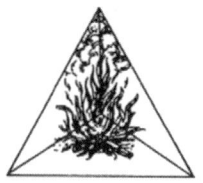
| 정4면체[화(火)] |

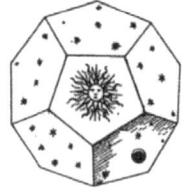
| 정12면체[우주(宇宙)] |

| 정20면체[수(水)] |

빠진 일종의 '광신자'였으니까.

케플러는 일찌기 유클리드의 『원론』을 통해 정다면체가 5종류뿐이라는 사실을 잘 알고 있었다. 그의 처녀작 『우주의 신비』(1596)에서는 이 5개의 정다면체가 지구를 비롯한 행성들(수성·금성·화성·목성·토성)을 각각 실은 6개의 천구(天球) 사이(=공간)에 끼이게 할 수 있다는 것을 증명해 보이고 있다. 즉, 내부로부터

> 정8면체는 수성의 천구와 금성의 천구 사이
> 정20면체는 금성의 천구와 지구의 천구 사이
> 정12면체는 지구의 천구와 화성의 천구 사이
> 정4면체는 화성의 천구와 목성의 천구 사이
> 정6면체는 목성의 천구와 토성의 천구 사이

라는 것이다. 이 '놀라운 질서, 수학적인 아름다운 배열'을 발견했을 때에 그의 기쁨은 그야말로 하늘에 오르는 기분이었다고 한다.

이어서 1619년에 발표한 『세계의 화성학(和聲學)』(또는 『세계의 조화론』) 속에서 새로 발견한 '제3법칙(임의의 두 행성의 공전(公轉) 주기의 제곱은 태양으로부터의 평균 거리의 세제곱에 비례한다)'을 발표하였는데, 여기에는 여섯 행성의 운동이 그림 1처럼 음계(音階)라는 수학적 관계로 묘사되고 있다. 사실 케플러 자신은 이 제3법칙을 발견했다는 점보다 피타고라스적인 '하늘의 음악'을 발견하였다는 점 때문에 더할 나위 없는 기쁨을 맛보았다. 그에 대한 기묘한 인상은 위대한 과학

〈그림 3-1〉 행성의 운동과 음계와의 관계(『세계의 화성학』 중에서)

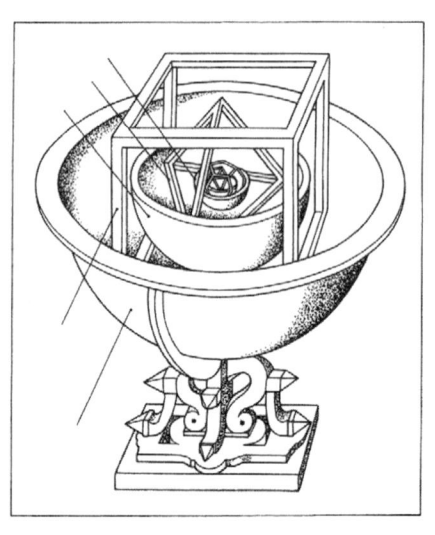

| 케플러의 행성모형(行星模型) |

적 성과에도 불구하고 얼핏 납득하기 어려운 엉뚱한 결론을 이끌었다는 점이다. 그러나 따지고 보면, 정도의 차이는 접어두고 위대한 과학상의 발견 뒤에는 여느 사람들의 건전한 상식으로는 납득하기 어려운 이상야릇한(?) 발상이 으레 깔려 있게 마련이다. 수학의 역사에도 이 '마술적 전통'은 있는 것이다. 다만, 수학의 성격상 표변에 잘 나타나지 않았을 뿐이다.

로그[對數]의 발견

망원경의 발명으로 천문학, 항해술, 삼각법은 급속히 발달하였지만, 동시에 방대하고도 복잡한 천문학상의 계산을 하기 위해서는 불가불 새로운 계산 기술이 나와야만 하였다. 이것이 바로 로그(對數) 발명의 배경이라고 앞에서 말하였다. 계산법의 발전이 "천문학자의 수고를 덜어줌으로써 그들의 수명을 두 배로 늘렸다."고 한 라플라스의 말은 과장이기는 하지만 실감난다. 실로 인도-아라비아식 기수법과 로그(對數), 그리고 곧 뒤에서 이야기할 소수(小數)야말로 근대에 있어서 계산의 기적적인 힘을 낳은 3대 발명이었고, 17세기의 '(과학의)영웅시대'를 떠받친 주춧돌의 구실을 하였다.

로그의 개념은 미하엘 슈티펠(Michael Stifel, 1486~1567)의 책 『산술백과(Arithmetica integra)』에서 처음 선을 보인다. 이 책에서 그는 x와 2^x

의 관계를

$$x \cdots -5, -4, -3, -2, -1, 0, 1, 2, 3, 4, 5, 6, \cdots$$
$$2^x \cdots \frac{1}{32}, \frac{1}{16}, \frac{1}{8}, \frac{1}{4}, \frac{1}{2}, 1, 2, 4, 8, 16, 32, 64, \cdots$$

이라는 형태로 나타내었다. 여기서 각각 대응하는 수의 윗줄의 덧셈은 아랫줄의 곱셈에 대응한다. 그러니까, 윗줄의 두 수 x, y에 각각 대응하는 아랫줄의 수는 $2^x, 2^y$, 따라서 $x+y$에 대해서 $2^x \cdot 2^y = 2^{x+y}$가 성립한다. 가령, 다음과 같이 말이다.

$$\begin{array}{ccc} 2 & + & 3 & = & 5 \\ \updownarrow & & \updownarrow & & \updownarrow \\ 4 & \times & 8 & = & 32 \end{array} \quad (2^2 \times 3^3 = 2^{2+3} = 2^5)$$

이것은 바로 현재의 로그 개념이다. 이 로그의 개념을 쓰면, 크고 복잡한 곱셈 문제를 간단한 덧셈 문제로 바꿀 수 있다.

로그 이론은 스코틀랜드의 수학자 네이피어(John Napier, 1550~1617)가 본격적으로 연구하였다. 그는 『놀라운 로그법칙의 기술』에서 처음으로 이 계산법을 설명하였으며, 그가 죽은 지 2년 후에 나온 『놀라운 로그법칙의 집대성』에는 로그표의 계산법이 실려 있다.

로그(對數, '비(比)의 수'라는 뜻)와 진수(眞數, numerus)라는 낱말은 네이피어가 만들어낸 용어이다. 그러나 실제로 셈에 이용할 수 있는 편리한 로그표는 네이피어의 친구 브리그스(Henry Briggs, 1561~1631)가

수학자

"상호관계의 개념을 확장하라."

네이피어

제3장
르네상스 시대의 수학

만든 것이다. 이때 비로소 10을 밑으로 하는 상용(常用)로그가 만들어졌다. 미적분학에서 배우는 자연로그, 즉 네이피어의 수 e를 사용하는 로그표는 이보다 앞선 1619년에 존 스페이델(John Speidell)이 공표했다. 브리그스의 저서 『로그표』(1624)는 10만까지의 수에 관해서 14단위의 로그표를 작성한 것이었다. 이어서 그는 『영국의 삼각법』(1633년)이라는 책에서 10초 간격으로 계산한 10단위의 삼각함수의 로그표를 발표했다. 현재 우리가 사용하는 가장 권위 있는 로그표는 1794년 오스트리아의 포병 장교 베가(G. Vega)가 엮은 『대수대전(對數大全)』을 바탕으로 사용 목적에 따라서 다소 간략하게 고친 것이다. 여기에는 정수 및 삼각함수에 관한 10자리 로그표가 실려 있다.

중세 말기에 채용되기 시작한 아라비아식 기수법(記數法), 이에 이은 소수 표시법, 그리고 로그 계산 등은 유럽 수학을 고대의 전통적인 계산법으로부터 완전히 탈피시켰으며, 그 결과로 수학은 근세 사회에 알맞은 체계를 갖추기에 이르렀다.

유의점

1. 항해술과 수학의 관계.
2. 천문학과 수학의 관계.
3. 계산의 '3대 발명'과 수학의 새 체계.
4. 피타고라스주의와 케플러의 관계.
5. 10진 기수법 없는 대수를 생각할 수 있는가.

3

수학의 새로운 사상

대수학의 기초 작업

천체력이나 삼각함수표의 복잡한 수치계산의 번거로움을 덜기 위해서 로그(對數)가 발명되었고, 역시 같은 필요에 의해서 소수(小數)의 사용법이 발견되었다. 지금 생각하면 아무것도 아닌 것처럼 보이는 소수 표시법이지만, 당시에는 중대한 의미가 있었다. 가령, 어떤 수의 제곱근($\sqrt{2}$라고 하자)을 나타내려는데 소수가 없었다면 어떻게 되었을지 생각해 보면 이해할 수 있을 것이다. $\sqrt{2}$를 소수로 나타내지 못하면 이 수가 1보다 얼마나 큰지, 또 2보다 얼마나 작은지 짐작조차 할 수 없으니까 말이다.

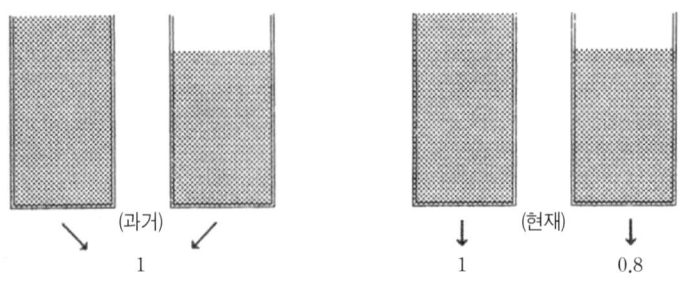

 소수를 사용함으로써 비로소 모든 양을 근삿값으로 나타낼 수 있었고, 따라서 이전에는 양과 수의 관계는

$$양(量) \rightarrow 수(數)$$

였는데, 이제는

$$양(量) \leftrightarrow 수(數)$$

의 관계가 일반적으로 성립할 수 있게 된 것이다. 소수가 없었을 때는 컵에 가득찬 물이나 약간 덜 찬 컵의 물이나 모두 1이었다. 그러나 소수의 등장으로 이러한 양의 차이도 모두 수로 표시할 수 있게 된 것이다.

스테빈

네덜란드의 토목기사인 시몬 스테빈(Simon Stevin, 1546~1620)은 지금의 벨기에령인 브뤼주에서 태어났다. 처음에 시(市)의 출납계에서 일하다가 앙트와프에서 상점을 경영했다. 당시에는 로마 및 아라비아 계통의 도량형(度量衡)이 함께 쓰이고, 게다가 단위도 60진법, 12진법 등을 섞어 썼기 때문에 화폐 교환에 따른 계산이 복잡해서 상인들은 여간 시달린

| 스테빈 |

것이 아니었다. 이 문제를 간단히 처리할 수 있는 방법을 찾던 스테빈은 수 체계를 아라비아 계통의 10진 기수법으로 통일하면 편리하다고 생각했다. 그러던 끝에 60진법의 복잡한 분수를 대신할 10진법의 소수를 고안해낸 것이다. 그의 소수 표시법은 다음과 같다.

예를 들어, 기호 7⓪2①6②4③은 오늘날의 7.264를 뜻한다.

소수의 발견자에 대해서는 여러 가지 설이 있으나, 일반적으로는 스테빈을 꼽고 있다. 현재 우리가 사용하고 있는 소수 표시법은 기계 기술자이며 수학자, 그리고 천문학자이기도 했던 스위스 출신의 요스트 뷔르기(Jobst Bürgi, 1552~1632)의 방법이다.

이제 소수를 사용함으로써 수의 보편성을 확보할 수 있게 되었다. 그리고 3차방정식, 4차방정식 등의 법칙성이 밝혀짐으로써 그에

알맞은 기호 형식이 가능해졌다. 이 역할을 맡아서 대수(代數) 계산에 새로운 전환기를 가져온 사람이 비에트이다.

비에트

산술(算術)과 대수(代數)는 어떤 차이점이 있는가? 이런 것쯤은 누구나 초등학교에서 중학교에 올라갈 때 경험으로 잘 안다. 중학교 1학년 때 처음 문자와 식을 배우는 학생들은 어리둥절해 한다. 수를 갑자기 문자로 써서 나타내기 때문에 뭐가 뭔지 잘 납득하지 못하는 것이다. 이것이 바로 산술과 대수의 차이가 빚는 첫 충격이다.

구체적인 수로 계산을 하여 얻은 수치의 결과는 때로 그 수가 어떤 의미를 갖고 있는지 언뜻 알 수 없다. 예를 들어, 장사를 하기 위해 네 사람이 각각 1,000원, 2,000원, 3,000원, 4,000원씩을 내어 1만 원을 만들었다고 하자. 단순히 이 1만이라는 수로는 네 사람이 어떤 비율로 각출했는지 알 수 없다. 이 때문에 나중에 이득을 분배할 때 문제가 발생한다. 이런 때는 구체적인 수치보다 오히려 추상적인 기호로 표시하는 것이 편리하다. 첫 번째 사람이 내놓은 자금을 a원이라 하면, 차례로 $2a$, $3a$, $4a$가 되므로 $a:2a:3a:4a=1:2:3:4$, 이렇게 말이다. 이처럼 수를 다룰 때 숫자만으로 표시하면, 오히려 전체를 파악하지 못하는 경우가 있다. 너무 멀리 있으면 잘 보이지

수학자

"나의 주식은 대수이고 후식은 기하다."

비에트

제3장
르네상스 시대의 수학

않지만, 콧잔등 위 처럼 너무 가까이 있어도 마찬가지이듯이, 수의 세계에 있어서도 전체를 잘 볼 수 있기 위해서는 적당한 거리를 두고 볼 필요가 있다. 문자 기호는 이런 때 힘을 발휘한다.

대수(代數)는 미지수(未知數)와 기지수(旣知數)를 사용해서 앞에서와 같은 수량 관계를 문자식(文字式)으로 나타내고, 식을 대수 법칙에 따라 변형해서 간단한 모양으로 고쳐 간다. 따라서 숫자를 사용한 수의 계산 그것보다는 식의 형식적인 변형 과정이 중요해진다. 식의 변형을 쉽게 하기 위해서는 추상적인 문자 기호를 사용하지 않으면 안 된다. 대수는 계산을 신속하게 할 수 있을뿐만 아니라, 그 계산의 의미도 파악할 수 있게 해준다.

아라비아 대수학은 기호를 거의 사용하지 않고 주로 일상적인 문장만으로 표현했었다. 지금 같으면 간단히 $x^2+21=10x$라고 쓰면 되는 것을 다음과 같이 나타냈다.

"어떤 수의 제곱에 21을 더한 합이 그 수의 10배가 될 때, 그 수는 어떤 수일까?"

해법도 물론 보통의 문장으로 나타내곤 하였다. 르네상스시대의 대수의 특색은 이 아라비아 시대에는 볼 수 없었던 미지수 기호를 사용한 점이다. 이와 관련해서는 특히 프랑스의 수학자 비에트(F. Viete, 1540~1603)의 이름을 잊어서는 안 된다. 그의 전공은 법률이었고 본업은 정치였지만, 취미에 지나지 않았던 수학은 당대 최고봉이었다. 특히 그의 이름을 수학사에 남게 한 것은 일정수(常數)를 나타내는 기호를 대수에 도입한 업적 때문이었다. 오늘날 일반 법칙(공식)을 나타낼 때는 문자 기호가 들어간 수식으로 나타내는 것이 상식인데, 이 방법(기호 대수학)은 비에트로부터 시작했다.

비에트는 역작 『해석법입문(解析法入門)』(1591)에서 산술로부터 대수학으로 넘어가는 문제를 해결하였다. 여기서는 모든 설명이 단순히 구체적인 문제의 해법(解法)을 모은 것이 아니고, 방정식에 관한 일반적인 방법으로 다루어졌다.

요컨대, 기호 덕분에 방정식을 일반적인 형태로 표현할 수 있게 되었고, 그만큼 문제의 본질을 파악하기가 용이하게 된 것이다. 그리하여 대수적으로 표현하는 것, 그 자체가 연산(演算)의 대상이 되었다. 이것이 기호대수학(記號代數學)의 시작이다. 이제 수학자의 관심은 구체적인 수치의 계산에서 식을 올바르게 변형하는 형식적인 조작을 정립하는 일에 관심을 기울이게 된 것이다. 한편, 동양에서는 대수 계산에서 문자식이 등장하지 않았기 때문에 끝내 대수학이라는 학문이 등장하지 못하고, 단순히 계산술[산대(算木)계산]로만 그치게 되었다는 사실에 유의할 필요가 있다.

원근법과 사영기하학

레오나르도 다 빈치, 뒤러 등 르네상스의 화가들은 이전에는 아무도 감히 엄두를 내지 못했던 엉뚱한(?) 생각을 갖게 되었다. 원근(遠近), 즉 멀고 가까운 느낌을 2차원의 화변에 나타내는 방법이 없는지를 그들은 연구했다. 그때까지 회화(繪畫)에서 원근을 대비하여 묘사하는 수법은 쓰여진 적이 없었다. 중세의 종교화(宗敎畫)는 오직 종교적인 가치를 나타내는 일에만 무게를 두었으므로 가치 있는 것, 즉 신이나 천사 등은 크게, 반면에 가치가 없는 인간은 작게 그려왔다.

그러나 르네상스시대에는 인간의 눈(=視點)에 비친 그대로 대상을 그리는 것을 중시한 결과 원근법(遠近法)이 태어났다.

3차원의 공간 안에서는 확실히 평행선은 만나지 않는다. 그러나 이것을 2차원의 스크린(캔버스)에 옮겨보면 반드시 평행선이 된다는 보장은 없다. 이 생각을 극단적으로 밀고 나가면 "모든 평행선은 결국은-즉, 무한원점(無限遠點)에서-만난다."가 된다. 무한원점이라는 '점(點)'은 존재할 까닭이 없지만, 그런 이상적(理想的)인 점을 가상(假想)해 보자는 것이다. 이 무한원점을 새로 덧붙인 공간에서의 기하학이 '사영기하학(射影幾何學)'이다. 당연한 이야기이지만, 사영기하학에서는 원래의 도형을 연구하는 대신에 도형이 스크린 위에 비치는 '사영의 단면(斷面)'에 대해서 연구한다. 가령, 유클리드 기하학에서는 정사각형은 어디까지나 정사각형이지만, 사영의 단면은 정사각형뿐만 아니라 사다리꼴, 마름모꼴 등 여러 가지 모양으로 나타난다.

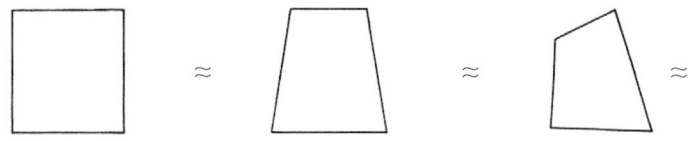

이것들은 원래는 같은 도형이지만, 보는 눈의 위치―즉, 시점(視點)―에 따라서 다르게 보일 뿐이다. 따라서 이것들을 모두 '같은 도형'으로 간주하는 것이 사영기하학의 입장이다.

〈그림 3-2〉에서 시점 O와 평면 π 위에 있는 도형 F상의 모든 점을 잇는 직선의 다발을 '사영(射影)', 그리고 사영과 화면 π'의 교점, 즉 사영이 π'에 비치는 부분을 '(화면 π'에 의한) 절단(切斷)'이라고 한다. 그러니까 사영과 절단이라는 조작에 의하여

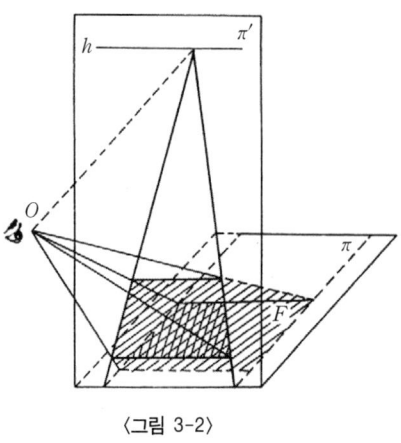

〈그림 3-2〉

변하지 않는 도형의 성질을 연구하는 기하학이 곧 사영기하학이라고 말할 수 있다. 따라서 사영기하학에서는 두 점 사이의 거리가 얼마인가 하는 따위는 의미가 없다. 두 점 사이의 거리는 눈의 위치, 곧 사영에 의하여 얼마든지 달라질 수 있다. 길이·각도·합동의 개념도 무의미하다. '삼각형'은 있으나, 이등변삼각형이니 정삼각형이니 하는 개념은 없다. 두 직선의 평행이라는 것도 생각할 수가 없다.

π 위에서 평행인 두 직선은 π' 위에서는 만나게 되기 때문이다. π 위의 평행선은 모두 π' 위에서는 하나의 직선 h 위에서 만나게 되는 것이다. 이 직선 h를 '무한원직선'(無限遠直線)이라고 말한다. 무한원점은 모두 이 '직선' 위의 점이다. 이 무한원점·무한원직선이 있다는 점이 사영기하학에서 생각하는 '평면'의 특징이다.

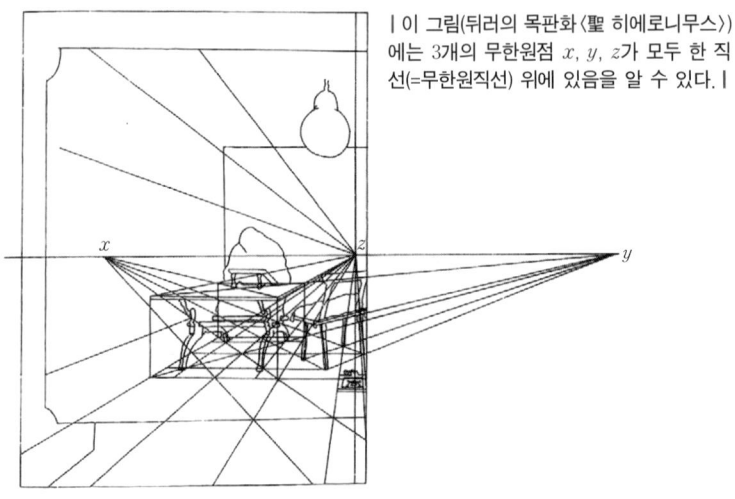

| 이 그림(뒤러의 목판화〈聖 히에로니무스〉)에는 3개의 무한원점 x, y, z가 모두 한 직선(=무한원직선) 위에 있음을 알 수 있다. |

이 무한원직선에 대해서는 원근법의 원리를 찾으려고 했던 르네상스의 화가들도 이미 깨닫고 있었다. 그림 안에 멀고 가까운 위치를 적절히 표현하기 위해서는 무한원점뿐만 아니라, 이 점들을 잇는 하나의 직선이 존재해야함을 알아차리고 있었다.

새로운 기하학의 탄생

이처럼 르네상스 시대의 수학은 비단 대수학만이 새로이 변신한 것은 아니었다. 레오나르도 다 빈치 등에 의해 그 기초가 마련된 이 '실용적'인 기하학은 17세기에 들어서면서 프랑스의 건축가 데자르그(G. Desargues, 1593~1662)의 손에서 한층 세련된 형태로 다듬어진다.

종래의 기하(유클리드 기하)는 경험과는 상관이 없는 순전히 논증적(論證的) 정신의 산물이었다. 이와는 대조적으로 새로 움튼 기하(사영기하)는 미술가에 의해 고안해낸 '실용' 목적이다. 이 점이 그리스 때와는 다른 르네상스의 시대적 특징을 잘 말해준다. 그러나 실용적이라고 해서 오해해서는 안 된다. 이 기하학은 그리스 이래의 유클리드 기하학을 한층 일반화한 것이다. 즉, 이 기하학은 유클리드 기하학과 별개의 것이 아니고, 오히려 그것을 포괄하고 있는 폭넓은 기하학이었다. 따라서 이 방법으로 유클리드 기하보다도 훨씬 일반적인 결과를 얻을 수 있는 것이다.

그러나 사영기하학이 수학의 한 분야로서 위치를 굳힌 것은 이보다 훨씬 뒤인 18세기에 들어서면서부터이다. 게다가 수학의 중요한 연구 영역으로 발전하게 된 것은 19세기 전반, 그러니까 나폴레옹의 러시아 원정에 종군(從軍)했다가 포로의 몸이 된 퐁슬레(J. V. Poncelet, 1788~1867)가 옥중에서 쓴 『도형의 사영적 성질의 이론』(1813)이 나온 이후다. 이에 대해서는 뒤에서 다시 이야기하겠다.

사영기하학의 기본적인 입장은 사영으로도 변하지 않는 도형의 성질을 연구하는 일이다. 그런데 점은 점으로 사영되고, 직선은 직선으로 사영된다. 따라서 점이나 직선은 사영기하학의 연구대상이다. 이에 대해서는 유명한 '데자르그의 정리'가 있다.

"두 삼각형 $\triangle ABC$와 $\triangle A'B'C'$에서 대응하는 꼭짓점끼리를 잇는 직선 AA', BB', CC'가 한 점 O에서 만나면, 두 삼각형의 대응하는 각 변의(연장선의) 교점 P, Q, R은 동일 직선상에 있다."

그리고 그 역도 성립한다(두 삼각형을 조건에 맞도록 여러 가지 위치에 놓고, 정리대로 결과가 나타나는지 확인해 보기 바란다).

이 정리는 사영기하학에서 중요한 명제다. 그것은 여기에 등장하는 '점', '직선', '(세)직선이 한 점에서 만난다', '(세)점이 (한)직선상에 있다' 등은 모두 사영기하학의 개념이기 때문이다.

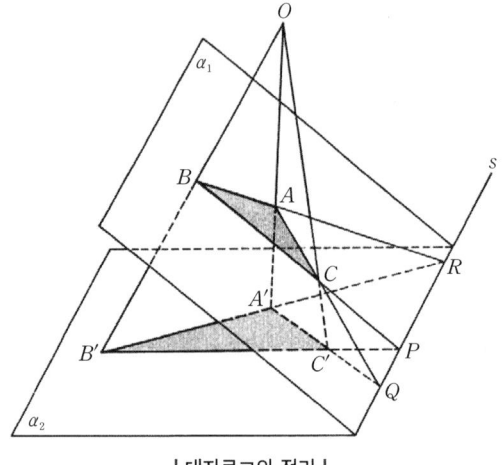

| 데자르그의 정리 |

유의점

1. 유클리드 기하학과 사영 기하학과의 관계.
2. 사영기하학에서 무의미한 유클리드 기하의 명제.
3. 사영기하학에 기여한 르네상스 화가의 역할.

연습문제

1. 르네상스의 실용수학과 고대 이집트의 실용수학을 비교하고, 그 차이점을 설명하라.
2. 3차방정식 $x^3+mx=n$의 해를 유도하여라.
3. 산술과 대수의 차이를 설명하라.
4. 소수의 발견이 수학에 기여한 영향에 대해 설명하라.
5. 무한원점, 무한직선을 유도한 철학적 배경을 설명하라.

제 **4** 장

근세의 수학

양식(良識, bonsense)은 이 세상에서 가장 공평하게 분배되어 있다. 바르게 판단하고, 참과 거짓을 구별하는 능력이야말로 양식 또는 이성이다. 이 능력은 모든 사람이 태어나면서 평등하게 지니고 있다.

— R. 데카르트, 『방법서설(方法敍說)』 —

1

17~18세기 유럽의 수학

사회적 배경

르네상스에 의해 힘을 얻은 세계 무역은 보다 많은 상품을 유통시킴으로써 종래의 소박한 수공업적 생산 방법으로는 과중한 부담이 되었다. 수공업 생산만으로는 이제 그 수요를 감당하지 못하게 되자, 새로운 생산 형태의 등장은 시간문제가 되었다.

이렇게 해서 16세기 말쯤부터 네덜란드, 프랑스, 영국 등에서 소위 매뉴팩처(manufacture, 공장식 수공업)라 부르는 수공업식 제조업, 즉 전용 작업장을 만들고 거기에 노동자를 고용하여 인간의 손 대신에 간단한 기구를 사용하여 분업에 의한 대량 생산이 시작되었다.

이 새로운 생산 조직을 배경으로 네덜란드와 영국은 국제 시장으로 진출하였고, 나아가서 주로 다른 나라와의 중계무역으로 세계 상업을 주름잡은 스페인과 포르투갈의 세력에 도전하였으나, 마침내는 한때 세계에서 부강(富强)을 자랑하던 이들 두 나라도 급격히 사양길을 걷게 되었다.

시대는 이제 매뉴팩처의 독무대를 만난다. 매뉴팩처는 값싼 노동력을 필요로 하고, 상품을 팔 새로운 시장을 만들어야 했다. 중부 아메리카와 아프리카에서 노예를 잡아와 노동력을 충당하고, 세계 곳곳에 식민지를 개척한 것은 그 영향이었다. 그 결과 네덜란드, 영국, 프랑스 상인은 세계 시장을 거침없이 휩쓸었다. 그러나 개척에는 공존(共存)이란 있을 수 없는 법이어서, 마침내는 식민지 전쟁[7년 전쟁(1756~1763)]을 유발하였고, 영국이 대식민지 제국으로서 "유니온 잭의 깃발이 나부끼는 곳에 언제나 태양이 빛난다."고 큰소리치는 시대가 찾아왔다.

과학과 기술

과학기술의 발달은 언제나 시대의 현실적인 요구와 밀접한 관계가 있다. 르네상스로부터 항해술과 밀접한 관계가 있던 근세 천문학이 발달하는 데는 정확한 관측치가 무엇보다도 필요했다. 또한 그러기 위해서는 정확한 시계, 정밀도가 높은 망원경의 제조가 시급했다.

옛날부터 인간이 시간을 알기 위해서 첫째로 이용한 것은 정확한 태양의 주기운동(週期運動)이었다. 이 사실을 이용해서 해시계가 나온 것이다. 그러나 이 시계는 맑은 날씨에만 제 구실을 할 수가 있다.

물시계, 모래시계 등이 있기는 했으나 천문학에 응용할 수 있을 만큼 정확한 것은 못 되었다. 13세기쯤에 나타난 톱니바퀴(齒車)시계는 점차 기술이 개량되어 15세기 말에는 그런대로 천문학에 이용되었으나 흡족할 정도는 못 되었다. 이것이 16, 17세기 사이에 과학자의 관심을 끈 '시계 개량의 문제'였다. 또 이것과 병행해서 망원경의 개발이라는 또 하나의 과제가 나타났다.

원양 항해는 또 조선술(造船術)도 직접 관계가 있다. 국제 무역에서 스페인, 포르투갈 상인이 오대양을 누비기 시작하자, 무역선이 필요하게 되었다. 콜럼버스(C. Columbus, 1451~1506)가 아메리카 대륙의 발견에 이용한 산타마리아호는 150톤 급의 배에 지나지 않는다. 이것은 겨우 우리나라 근해를 다니는 어지간한 여객선과 맞먹는 톤수(噸數). 이 사실은 보다 크고 안전한 배를 만드는 일이 당시의 상인들에게 얼마나 절실했던가를 잘 말해 준다. 배를 대형화한다는 것은 단순히 종래의 조선술을 그대로 확대하는 것만으로는 해결되지 않는다. 기술적으로 말한다면 선형(船型)이 크게 될 때, 그만큼 바닷물과의 마찰도 증가하므로 내구력(耐久力)의 감소, 조종의 부자유 등의 문제가 따른다. 따라서 속력을 그대로 유지하면서 적재량을 늘린다든지, 또 배의 안전율을 높이는 문제를 연구해야 한다. 한편으로, 국제 무역은 국내의 운수(運輸)를 자극하고, 운하와 도로를 건설하기 위한 대공사(大工事)를 일으키는 계기를 만들었다.

그뿐 아니라 봉건제의 해체와 그 재편성, 식민지 전쟁, 시장 쟁탈전 등, 전쟁의 규모가 날로 커지면서 총기(銃器)의 발달을 재촉했다. 그 결과 군수공업이 발달하고, 또 그것은 채광(採鑛), 야금술(冶金術)을 발달시켰다. 이와 같이 근세에 들어오면서 과학은 산업·정치의 전반적인 문제와 얽히고, 그 영향으로(이론) 물리학과 수학이 발달할 필연적인 계기를 마련했다.

이상의 각 기술 분야에서 과학자에게 직접 해결을 요구한 문제는 물체와 그 평형(平衡), 그리고 물체의 운동이라는 두 분야로 구분할 수 있다. 전자는 조선(造船) 상의 기술 문제인 배의 평형, 토목기술, 광산에 있어서의 도르래[滑車], 펌프의 사용 등에서 직접 발생한 문제였으며, 후자는 시계의 개량, 배의 속력, 탄도(彈道)와 관련된 문제 등에서 나왔다. 과학적인 용어를 사용해서 말한다면, 이것들은 각각 정력학(靜力學)과 동력학(動力學)의 문제에 속한다.

정력학은 그리스·로마 시대부터 이미 있었고, 근세에 들어와서 생긴 문제들은 단순히 종래의 문제를 대형화(大型化)한 것이다. 그러나 '물체와 그 운동'인 동력학상의 문제는 근세 산업이 비로소 제기한 것이며, 아예 처음부터 구성해야 했다. 탄도 연구를 그 한 예로 들어 보자.

갈릴레이는 천문학 및 역학(力學)의 두 분야에 걸쳐서 큰 업적을 남긴 '근대 과학의 아버지'이다. 특히 그가 코페르니쿠스의 태양중심설을 지지하여 종교재판에서 혼쭐이 난 것은 과학사상 유명한 일화다. 그는 역학과 관련해서 탄도의 연구도 했다.

그때까지만 해도 탄도는 처음 포구(砲口)에서 튀어나오면서 직선으로 날아가고, 어느 지점에 도달하면 갑자기 땅에 떨어지는 것으로 믿었다. 갈릴레이는 이러한 '미신'을 뒤엎고 탄도가 포물선을 그린다는 사실을 밝혔다. 또 시계의 추(錘)에 관한 진동의 연구 등, 당시의 시대적인 요구를 반영한 업적을 많이 남겼다. 이 역학(力學) 분야이외에 망원경의 개발과 관련하여 광학(光學)에 대해서도 깊이 연구하였다.

17세기의 과학은 특히 수학과 물리학의 밀월시대였다. '수학은 과학의 언어(言語)'라고 한 것은 갈릴레이였으나, 이 말은 단순한 캐치프레이즈 이상의 뜻을 함축하고 있다. 나폴레옹이 말한 '수학의 신장은 국력의 척도'라는 신조(信條)는 바로 이런 분위기에서 나온 말이었을 것이다.

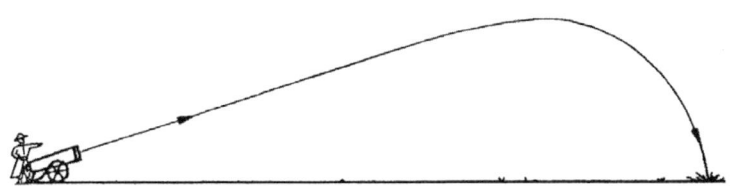

수학자

"진리의 책은 자연이며 그것은
원, 타원, 삼각형, 구, 뿌리 등으로 쓰여 있다."

갈릴레이

| 갈릴레이의 『신과학 대화(新科學對話)』의 표지 |

근세의 수학 - '변량'과 '운동'의 등장

16세기가 끝나면서부터 수학은 이탈리아·독일 등 한두 나라에 국한되지 않고, 유럽 대부분의 나라에서 활발히 연구되었다. 종교개혁으로 유럽은 다시 전쟁과 분열이 시작되었지만, 수학은 '유럽수학'이라 불릴 만큼 유럽의 곳곳에서 꽃피웠다.

근세수학을 상징하는 대표적인 업적은 17세기의 5대 발견이다. 즉,

페르마와 데카르트의 해석기하학(解析幾何學)
뉴턴과 라이프니츠의 미적분(微積分)

파스칼과 베르누이의 확률론(確率論)
갈릴레이와 뉴턴의 역학
뉴턴의 만유인력의 법칙

등이 그것이다. 그러나 수학사상 17세기가 매우 중요한 위치를 차지하는 이유는 비단 이상의 위대한 발견이 이룩된 시대였다는 사실 때문만이 아니라, 한마디로 '새로운 수학의 시대'였기 때문이다. 즉, 17세기에 볼 수 있는 수학의 중요하고도 결정적인 변화는 종래의 정적(靜的)인 대상을 연구하던 수학이 변화·운동하는 것(=變量)을 연구하는 수학으로 새로이 그 중심 개념이 전환되었다는 사실이다. 이처럼 수학의 대상으로 '운동(運動)'이 등장함으로써 수학의 영역은 전보다 훨씬 확대되었다.

수학은 현실적 문제, 즉 항해술이며 탄도 계산 등과 관련한 문제를 해결하는 과정에서 수학의 기본적 개념이라든지 기능의 변화를 밖으로부터 요구받게 되었다. 그 결과 수학 자체의 내부에도 심각한 변화가 일어났다. 정적인 수(數)와 양(量), 그리고 삼각형·원 등의 한정된 꼴의 도형뿐만 아니라, 운동·변화 등의 동적인 것을 분석하는 함수관계도 다룰 필요가 절실히 요청됨으로써 수학은 이들을 연구하기 위한 방법을 모색하게 된 것이다.

이러한 혁명적 전환점 구실을 한 것은 다음에 이야기할 데카르트의 해석기하(解析幾何)이다. 이를 계기로 수학 내부에 운동·변화의 개념이 받아들여지게 되고, 그 덕분에 미적분학의 탄생은 필연적인 것이 되었다. 오늘날 중등학교에서 다루고 있는 수학 지식의 내용은 거의 전부가 이 17세기에 얻어진 것들이다.

대수학의 기본 정리

비에트의 뛰어난 후계자 해리엇(T. Harriot, 1560~1621)은 비에트의 뒤를 이어 대수학을 더욱 발전시켰다. 그의 대수학 책 『해석적방법』은 근대 대수학(代數學)의 모습을 거의 갖추고 있었다.

그는 '대수방정식의 근의 수는 그 차수(次數)와 같다'는 대수학의 기본 정리를 직관적으로 파악하고 있었으나, 한편으로 아직은 음수와 허수를 수로서 인정할 수 없었다. 즉, 그는 대수학의 기본 정리를 분명하게 이해한 것은 아니었다. 이 정리가 수학의 정리로서 증명되기까지는 가우스의 등장을 기다리지 않으면 안 된다.

그간 방정식에 대한 연구는 4차방정식의 근의 공식을 이끄는 단계에까지 이르고 있었다. 다음은 5차방정식의 근의 공식을 4차방정식으로부터 유도할 차례이다. 그리고 일반적으로 n차 방정식의 근의 공식은 $n-1$차 방정식으로부터 유도해낼 수 있을 것이라고 예상했다. 그러나 아무리 연구를 거듭해도 모두 실패하고 말았다.

일반적으로 방정식을 푼다는 것은 방정식의 계수(係數)를 가지고 유리식이나 무리식을 구성하고, 그 값을 방정식의 미지수에 대입했을 때 식을 만족하는가를 알아보는 것이다. 즉, 방정식의 해를 구한다는 것은 계수 사이에 사칙연산과 n제곱근을 구하는 셈으로 방정식을 푸는 것을 말한다. 그러나 5차방정식에서는 이 방법이 통하지 않았다. 5차방정식의 근의 공식을 구하는 문제는 대수학이 다시 한 번 그 모습을 바꾸어 추상대수학(抽象代數學)으로 거듭나기를 기다리지 않으면 안 되었다.

구적(求積)과 극한 개념(1) - 케플러의 방법

17세기의 수학은 역학이나 천문학에서 다루는 여러 곡선이 결정하는 도형의 넓이나 부피, 그리고 그 길이를 구하는 문제를 해결해야 했다.

그리스 기하학은 정적(靜的)인 도형의 성질, 즉 합동(合同), 비(比) 등을 문제 삼았으나, 그 넓이나 부피 등을 셈하는 문제에 관해서는 전혀 관심이 없었다. 좋은 예로서, 유클리드의 『원론』에서는 일체의 계산 문제가 들어 있지 않았다. 그 이유는 그리스인들이 조화, 대칭 등의 기하학적인 미에 대해 관심을 기울인 반면에 계산은 너절한 것으로 업신여겼기 때문이다.

특히 무한(無限)을 불확실한 것, 또는 일정치 않은 애매한 것으로 보고 오히려 무한이 끼어든 문제를 일부러 피했었다. 그리스인 중에서는 예외적으로 아르키메데스 정도가 무한을 다루었으나, 그 역시 현대적인 의미에서 말하는 정확한 무한 개념을 가진 것은 아니었다.

기껏 착출법(搾出法, method of exhaustion)이라는 좀 어색한 표현의 무한산법(無限算法)을 이용하는 정도다. 다시 말하면 아르키메데스까지도 무한을 적극적으로가 아니라 소극적으로 다루었다.

그러나 근세에 이르러 천문학, 역학에 관한 문제로 제기된 것 중에는 도저히 종래의 방법으로는 감당할 수 없는 것들이 많았다.

그중에서도 특히 우리의 주목을 끄는 것은 앞서 말한 바 있는 천문학자 케플러의 연구이다. 어느 때인가 포도주를 사들이면서 그 술통의 들이(부피)를 재는 방법이 너무 애매하다는 것을 알고, 회전체, 즉 일정한 모양의 평면을 일정한 축의 주위에 회전시킴으로써 생기

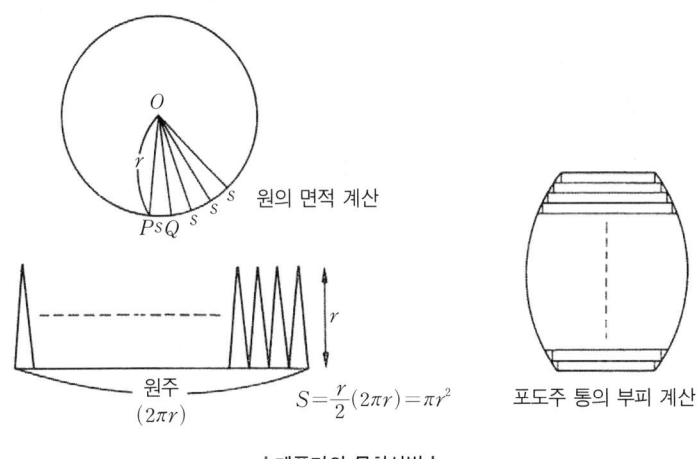

| 케플러의 무한산법 |

는 입체의 구적문제(求積問題)를 연구했다. 케플러가 회전체의 구적(求積)에 성공한 것은 간단한 도형뿐이었지만, 그것은 근세 수학에의 거보를 뜻하는 중요한 업적이었다.

그가 다룬 원의 구적문제를 생각해 보기로 하자.

원의 중심을 공통의 꼭짓점으로 하고, 현(弦)을 밑변으로 갖는 아주 작은 삼각형이 무한히 있다고 생각하자. 이들 이등변삼각형의 밑변을 $l_1, l_2, l_3, \cdots$라 하고, 원의 반지름을 r이라고 한다면, 각 삼각형의 넓이 $S_1, S_2, \cdots, S_n, \cdots$는 각각

$$S_1 = \frac{1}{2}l_1 r,\ S_2 = \frac{1}{2}l_2 r,\ \cdots,\ S_n = \frac{1}{2}l_n r,\ \cdots\cdots\ ①$$

이 된다.

여기서 주목해야 할 것은 각 삼각형의 밑변의 길이가 극히 작기 때문에, 그 높이를 반지름 r과 일치시켜서 셈하고 있는 점이다.

이 발상은 그리스 수학에서는 볼 수 없었으며, 근세 수학의 출발점이 된 새로운 특징이다. 그것은 밑변의 길이가 작아질수록 높이는 점점 반지름 r에 가까워지고, 마침내 r과 같아진다는 것, 즉 극한값 r의 존재를 의식한 것이었기 때문이다.

넓이 S는

$$S = S_1 + S_2 + \cdots + S_n + \cdots\cdots$$

이것에 ①을 대입하면,

$$S = \frac{1}{2}l_1 r + \frac{1}{2}l_2 r + \cdots + \frac{1}{2}l_n r \times \cdots = \frac{1}{2}r(l_1 + l_2 + \cdots + l_n + \cdots)$$

여기서 이 괄호 안의 값은 극히 작은 밑변의 길이를 무한히 합한 것이므로 결국 원주의 길이 $2\pi r$과 같아진다(단, π는 원주율이다). 따라서,

$$S = \frac{r}{2}(2\pi r) = \pi r^2$$

이와 같은 방법으로 무한 개념을 적극적으로 도입하여 구(球), 고리(ring) 등의 부피를 구했다.

구적과 극한 개념② - 카발리에리의 방법

카발리에리(B. Cavalieri, 1598~1647)는 이보다 한 걸음 앞선 방법을 생각해 냈다. 즉, 선은 점이 움직여서 되는 것, 면은 선을 움직여서 얻어진 것, 또 입체는 면이 운동한 결과라고 그는 보았던 것이다. 간단한 예로서, 밑면이 정사각형인 4각뿔은 차츰 작아지는 정사각형이 수없이 모여서 만들어진 것으로 간주할 수 있다.

| 카발리에리 |

이때, 각 정사각형의 넓이를 S_1, S_2, S_3, …라고 한다면, 구하는

부피 V는

$$V = S_1 + S_2 + S_3 + \cdots \quad \cdots\cdots \text{①}$$

로서 주어진다.

그는 이들 정사각형의 각 변이 등차급수(等差級數)를 이루고 점차 밑변인 정사각형의 한 변에 가까워져 간다는 것을 파악했다.

알기 쉽게 말한다면 꼭짓점 부분을 밑면에 나란히 절단하였을 때의 정사각형의 한 변을 l이라 하면, 그 밑의 정사각형의 변은 $2l$, 또 그 밑은 $3l$, ……과 같은 방법으로 증가시켜서 제일 아래의 정사각형의 변의 길이를 nl이라고 해보자.

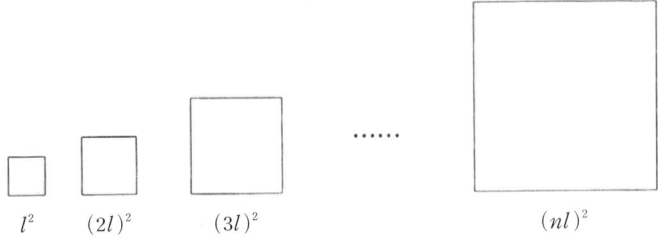

그러면, 각 정사각형의 넓이는

$$S_1 = l^2,\ S_2 = (2l)^2,\ S_3 = (3l)^2,\ \cdots,\ S_n = (nl)^2, \quad \cdots\cdots \text{②}$$

와 같이 된다.

②를 앞의 ①에 대입하면,

$$V = l^2 + (2l)^2 + (3l)^2 + \cdots + (nl)^2$$
$$= l^2(1^2 + 2^2 + \cdots + n^2)$$

괄호 안의 급수의 합은 $\frac{1}{6}n(n+1)(2n+1)$이기 때문에

$$V = l^2 \frac{1}{6} n(n+1)(2n+1) \quad \cdots\cdots ③$$

이 된다.

여기서 계산을 끝내 버리면 아무것도 아니다. 첫째 l의 값을 알 수가 없고, 또 n은 얼마든지 클 수 있는 수이기 때문에 이 식만으로는 실제로 부피를 구할 수 없다. 이 애매한 l과 n을 없애고 정확한 값을 얻기 위해서는 천재성이 필요했다. 그는 이 각뿔과 높이와 밑변이 같은 (사각)각기둥을 생각했다. 각기둥의 부피는 같은 넓이의 정사각형이 수직으로 쌓인 것으로 생각할 수 있기 때문에

$$V' = (nl)^2 + \cdots + (nl)^2$$

높이는 각뿔과 같은 n이다. 따라서,

$$V' = (nl)^2 \times n = l^2 n^3 \quad \cdots\cdots ④$$

④와 ③의 비를 생각하면,

$$\frac{V}{V'} = l^2 \frac{1}{6} n(n+1)(2n+1) \times \frac{1}{l^2 n^3}$$

$$= \frac{1}{6n^2}(n+1)(2n+1)$$

이 되어 우선 l은 없어졌다. 이제 남은 것은 n을 없애는 일이다. n^2으로 괄호 안을 나누어 보면,

$$\frac{V}{V'} = \frac{1}{6}\left(1+\frac{1}{n}\right)\left(2+\frac{1}{n}\right)$$

n은 얼마든지 클 수 있는 수, 즉 무한대이므로 $\frac{1}{n} = \frac{1}{무한대} = 0$이다. 결국,

$$\frac{V}{V'} = \frac{1}{6}(1+0)(2+0) = \frac{1}{3}$$

이 된다. 이것은 "각뿔의 부피는 이것과 같은 밑변을 갖는 각기둥의 부피의 3분의 1과 같다."라는 사실을 의미한다.

자세히 살펴보면 이 증명법에는 억지가 숨어 있다. 입체를 면의 집합으로 생각하고 있는 점이 그것이다. 3차원의 도형과 2차원의 도형은 근본적으로 다르다. 그러나 모순점은 간단히 수정할 수 있다. 이를테면 입체는 무한소(無限小)의 두께인 얇은 입체의 집합, 면은 무한소의 폭을 갖는 가느다란 면의 집합, 선은 무한소의 길이를 갖는 선분의 집합으로 생각하면 된다. 말하자면 입체란 얇은 종이가 겹쳐 쌓여서 만들어진다는 생각이다. 이 방법은 로베르발(G. P. Roberval, 1602~1675), 파스칼 등에 의해서 추진되었다.

이 값은 그리스인이 기하학적으로 얻은 결과와 같았지만 방법은 아주 딴판이다. 이것은 앞으로 다가오는 무한산법(無限算法)의 황금기인 미적분학(微積分學) 시대를 맞이하는 준비 작업이 된 셈이다.

곡선형의 넓이 구하기[求積] 문제와 아울러 근세의 수학자가 당면한 것은 임의의 곡선에 접선을 긋는 문제였다. 이것 역시 그리스 시대에 천문학과 관련하여 제기된 문제였으나, 그리스 기하학의 수준으로는 이에 대한 일반적인 방법을 생각해 내지 못하였다.

지구라는 공[球]을 평면상에 비추면 원이 된다. 따라서 지평선 또는 수평선을 결정한다는 것을 수학적으로 따져 보면, 결국 원에 접선(接線)을 긋는 문제가 된다. 천문학이 발달되어 정밀한 계산이 요구되면서 일반적인 접선법(接線法)이 더욱 절실한 문제가 된 것은 너무나 당연한 일이었다.

이 접선의 연구로는 수론(數論)에 관한 '페르마 정리(定理)'로 유명한 페르마(P. Fermat, 1601~1665)를 꼽을 수 있다. 그는 극대(極大), 극소(極小)의 이론 및 새로운 접선법을 개발하였다.

바꿔 생각하면 '신은 기하학을 한다', '수학은 우주의 근원이다' 등, 수학 지상주의를 부르짖던 그리스의 기하학도 근세 과학이 해결을 요구한 새로운 문제 앞에서는 무력함을 노출할 수밖에 없었다.

수학자

"정수는 유클리드가 조금 따졌을 뿐
모두가 잊고 있으니 다시 소생시켜라."

페르마

유의점

1. 17세기 수학의 5대 발견의 배경.
2. 미적분의 준비 단계.

연습문제

1. 무한소와 무한대를 수학에 편입시킨 직접적인 계기는 무엇인가?
2. 희랍 수학과 근세 수학의 결정적 차이에 관하여
    (1) 정적인 것에서 동적인 것으로 옮긴 이유는?
    (2) 무한에 대한 희랍과 근세의 차이를 말하라.

2

해석기하학의 탄생

그리스 고전 기하학의 한계

그리스 기하학을 그대로 확대만 하면 근세 과학에 맞는 근세 수학이 만들어지는 것이 아닌가 하고 반문하는 사람도 있을 것이다. 그러나 그것은 가령 달에 가고 싶다고 할 때, 달은 높은 하늘에 걸려 있으니까 높은 사다리를 만들면 될 것 아닌가 하는, 싱거운 대답과 같은 논리이다. 그리스 수학은 높은 곳에 가기 위해 사다리 역할을 해주었으나, 근세 과학이 내놓은 수학적인 문제는, 이를테면 '달에 직접 간다.'는 종류의 것이어서 이를 위해서는 새로운 혁명적인 아이디어가 필요하였다.

수학자

"모든 정리의 증명을 기억한다 해도 스스로
문제를 생각할 수 없는 자는 수학자가 아니다."

데카르트

그리스 수학에서 취급하였던 타원(楕圓)의 예를 생각해 보자. 그리스 수학에서는 타원이라는 곡선의 성질을 여러 가지 설명하고 있지만, 그것은 주로 타원 하나만의 특수한 성질에 관한 것이었고, 일반성이 있는 연구 방법은 아니다. 게다가 앞에서 설명한 바와 같이 곡선의 길이 또는 넓이 등, 양적(量的)인 관계를 도외시한 것은 물론이다.

근세 천문학의 가장 중요한 발견의 하나는 케플러의 행성궤도(行星軌道)였는데, 타원궤도를 계산하는 문제에 직면한 당시의 과학자는 도형의 양적인 측면을 다루지 않았던 그리스 기하학의 지식으로는 아무 소용이 없다는 것을 깨닫게 되었다. 포물선의 경우도 마찬가지다. 여기에 새로운 시대가 요구하는 새로운 기하학이 싹트는 중요한 계기가 있었다. 이 싹은 마침내 데카르트와 페르마 두 거인의 사상 속에서 성숙의 열매를 맺는다.

직선이나 곡선을 방정식(함수식)으로 나타낼 수만 있으면, 기하학의 문제는 방정식의 풀이라는 대수적인 조작으로 바꾸어 나타낼 수 있다. 예를 들어, 두 곡선의 교점(交點)을 구하는 일은 두 개의 연립방정식의 해를 구하는 일이 되고, 두 직선방정식 $y=ax+b$와 $y=a'x+b'$가 직교하는 필요충분 조건은 $ab=-1$이라는 것 등이다. 여기서 중심적인 역할을 하는 것은 변수(變數)의 개념이다.

'변수'는 바로 운동하는 물체의 위치를 수시로 나타내는 편리한 개념이다. 변수의 개념을 도입하면 물체가 운동한 궤적을 기하학적으로 나타낼 수 있을 뿐만 아니라 대수적으로 처리할 수도 있다. 이것은 유클리드의 고전 기하학에서는 감히 생각할 수 없는 것이다. 운동하는 물체의 궤적을 대수적으로 계산할 수 있다는 것은 물리학상의 문제나 또는 천문학의 문제도 쉽게 해결할 수 있게 해 준다. 물론, 데카르트도 미처 이 변수를 적극적으로 다루지는 못했다. 변수 개념의 충분한 활용은 뉴턴의 시대가 올 때까지 기다려야 했다. 이 이야기는 뒤에서 다루기로 한다.

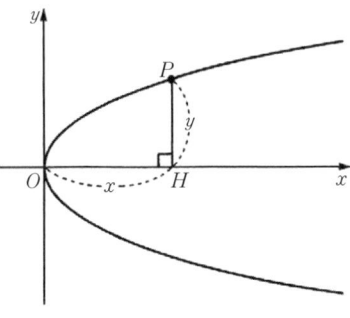

| 『방법서설(方法敍說)』의 표지 |

기호대수학에서 해석기하학으로

하긴 곡선을 두 개의 변수로 나타낸다는 발상은 이미 고대 그리스에서도 있었다. 그리스인들은 포물선 위의 한 점 P로부터 그 축 Ox에 수선을 그었을 때의 발을 H, 그리고 $OH=x$, $HP=y$로 하면,

$$y^2 = ax \text{ [}a\text{는 상수(常數), 적당한 선분의 길이]}$$

라는 식이 성립할 뿐만 아니라, 타원과 쌍곡선에 대해서도 비슷한 식이 성립한다는 것을 알고 있었다. 단, 방정식의 변수 x, y와 상수 a는 각각 선분의 길이를 나타내며, 따라서 y^2은 y를 한 변으로 하는 정사각형이고, ax는 a와 x를 이웃하는 변으로 하는 직사각형이라고만 생각했다는 점이 크게 다르다. 그러니까 좌변이 면적, 우변이 길이를 나타내는 따위의 $y^2 = x$라는 등식은 수학적으로 전혀 의미가 없었다.

이처럼 기호의 학문 대수학과 도형의 학문인 기하학이 결부되는 것은 여러 시대에 걸쳐서 다양한 문제의 형태로 다루어져 왔다. 그러나 대수학이 '기호의 수학'으로서 모습을 갖춘 17세기가 되어서야 겨우 그 결실을 보게 된다. 즉, 해석기하학(解析幾何學)이 등장하기 위해서는 먼저 대수학의 기호화가 선행되어야 했다.

데카르트는 비에트의 기호대수학(記號代數學)을 더욱 발전시켜 다음과 같이 지수(指數)의 기호를 고안해 냄으로써 이전에는 결코 같은 것으로 취급할 수 없었던 x(선분)와 x^3(입방체)을 다음 식에서처럼 똑같이 취급할 수 있었고, 게다가 새로이 x^4, x^5, $\cdots$, x^n으로 자연스럽게 확장할 수 있었다.

$$1 : x = x : x^2 = x^2 : x^3 = \cdots$$

$x^4, x^5, \cdots, x^n$은 기하학적으로는 의미가 없기 때문에 전에는 도저히 상상할 수 없는 것이었지만, 대수적으로는 위의 식에서처럼 분명히 의미가 있다. 이처럼 수학의 기호화는 이 학문의 시야를 엄청나게 넓히는 결과를 가져왔다. 요컨대, 해석기하학을 탄생시키기 위한 준비는 사회적으로는 눈부신 상업 활동에 의해, 또 수학 내부에서는 '기호화' 작업에 의해 진행되고 있었던 셈이다.

코기토 에르고 숨(cogito ergo sum)

16세기 르네상스 말기의 시대 상황은 중세의 계층질서(階層秩序)가 무너진 채 여전히 새로운 질서를 확립하지 못한 혼란기이기도 하였다. 기원전 5세기에 최성기(最盛期)를 맞이한 아테네 중심의 '폴리스(도시국가) 문화'가 차츰 기울어지고, 기원전 4세기에 알렉산드리아로 무대를 옮겨 헬레니즘의 모습으로 재탄생하였을 때의 혼란과 엇비슷한 상황이었다. 정신적 발판이었던 폴리스를 잃고 '카오스(chaos, 무질서한 우주)' 속으로 내팽개친 채 방황했던 그리스의 철학자들처럼 르네상스의 지식인들도 회의(懷疑)의 늪 속에서 헤매야 했다.

데카르트가 자란 시대 환경은 이러한 혼돈과 어둠에 온통 쌓여 있었다. 데카르트와 동시대의 회의주의 철학자 몽테뉴는 이렇게 내뱉었다.

"끝없이 펼쳐지는 우주 속에 내던져진 인간은 도대체 어떤 존재란 말인가? 한낱 모래알이나 먼지같은 존재에 불과한 인간, 무한 우주에 비하면 한마디로 '무(無)'라고 할 수밖에 없는 이 점에서 인간이 동물보다 낫다고 할 수 없다."

데카르트는 이 몽테뉴의 회의를 그보다 철저하게 추구하였다. 단순히 회의하는 것에 그치지 않고, 더 이상 의심하자니 할 수 없는, 부정하자니 할 수 없는 절대적인 '확실성'에 도달하기 위해서 철저하게 밀고 나갔다. 그는 몽테뉴처럼 단지 '느낌'으로서 회의하는 것이 아니라, 진리 발견의 방법으로서 회의에 회의를 거듭했다. 이 점에서 그의 회의는 '방법적'이었다(=방법적 회의). 그가 회의를 철저히 규명한 끝에 도달한 지점이 "(의심하는) 내가 존재한다."라는 확신이었다. 유명한 악령(惡靈)의 비유는 여기서 등장한다. 즉, 우리는 이 세계가 존재한다는 것조차 의심할 수 있다. 인간보다 훨씬 머리가 뛰어난 악령이 우리에게 속임수를 쓴다면, 어쩔 수 없이 속아 넘어가기 때문이다. 그러나 설령 악령이 우리를 속인다 해도 속임수에 의해 잘못 생각하는 나, '생각하는 나'는 존재해야 한다. 요컨대, 생각하는 나만은 존재하지 않으면 안 된다.

이 '나'야말로 일찍이 아르키메데스가 구했던 '부동(不動)의 점'이며, 세계 인식의 출발이 되는 좌표축의 원점(原點)이어야 한다. 이 기본 명제가 '코기토 에르고 숨(cogito ergo sum: 나는 생각한다. 그러므로 나는 존재한다.)'이었다. 그는 이 발견을 자신의 철학의 발판으로 삼아 거기에서부터 온갖 학문 체계를 이끌어 내려고 하였다.

르네상스의 학문은 본래 인문학적(人文學的)인 교양이 중심인 이른바 스콜라학파의 전통을 이어받은 것으로, 기억 위주의 지식에 지나지 않았다. 데카르트는 이런 학문을 수학(=수학적 방법)을 바탕삼은 이성(理性)의 학문으로 끌어올렸다. 그렇게 함으로써 그는 근대적인 '수학적 학문'과 옛부터의 전통적인 지혜(철학)를 하나의 방법으로 통합하는 체계를 수립하려고 했다.

『방법서설(方法敍說)』(1637)의 첫머리에 나오는 다음 글은 그의 결의를 잘 말해 주고 있다.

"양식(良識)은 이 세상에서 가장 공평하게 배분되어 있다. …… 양식 또는 이성(理性)이라고 불리는, 바르게 판단하고 참을 거짓과 구별할 수 있는 능력은 태어나면서 모든 인간이 고루 갖추고 있다."

실제로 이 책은 무엇보다 '방법', 그것도 자신의 이성을 바르게 이끄는 방법에 관한 것이다. 책의 제목부터가 '이성을 바르게 이끌고, 무릇 학문에 있어서의 진리를 탐구하기 위한 방법에 관한 이야기, 그리고 그 방법의 수단인 광학(光學)·기상학·기하학'이라고 되어 있는데, 그중 '기하학'에서 다루고 있는 내용이 해석기하학이다. 그러니까, 그의 발명인 해석기하학은 철학자 데카르트가 자신의 신념을 펼치기 위한 수단으로 사용한 셈이었다.

데카르트의 해석기하학

"아무도 나 대신 죽을 수는 없다고 하이데거가 말하기 300년 전에, 아무도 나 대신 이해할 수 없다고 데카르트가 말했다."(사르트르)

이 말에서 짐작할 수 있는 바와 같이 그 시대의 수학자들은 뉴턴, 라이프니츠를 포함해서 직업적 전문가이기에 앞서 '철학자'였다. 따라서 그들에게서 수학자적인 기질이나 태도만을 유추하는 것은 무의미할 뿐만 아니라 실제로 거의 불가능하다.

데카르트(R. Descartes, 1596~1650)는 중부 프랑스 투렌 지방에서 브르타뉴 고등법원 판사의 아들로 태어났다. 그는 10세 때 당시 유럽에서 가장 이름 높은 학교 중의 하나인 라 프레쉬(La Fresh)에 입학했다. 라 프레쉬를 졸업한 데카르트는 뽀와뚜 대학에 들어가 법학사(法學士) 학위를 받았다. 그는 대학 재학 중에 의학에 관해서도 공부한 것으로 알려져 있다. 그가 '보편수학(普遍數學)'—수학적인 방법의 대상이 되는 학문을 통틀어 그는 이렇게 불렀다—속에 의학을 포함시켜 다룬 것은 이때 얻은 지식의 탓인 것 같다. 20세에는 아예 책을 팽개치고 말았는데, 그것은 '세상이라는 위대한 책'을 직접 대하기 위해서였다. 그 후 22세에 프랑스를 떠나 네덜란드로 가서 장교로 지원 입대하였다. 그러나 그가 군인이 된 것은 당시 귀족들의 관습을 따랐을 뿐 다른 의도는 없었다. 물론 전투에 참가하기 위해서도 아니었다. 그러다가 26세부터는 만사를 제쳐놓고 철학 연구에 몰두하였다.

앞에서도 잠깐 말했듯이, 그의 철학은 학문 연구방법의 확고한 기초를 세우는 데 있었다. 종래의 학문 중 가장 빈틈이 없고 보편성을 갖는다고 생각된 것이 수학이라는 사실에 주목하고, 이것을 통해 학문의 일반적인 방법을 찾아내기로 했다. 그는 이른바 아리스토텔레스 주의자들의 애매하고 모순된 주관적인 사고(思考)를 배격하고, 엄격하게 형식화(形式化)된 기하학적인 세계에 그의 사상의 출발점을 두었다.

그러나 그리스 수학을 면밀히 검토한 끝에 다음과 같은 문제점을 찾아냈다. 유클리드 기하학은 논리정연하고 한 치의 틈도 없는 것이 사실이지만, 문제의 해법은 수학이라기엔 너무 비논리적(非論理的)인 비약이 있음을 알아차린 것이다. 가령, 해(解)를 얻는 방법으로 '임의로' 적당한 보조선을 그어서 문제를 해결하려는 의도 등 말이다. 이것은 전혀 무계획적인 '우연한 힌트'에 의존하고 있으므로 사고를 차곡차곡 펼쳐가는 과정이 갑자기 끊어져 버린다는 결함이 있다.

그래서 데카르트는 눈을 대수학(代數學) 쪽으로 돌렸다.

기하학의 증명 방법이 이미 알려져 있는 명제를 결합해서 새로운 명제를 유도하는 종합적인 방법에 의존하는 것과는 대조적으로, 대수의 증명법은 분석적 또는 해석적(解析的)이다. 다시 말해서 대수학은 방정식을 풀 때, 미지수(未知數)를 마치 기지수(旣知數)와 똑같이 취급하는 것으로도 알 수 있듯이, 미리 종합이 완성된 것으로 가정해서 일단 방정식을 세우면, 그 후의 순서는 거의 기계적인 조작으로 해를 얻을 수 있다.

데카르트는 대수학의 이같은 특징을 살리기 위해서 인도·아라비아식 대수학을 이론적으로 다듬었다. 그는 계산기호(計算記號)만을 결합한 형식적인 대수학을 만들어 그 응용을 기하학에 적용한 것이다.

그러기 위해서 "수를 직선의 길이로 나타낸다. 그러면 직선으로 나타낸 양(量) 사이에 어떤 계산이 다루어져도, 그 결과는 항상 직선의 길이로 나타낼 수 있다."고 규정했다.

이런 생각은 실로 혁명적인 것이다. 왜냐하면 그때까지의

$$직선 \times 직선 = 넓이$$

라는 기하학의 상식을 깨고,

$$직선 \times 직선 = 직선$$

으로 일률적으로 규정해버렸기 때문이다.

데카르트는 〈그림 4-1〉과 같이 삼각형의 닮은꼴을 이용하여 곱셈, 나눗셈의 결과를 선분의 길이로 나타냈다. 이로써 대수학의 연산과 기하학의 작도를 완전히 대응시킬 수 있게 되었다.

해석기하학의 출발점은 변량(變量)을 수치화하는 것, 즉 변수를 정하는 문제이다. 이것은 지금의 중학생도 알고 있는 상식이다. 그러나 당시로서는 아주 대담한 발상이었다.

변수 x가 있을 때, 가령 $y=x$라는 식은 x가 변하면 y도 똑같이 변

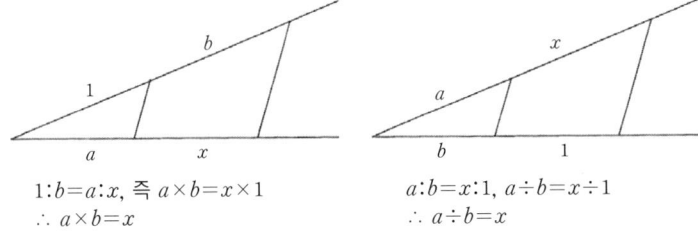

$1:b=a:x$, 즉 $a\times b=x\times 1$
$\therefore a\times b=x$

$a:b=x:1$, $a\div b=x\div 1$
$\therefore a\div b=x$

〈그림 4-1〉

한다는 것을 뜻하며, x를 독립변수, y를 종속변수라고 부른다. 이 관계를 그래프로 나타내면 x축과 y축이 만든 직각의 2등분선이 된다.

이렇게 해서 직선, 원, 타원, 포물선, 쌍곡선 등의 기하학적인 도형을 간단히 대수식(代數式)으로 나타낼 수 있게 되었다.

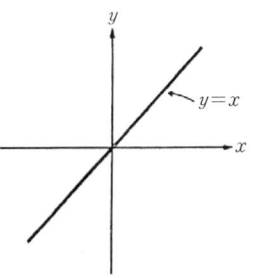

즉,

직선은 $ax+by+c=0$
원은 $x^2+y+2gx+2fy+c=0$
타원은 $ax^2+by+2gx+2fy+c=0$, $ab>0$
쌍곡선은 $ax^2+by+2gx+2fy+c=0$, $ab<0$
포물선은 $ax^2+by^2+2gx+2fy+c=0$, $a=0$ 또는 $b=0$

임을 알 수 있다.

그리고 보니 그리스 기하학에서 아폴로니우스가 연구하였던 원뿔곡선론의 모든 내용은 모두 1, 2차방정식 안에 포함되고 만다.

그는 '무릇 학문은 수학적인 방법으로 다룰 수 있을 때는 통일적인 방법으로 연구해야 한다.'는 생각을 지녔었다. 따라서 수학의 명칭 자체가 보편성을 반영해야 한다고 믿고 '보편수학(普遍數學, Mathesis universalis)'이라는 이름을 지어낸 것이다.

기하학과 대수학을 하나로 묶고, 종합과 분석의 방법을 구사한 데카르트의 해석기하학은 생각할수록 천재적인 아이디어의 산물이다.

과학사의 입장에서 말한다면, 모든 과학을 수학으로 환원시켜서 생각한다는 근대 과학정신의 터전을 닦았던 당사자는 갈릴레이나 코페르니쿠스가 아니라 데카르트이다.

이런 뜻으로 그의 해석기하학은 단지 수학상의 방법론(方法論)의 변화라고 하기보다 사고 자체의 질적인 전환이 수학으로 나타난 것으로 보아야 옳다.

페르마의 해석기하학

직각삼각형에서 직각을 낀 두 변의 길이가 a, b 그리고 빗변의 길이가 c일 때, a, b, c 사이에 다음 관계가 성립한다.

$$a^2+b^2=c^2$$

이것은 '피타고라스 정리'의 내용이다. 이 관계식은 자세히 볼수록 우리의 흥미를 자극한다. 이 식에서는 a, b, c의 어깨 위에 한결같이 2가 붙어 있는데, 그렇다면 3이나 4, 5, …등이 붙어 있을 때, 즉

$$a^3+b^3=c^3, \ a^4+b^4=c^4, \ a^5+b^5=c^5, \ \cdots$$

라는 관계도 성립하는 것일까?

이쯤 되면 이미 도형과는 상관이 없는 수의 성질에 관한 것이 되어버리는데? 그러면 어때, 오히려 폭넓게 생각을 펼쳐나갈 수 있다는 장점이 수학을 위해서는 훨씬 바람직하다. 비단 기하학뿐만 아니라 대수에서까지 쓰임새가 있는 피타고라스 정리는 그래서 아주 놀라운 정리다. 그건 그렇고, 위의 관계는 a, b, c의 어깨의 수[指數], 차수가 3 이상일 때는 성립하지 않는 것 같다. 즉,

"$a^n+b^n=c^n$에서 n이 3 이상의 자연수일 때, 이 관계를 만족하는 자연수 a, b, c는 존재하지 않는다."

이것을 증명할 수 있다는 메모를 어느 책의 여백에 남긴 수학자가 있었다. 프랑스의 수학자 페르마(P. Fermat, 1601~1665)가 그 사람이다.

그후 300년 이상 내로라하는 수학자들이 이 정리(= '페르마의 최종 정리')의 증명에 도전했지만 아무도 성공하지 못하였다. 이것이 실제로 증명된 것은 극히 최근, 그러니까 1994년의 일이다.

프랑스 남부의 상인의 아들로 태어난 페르마는 대학에서 법학을 전공하여 졸업 후에는 줄곧 변호사로 지냈다. 그는 수학에 관해서는

아마추어인 셈이었다. 그러나 말이 아마추어지 수론(數論), 기하학, 무한 계산의 방법, 광학(光學) 등에 수많은 훌륭한 업적을 세웠다. 이 위대한 아마추어 수학자 페르마는 해석기하의 개척자로서의 영예를 데카르트와 함께 나누어 가질 수 있는 인물이다. 역사적인 변혁은 한 사람의 손에 의해서 일어나는 일은 결코 없다. 해석기하학도 물론 엄격히 따지면 데카르트 한 사람만의 공(功)은 아니었다.

페르마는 당시의 수학에 대해서뿐만 아니라 고전(古典)에 대한 조예도 풍부하였다. 그가 해석기하학을 창안해 낸 동기는 고대, 특히 아폴로니우스의 기하학(『원추곡선론』)을 연구한 것이 그 시작이었다는 점에서도 이 사실을 엿볼 수 있다. 이 연구에서 그는 1차방정식에 대응하는 도형은 직선이고, 2차방정식에 대응하는 것은 원뿔곡선이라는 사실을 발표하였다. 데카르트의 경우처럼 2개의 좌표축을 사용

| 페르마 |

| '페르마 대정리'의 증명에 성공한 앤드루 와일즈 |

해 직선과 원, 타원, 쌍곡선, 포물선 등의 원뿔곡선의 방정식을 이끌어냈다. 그뿐만 아니라 1, 2차방정식의 일반적인 형태에 관한 연구와 함께 원점의 이동이나 축의 회전에서 일어나는 좌표의 변환을 다루었다. 지금의 중학생들이 배우는 수직선상의 점의 좌표를 도입한 것도 그였다.

 페르마의 이 좌표(座標)의 아이디어와 데카르트의 아이디어가 결합해서 마침내 이 기하학(해석기하학)은 새로운 위상을 확립할 수 있었던 것이다.

 페르마가 죽은 후 그의 훌륭한 연구 논문이 하나로 엮이어 발표되었는데(1679), 그중 「평면적(平面的)인 궤적이론입문(軌跡理論入門)(De locus plano et Solido Isagoge)」이라는 소논문에서는 데카르트보다 더 철저하게 해석기하학을 발전시키고 있었다. 그럼에도 불구하고 이 논문이 데카르트의 그것만큼 수학에 영향을 끼치지 못한 이유는 첫째, 발표의 시기가 매우 늦었다는 점, 둘째, 설명(특히 기호의 사용)이 까다로워서 이해하기 힘들었다는 점이었다.

파스칼 – 기하학적 정신과 섬세(纖細)의 정신

 파스칼 하면 '기하학적 정신'보다는 '섬세의 정신'을 주장하고, 그의 선배격인 데카르트를 사상적인 면에서 강력히 비난하여 "나는 데카르트를 용서할 수 없다"는 말로 유명하다. 그러나 이것으로 파스칼이 데카르트보다 '시적(詩的)인 애매성'을 좋아한 사람으로 오해해서는 안 된다. 오히려 파스칼이 '시적인 명석성(明晳性)'을 지녔다고 해야 옳다.

파스칼은 데카르트와 많은 공통점을 지니고 있으나, 사상적으로는 데카르트와 반대의 입장에 서있었다. 파스칼이 보기에 데카르트는 '기하학의 정신'은 지니고 있으나, '섬세의 정신'은 결여되어 있다.

데카르트의 철학은 철저히 이치를 따진 끝에 이루어진 '이성(理性)의 철학'이다. 이러한 점이 파스칼의 마음에 들지 않았으며, 데카르트를 비난하였던 이유이다. 요즘에 쓰이는 표현을 빌자면, 데카르트의 태도는 이치나 계산만을 따지는 지나치게 좌뇌(左腦)적인 데가 있는데, 사물을 파악하는 데는 직관력에 의한 우뇌(右腦)적인 사고도 아울러 지닐 필요가 있다는 지적이다. 그의 말을 들어 보자.

"단지 기하학자일 뿐인 기하학자는 정의(定義)나 원리를 바탕으로 한 설명은 정확히 파악할 수 있으나, 그 밖의 일에 대해서는 그렇지 못하다. 반면에 섬세의 정신만을 지닌 사람은 사색적·개념적인 원리에까지 거슬러 올라갈 인내력을 지니지 못한다."

파스칼에게는 수학이나 물리학에서 발휘된 '기하학적 정신' 외에도 날카로운 직관력과 세련된 대화술 등을 통해 '섬세의 정신'이 자주 나타난다. 실제로, 그가 한때 사교계에 출입할 당시 재치 있는 화술로 여성들을 열광시켰다. 어떤 문제에 대해서도 막힘이 없는 예리

수학자

"모든 것은 증명해야 한다.
그리고 이것들을 증명하기 위해서는 공리와
이미 증명된 정리 이외에는 아무것도 이용할 수 없다."

파스칼

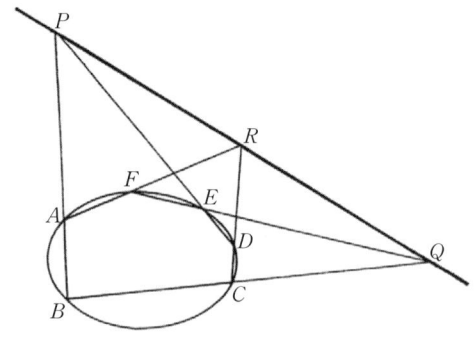

| 파스칼의 정리 |

하고도 기품과 깊이가 있는 그의 말솜씨는 당시 으뜸이라는 평을 받은 몽테뉴에 못지않았다고 한다.

파스칼(B. Pascal, 1623~1662)은 갈릴레이나 케플러보다 50~60년 후배로서 1623년에 태어났다. 그가 39세의 나이로 죽었을 때, 뉴턴은 20세도 채 되지 않았다. 그는 학교에는 한 번도 다닌 적이 없었으나, 그의 아버지는 그리스 로마의 고전과 음악, 그리고 수학, 과학 등에 소양을 충분히 갖춘 당시 프랑스에서 손꼽히는 교양인이었다.

일찍부터 파스칼은 홀로 된 아버지의 극진한 지도 밑에서 자랐다. 게다가 자주 집에서 열린 당대의 일류 지식인·과학자들의 모임에 자주 참석할 수 있는 기회를 얻어, 다른 소년들이 감히 바랄 수 없는 최고의 지식을 흡수할 수 있었다.

지능이 너무 발달한 아들에게 지나친 지적 자극을 주는 것을 염려한 아버지는 아이가 만 15세가 되기까지는 수학을 가르치지 않기로 마음먹었다. 그러나 이 천재소년은 11세에 '삼각형의 안각의 합은 2직각'임을 지금의 중학교 교과서에 실린 방법을 써서 혼자 힘으로 증명하여 아버지를 놀라게 했다. 그후 파스칼은 유클리드의 『원론』을 읽을 수 있도록 허락받았다. 12세부터는 라틴어, 수학, 철학 등에 대해 가르침을 받았으며, 역사와 지리는 식후의 대화 시간의 화제로 배정되었다. 이렇게 해서, 그가 10대 중반부터 시작한 수학, 물리학, 철학 등에 관한 연구와 사색은 모두 역사에 남는 위대한 성과를 거두게 된 것이다.

그의 수학상의 업적으로는 16세에 발표한 『원추곡선시론(圓錐曲線試論)』을 비롯하여, 사세청장(司稅廳長)인 아버지를 위해 19세 때 제작하였다는 덧셈·뺄셈을 자유자재로 할 수 있는 정교한 계산기의 발명, 확률론 연구, 미적분학의 연구와 관계가 깊은 사이클로이드(cycloid) 연구 등이 있다. 특히 사이클로이드에 관해서는 다음과 같은 일화가 있다. 35세가 된 어느 날 밤 그는 심한 치통에 시달렸다. 이 고통을 잊기 위해 수학의 난문(難問)과 씨름한 끝에 이 문제를 해결했다는 것이다.

물리학에 관해서는 진공(眞空)의 존재를 밝힌 실험을 비롯하여 기압(氣壓)에 관한 '파스칼의 원리' 등의 발견이 있다. 작은 힘으로 큰 힘을 얻는 수압기(水壓機)는 이 원리를 이용한 것이다.

파스칼은 철학·종교상의 문제에 대해서도 줄곧 깊은 사색을 통해 글을 적어 왔으나, 미처 정리하지 못한 채 39세의 젊은 나이로 세상을 떠났다. 그가 남긴 원고를 친구들이 책으로 엮어서 내놓은 것이 명상록 『팡세(Pensée)』다. 그 내용 중에 '생각하는 갈대'에 관한 다음 구절은 유명하다.

"인간은 한 줄기 갈대에 지나지 않는 우주에서 가장 나약한 존재이지만, 생각하는 갈대이다. 그를 죽이기 위해서는 우주가 무장할 것도 없이 한 방울의 물이면 충분하다. 그러나 우주가 그를 없애 버린다 해도 인간은 그를 죽이는 우주보다 한층 고귀하다. 왜냐하면, 인간은 자신이 죽는다는 것, 그리고 우주가 그보다 훨씬 강하다는 것을 알고 있으나 우주 자신은 그것을 알지 못하기 때문이다."

그는 태양이나 지구의 운동, 또는 세계의 중심은 지구인지 태양인지 등의 바깥 세계의 문제보다도 이 우주 속에서의 인간의 존재라는 문제에 관심을 보였다. 망원경을 통해 볼 수 있는 끝없이 펼쳐진 대우주와 현미경에 비처지는 한없이 작은 소우주 속에 내던져진 채 덧없이 헤매는 '비참한 존재', 이것이 파스칼이 본 '인간'이었다. 이 점에 있어서 파스칼의 입장은 이른바 실존주의(實存主義)철학의 계보에 속한다.

확률론의 시초 – 파스칼과 도박

미적분학의 발견자의 한 사람인 라이프니츠는 파스칼을 이렇게 평했다.

'그는 위대한 노름꾼이었다. 그가 도박의 계산을 시도한 것은 그

래서였다.'

  실제로 파스칼은 도박을 좋아했다. 그러면서 뛰어난 '기하학적 정신'의 소유자(수학자)로서의 그는 우연과 개연(蓋然=필연)에 대해 수학적으로 관찰하는 것을 잊지 않았다. 즐거움과 일, 심지어는 학문까지도 믿을 수 없으며, 암흑과 비참의 그늘에 싸여 있다고 처절하게 느낀 파스칼, 그리하여 자신의 모든 것을 신에게 맡기고 생애를 마친 그에게서 누구나 근엄한 성자(聖者)를 연상하기 마련이다. 그런 그가 한때나마 도박의 세계에 빠졌다는 사실은 쉽게 믿어지지 않는다. 그러나 이런 그의 일면은 전혀 모순된 것은 아니다.

  동양의 성자로 추앙받는 공자(孔子)는 오락을 즐기는 것은 수양이 부족한 탓이라고 호되게 나무랐다("할 일이 없을 때 오락을 찾는 것(行不善)은 범인들이나 하는 짓거리이다."). 그러나 사람들이 오락을 즐기는 심리에는 스트레스를 해소하려는 충동이 있다. 인간은 판도라의 상자에서 쏟아지는 별의별 문제들을 안고 산다. 그래서 늘 울적한 마음을 달래기 위해 소일거리를 찾는다. 파스칼은 이것을 '위희'(慰戲)라고 불렀다. 장기나 바둑을 둔다든지, 축구나 야구 및 올림픽 경기를 구경한다든지 할 때, 그 결과가 어떻게 되든지 간에 따지고 보면 별 뜻이 없다. 그런데도 사람들은 이런 일에 열을 올리고 서로 다투기도 한다.

  "사람들은 한 개의 공, 한 마리의 토끼를 쫓는 일에 온 정신을 집중한다. 이 점은 왕도 마찬가지이다. 인간은 아무리 슬픔에 젖어 있어도 기분을 전환할 수 있는 그 무엇인가를 찾을 수만 있다면, 그동안만은 행복하다."(『팡세』)

파스칼이 확률을 연구한 계기는 도박사 친구의 부탁을 받았기 때문이라는 이야기는 엄격히 말해 진실은 아니다(다음에 이야기하는 바와 같이 그런 청이 있었던 것은 사실이지만). 확률의 연구는 '도박사' 파스칼이 수학자였기 때문에 거둬들인 뜻밖의 부산물이었다고 말해야 옳을 것 같다. 실제로 파스칼은 자신을 수학자로 여긴 적은 한 번도 없었다. 하긴 그 자신이 어떻게 생각하든 파스칼이 위대한 수학자인 것은 틀림이 없지만.

도박 친구가 제기한 문제를 파스칼이 어떻게 해결하였는지에 대해 알아보자.

"같은 실력의 두 사람이 도박을 중단하였을 때, 각자의 득점을 알고 있다고 하면, 처음에 건 돈을 어떻게 분배하면 좋은가?" 파스칼

| 운수(運數)와 수학의 도박판 |

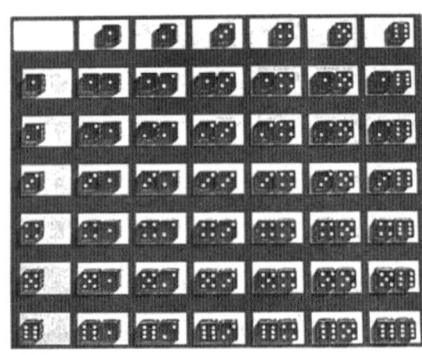

| 2개의 주사위를 던졌을 때 있을 수 있는 경우(36가지) |

은 이 문제에 흥미를 느끼고, 친구인 페르마에게 글을 보내 그의 의견을 물었다. 이때의 파스칼의 편지는 분실되었지만, 이에 대한 페르마의 답장(1654)은 남아 있다. 이 서신의 내용은 다음과 같다.

"파스칼님,

만일, 내가 1개의 주사위를 8번 던져서 어떤 눈이 나오기를 기대할 때, 이 게임에 돈을 걸었다고 합시다. 그러면 내 생각으로는 공평을 기하기 위해서 첫번째 주사위를 던지지 않은 대가(代價)로서 전액 중의 1/6을 받는 것이 마땅합니다.

또 두 번째 주사위를 던지지 않은 대가로는 나머지의 1/6, 즉 전액의 5/36를 받아야 합니다.

다음으로 세 번째 주사위를 던지지 않는다면 그 대가로 나머지의 1/6, 즉 전액의 25/216를 받아야 합니다. 그리고 네 번째 주사위를 던지지 않는다면 나머지의 1/6, 즉 전액의 125/1296를 받아야 합니다.

이것으로 나는 당신과 함께 네 번째 주사위의 값을 정한 셈이 되지만, 이것은 이미 다른 사람도 언급한 바가 있습니다. 그러나 당신은 편지의 마지막 보기에서 이렇게 말씀하셨습니다.

'내가 6의 눈을 기대하면서 여덟 번 던질 작정을 하였으나, 세 번 실패했고 네 번째에 상대방이 게임을 거부하였을 때, 네 번째에 6의 눈이 나올지도 모르기 때문에 상대방이 그 대가를 내놓겠다고 제의하면, 그는 건 돈 전액의 125/1296를 내놓아야 할 것이다.'

그러나 이것은 나의 원리에 따르면 옳지 않습니다. 왜냐하면 이 경우, 처음에 세 번 던져도 아무 소득이 없었기 때문에 건 돈은 전액 고스란히 남아 있는 것입니다. 따라서 이때 네 번째 주사위를 던지지 않는다면 전액의 1/6을 배상받아야 합니다.

또, 기대한 눈이 네 번째에도 나오지 않을 때 다섯 번째를 행하지 않는다면, 역시 전액의 1/6이 배상금이 됩니다. 왜냐하면, 건 돈의 전액이 남아 있을 뿐더러, 매회에 동일한 이득이 있다고 생각하는 것이 자연의 추세이기 때문입니다.

이상, 우리 두 사람이 원리적으로 일치하고 있는지, 또 그 적용 방법에 잘못이 없는지 알고자 하는 바입니다."

이 글에서 미루어 보건대, 파스칼은 세 번 던진 다음의 네 번째 값을 125/1296로 생각하였으나, 그것이 잘못임을 페르마가 지적하였던 것 같다.

도박을 할 때, 건 돈을 어떻게 분할할 것인가의 문제는 일찍부터 수학자들의 관심을 끌었으며, 앞에서 이야기한 것처럼 카르다노도 이것을 다룬 적이 있었다. 그러나 보편적인 방법을 생각해 내지는 못했다. 그러나 파스칼과 페르마 사이의 5통의 왕래 편지를 읽으면, 이 두 사람은 이 문제를 두고 서로 의견을 교환하면서 보편적인 방법을 찾는 데 애썼음을 알 수 있다. 이 몇 장의 편지는 실로 '확률론(確率論)'을 낳는 계기가 되었으며, 수학사의 입장에서 중요한 문헌으로 꼽힌다.

파스칼의 삼각형

파스칼이 죽은 뒤에 발표된 『수삼각형론(數三角形論)』에서는 확률의 문제를 일반화해서 다루고 있다. 그의 '수삼각형(지금은 보통 '파스칼의 삼각형'이라고 불린다)'을 도시(圖示)하면 오른쪽과 같다. 이 수삼각형의 각 수는 그 바로 위의 수와

```
1  1
1  2  1
1  3  3  1
1  4  6  4  1
1  5 10 10  5  1
1  6 15 20 15  6  1
⋮  ⋮  ⋮  ⋮  ⋮  ⋮  ⋮
```

그 수의 바로 왼쪽에 있는 수를 더한 꼴로 되어 있다.

위 표의 제1열에는 1만 계속 늘어서 있고, 제2열에는 1에서 시작하는 자연수의 열(列), 제3열은 '삼각수(직각 2등변 삼각형을 뒤집은 꼴로 된 점의 수)', 제4열은 '피라미드수(피라미드 꼴로 된 점의 수)', 등과 같이 각 열(列)의 수는 일정한 규칙에 의해 배열되어 있다. 한편, 가로줄은 이항식(二項式) $(p+q)^n$을 전개하였을 때의 각 항의 계수를 나타낸다. 즉,

첫째 줄 $(1, 1)$은 $(p+q)^1 = p+q$의 각 항의 계수

둘째 줄 $(1, 2, 1)$은 $(p+q)^2 = p^2+2pq+q^2$의 각 항의 계수

셋째 줄 $(1, 3, 3, 1)$은 $(p+q)^3 = p^3+3p^2q+3pq^2+q^3$의 각 항의 계수

넷째 줄 $(1, 4, 6, 4, 1)$은 $(p+q)^4 = p^4+4p^3q+6p^2q^2+4pq^3+q^4$의 각 항의 계수

⋮ ⋮ ⋮

처음에 말했듯이 이들 수는 확률과 관계가 깊다. 가령 A, B, C, D 4개에서 순서를 따지지 않고

1개씩 취하는 방법 (A, B, C, D)의 수는 4,
2개씩 취하는 방법 (AB, AC, AD, BC, BD, CD)의 수는 6,
3개씩 취하는 방법 (ABC, ABD, ACD, BCD)의 수는 4,
4개씩 취하는 방법 $(ABCD)$의 수는 1

인데, 이것은 수삼각형에서(제1열을 제외한) 4번째 가로줄에 있는 수들이다.

확률의 문제로 돌아가서 생각해 보자. 동전을 n번 던졌을 때, 앞면이나 뒷면이 나타날 확률은 일반적으로 $(p+q)^n$의 전개식의 각 항으로 나타내진다(p는 앞면이 나타날 확률, q는 뒷면이 나타날 확률).

앞면(p)	앞앞(p^2)	앞앞앞(p^3)
앞면(q)	앞뒤(pq)	앞앞뒤(p^2q)
	뒤앞(pq)	앞뒤앞(p^2q)
	뒤뒤(q^2)	앞뒤뒤(pq^2)
		뒤앞앞(p^2q)
		뒤앞뒤(pq^2)
		뒤뒤앞(pq^2)
		뒤뒤뒤(q^3)

$(p+q)^n$의 전개식에서 r번째에 있는 항의 계수는 n개 중에서 r개를 취하는 방법의 수이다. 이것을 'n개 중에서 r개를 취하는 조

합(組合)의 수'라고 부르고,

$$_nC_r \text{ 또는 } \binom{n}{r}$$

로 나타낸다. 여기서

$$_nC_r = \frac{n(n-1)(n-2)\cdots(n-r+1)}{r(r-1)(r-2)\cdots3\cdot2\cdot1}$$

가령, 동전을 5번 던져서 앞면이 두 번, 뒷면이 세 번 나타나는 가짓수는

$$_5C_2 = \frac{5\cdot4}{2\cdot1} = 10$$

이다. 기호 $_nC_r$을 써서 $(p+q)^n$의 전개식을 나타내면,

$$(p+q)^n = p^n + np^{n-1}q + \cdots + {_nC_r}p^{n-r}q^r + \cdots + npq^{n-1} + q^n$$

파스칼은 일반식까지 유도하지는 않았지만, 자신의 '삼각형'에 대해 철저하게 연구하였다('이항정리'로 불리는 위 식은 뉴턴이 처음으로 유도해낸 것이다).

파스칼의 확률 연구는 그 자신으로서는 순전히 수학적인 호기심의 산물이었지만, 그가 몸담고 있었던 사회는 산업혁명으로 급변하는 불확실성의 시대를 맞이하고 있었다. 즉, 확률론이라는 새로운 수학을 받아들일 준비가 사회적으로 이미 갖추어져 있었다.

'수삼각형' 자체는 동양(중국)의 수학자들도 연구하고 있었다. 그

러나 동양에서는 '수삼각형'이 확률의 이론과 결부되는 일이 없었고, 단지 수의 규칙성을 담은 '재미있는' 도표의 구실을 하는 정도에 지나지 않았다. 그 후로도 동양수학에 있어서의 이 수삼각형은 수학자들의 지적 호기심의 대상 이상의 것은 아니었다. 이같은 사실은 수학의 '사회성'에 대한 관련성을 새삼 일깨워 주는 사건이다.

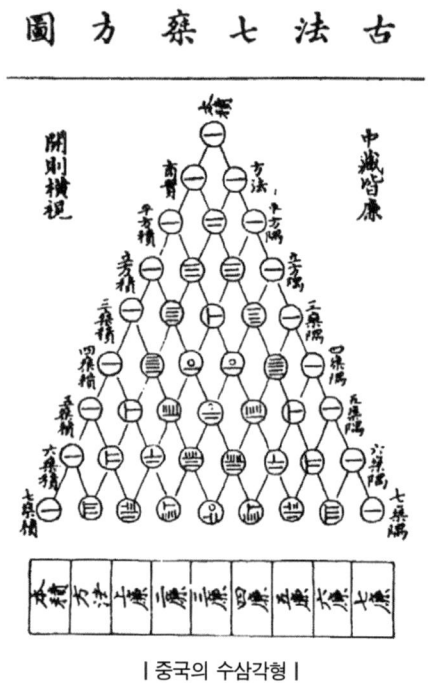

| 중국의 수삼각형 |

유의점

1. 데카르트 보편수학의 의도.
2. 페르마와 데카르트의 해석기하학의 비교.

연습문제

1. 해석기하학의 수학사적 의의를 설명하라.
2. 동양에서는 확률론이 등장하지 않은 이유를 설명하라.
3. 17세기 수학과 기호와의 관계를 설명하라.

제 5 장

미적분학의 발명

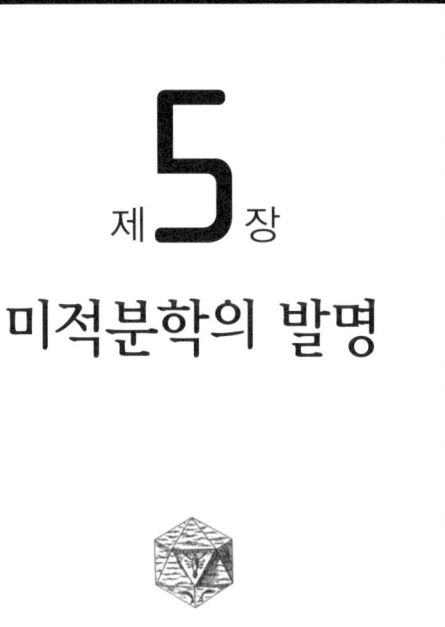

뉴턴과 라이프니츠 두 사람의 공통된 출발은, 첫 번째로 두 개의 양(量)을 결부시키는 함수 관계였다. 두 번째로는 특별한 점 P에서의 기울기라는 정적(靜的)인 상황이 P에서 그은 직선의 기울기를 점차로 곡선의 기울기에로 접근시키는 동적(動的)인 과정으로 바뀌었다는 점이다.

―K. 데블린, 『패턴의 과학, 수학』―

1

미적분학의 탄생

17세기의 영국

16세기 말에 영국에서는 런던탑을 중심으로 세 여왕[피의 여왕 메리 1세(재위 1553~1558), 엘리자베스 1세(재위 1558~1603), 스코틀랜드의 여왕 메리 스튜어트(1587년에 엘리자베스에게 처형당함)]의 정치극(政治劇)이 꼬리를 물고 일어났다. 17세기의 막이 오르자 대법관(大法官) 프랜시스 베이컨(Francis Bacon, 1561~1626)이 부정사건에 말려들어 그곳에서 옥고(獄苦)를 치르기도 했다 '모든 인간 중에서 가장 빛나고, 가장 현명하고, 그리고 가장 비굴한 인간'이라는 인물평(人物評)을 들었던 그는 눈(雪)이 닭고기의 부패를 막을 수 있는지에 관한 실험을 하다가 "실험은 성공했다!"는 말을 남기고 죽었다.

화려한 에피소드를 수많이 남긴 베이컨은 『노붐 오르가눔[Novum Organum, 신기관설(新機關說)]』(1620)에서 "인간은 자연에 봉사하는 것, 자연의 비밀을 밝히는 임무를 띠고 자연의 질서에 대해서 실제로 관찰하고, 정신으로 사색한 것만을 이해한다. 그 이상의 것은 알 수가 없다."고 자연 탐구의 자세를 밝혔다.

이즈음 잉글랜드와 스코틀랜드가 연합하여 세운 스튜어트 왕조는 전성시대를 구가한다. 영국은 스페인의 무적함대를 격파하여 이미 해상권을 장악하고 있었다(1588). 그러나 정치적인 혼란은 계속되어 청교도 혁명이 발발하고, 폭군 찰스 1세가 처형당했다. 그리고 대외적으로는 스페인으로부터 독립한 신흥 무역국으로 세계의 해상권과 무역권을 잠식하는 네덜란드와도 전쟁이 불가피한 상황이었다.

| 산업혁명 | 18세기말의 탄광. 채탄 기술이 낮아서 말 또는 노새까지 동원하였다.

영국은 일찌기 봉건제도가 해체되어 자유노동자가 많았고, 매뉴팩처가 순조롭게 발달했다. 그리고 삼림자원의 고갈이 야기한 에너지의 위기를 석탄으로 대체하는 에너지 혁명에 성공했다. 석탄을 캐고 운반하는 데 여러 기술적인 문제가 제기되어 산업혁명을 일으키는 발판을 마련하였다.

영국의 수학

수학의 입장에서 영국의 중세 마지막을 장식하는 베이컨보다는 네이피어나 브리그스를 이 시대의 대표로 내세우는 것이 보다 적절하다. 수치계산(對數)에 관한 이 두 사람의 업적이야말로 영국적인 사고(思考)를 무엇보다도 잘 대변하기 때문이다.

당시의 정신 풍토는 영국경험론(英國經驗論)이 지배하였고, 홉스(Thomas Hobbes, 1588~1679)식의 기계적 유물론을 사회과학의 바탕으로 삼은 시대이기도 하였다. 홉스는 찰스 2세의 수학교사이기도 했으나, 왕립학회에서 옥스퍼드대학의 수학교수인 월리스(John Wallis, 1616~1703)와의 논쟁에서 창피를 당하고 수학에 관한 짧은 밑천을 드러내고야 말았다.

영국에서는 수학자라면 거의 예외 없이 대학교수였다. 이탈리아와 영국은 당시 정치, 사회 환경뿐만 아니라 학문의 풍토도 크게 달랐으나, 수학자가 대학을 근거로 삼는 것만은 일치하였다. 이탈리아에서는 르네상스의 여파(餘波)가 아직 꺼지지 않았고, 영국에서는 시민혁명(市民革命)을 계기로 선진성(先進性)이 활개를 펴고 있었는데도 말이다.

현재는 대학을 중심으로 학문이 발전하고, 학자간의 교류는 학회에서 이루어지며, 연구 결과의 발표는 학술지(學術誌)에 공개된다. 그러나 이것은 19세기 이후부터의 일이었고, 17세기의 중반쯤까지 학자는 대학 바깥에서 활약하였다. 대학은 신학(神學)의 권위를 유지하기 위한 곳이었고, 학술의 교류는 살롱(salon, 상류층 저택의 사교장) 중심이었으며, 학술 발표는 서신에 의존하였다.

월리스는 카발리에리, 파스칼의 방법을 발전시켜 직관적으로 구한 기하학적 구적법(求積法)을 수식을 써서 나타내었다. 또한 1649년에 옥스퍼드의 기하학 교수가 되어 저서 『무한산술(無限算術)』(1655)에서 무한의 개념을 해석적으로 다루었다. 이것이 뉴턴에 영향을 주어 미적분의 단서를 제공하게 된다. 월리스는 처음으로 무한대를 기호화(∞)하여 무한을 수학의 대상으로 삼았다.

미적분학 탄생 전야

그리스 수학에서는 속수무책이던 곡선의 구적법 및 접선이론(接線

理論)이 데카르트의 해석기하를 통해 새로운 활로를 찾게 되었다. 여기서 다시 르네상스 이후의 수학의 흐름을 뒤돌아보기로 하자.

르네상스 시대는 계산법이 발전하였으나 수학 부문은 산술, 대수학, 그리스 기하학, 그리고 삼각법 정도에 그쳤다. 따라서 수학이 본질적으로 발전했다고는 볼 수 없다. 그러나 17세기에 들어오면서 수학의 양상이 갑자기 새로운 국면을 맞이하게 된다.

큰 특징은 대수학(代數學)이 차츰 기하학적 요소를 버렸다는 점이다. 기호와 문자를 적극적으로 사용하게 되었고, 그 결과 방정식에 관한 일반론이 확립되었다.

이러한 경향과 관련해서 곡선형의 구적 및 접선론, 그리고 데카르트가 기틀을 닦은 해석기하는 그리스 이래의 기하학의 성격을 근본적으로 바꾸어 놓았다. 그리하여 곡선에 관한 여러 문제를 해석적으로 다루게 되었다. 이를테면, 묵시적으로 아르키메데스의 구적이론에 들어 있었던 극한(極限)의 개념은 이때부터 비로소 근대적인 논증 방법으로 다루어지고, 수학은 정면으로 변량(變量)을 다루도록 근본적으로 탈바꿈하였다. 이제 해석법(解析法)은 수학의 중심 과제가 된 것이다.

접선이론의 주요 목적은 곡선상의 임의의 점에 접선을 긋는 방법을 따지는 것이며, 또 거꾸로 접선을 알고 곡선의 성질을 따지는 문제도 다룬다. 전자가 바로 미분법(微分法)이며, 후자의 경우가 적분법(積分法)이다. 이 둘을 포괄해서 미적분법(微積分法)이라고 부른다.

적분은 무한소(無限小)의 합(合)이다. 이 사상은 정도의 차이는 있지만 일찍이 아르키메데스로부터 카발리에리, 월리스에 이르기까지 줄곧 이론으로 전개되어 왔다. 따라서 '적분'은 아르키메데스 이래의 전통을 이어받고 있다. 그렇다면 적분과 미분은 역(逆)의 관계에 있기 때문에 미분의 사상도 일찍부터 있지 않았는가 할지 모른다. 그러나 2개의 무한소의 비(比)로 나타내는 '미분'의 개념은 이전에는 찾아볼 수 없고, 오로지 운동에 있어서의 속도, 곡선에 긋는 접선 등의 문제에서 출발한 새로운 개념이다.

근세에 들어와서도 미적분학이 탄생하기까지는 많은 진통을 겪어야 했다. 카발리에리의 『연속량(連續量)의 불가분(不可分)의 기하』(1635)이 출판되었을 때, 이 저술을 둘러싸고 격렬한 논쟁이 벌어졌다. 이것을 비난하는 측의 주장은 다음과 같았다.

"만일, 카발리에리의 설명처럼 면(面)이 평행인 선(線)으로 이루어지고, 입체(立體)가 평행인 면으로 구성된다면, 폭이 없는 선이 모여서 폭이 생긴다든지, 두께가 없는 면이 모여서 두께가 만들어지는 현상이 어떻게 일어나는지 도저히 이해할 수 없다."

드 메레(C. de Méré, 1610~1684)가 파스칼에게 보낸 편지 중에 다음 구절은 이 시대 학자들의 '불가분법(不可分法)'에 대한 견해를 잘 대변하고 있다.

"당신이 미소(微小)한 물체를 무한히 분할할 수 있다고 주장한다면, 기하학의 거짓 증명이 끌어들인 오류로부터 결코 헤어나지 못할 것입니다. 당신의 편지에 쓰여진 내용은 전에 우리가 의견 교환을 하였을 당시의 당신의 말씀보다 한층 더 양식(良識)에서 멀어진 것 같은 느낌을 받습니다.

당신은 한 개의 선분을 이등분하여, 그 반을 또 이등분하고…… 이렇게 영원히 분할이 계속되는 가공적인 선분에 관하여 어떤 결론을 끌어내려 하십니까? 나는 '무한'이 끼어들면, 정신의 혼란을 야기하기 때문에 이제 해(解)가 불가능하다는 것을 말씀드리고자 합니다. 진리(眞理)는 논증에 의해서보다도 자연적 직관에 의하여 훨씬 더 잘 발견되는 법입니다."

드 메레 정도의 우수한 학자도 선(線)이 한없이 분할될 수 있다는 것을 납득할 수 없었다.

어떻든 구적론이나 접선론 모두가 이 적분법의 등장을 알리는 서곡(序曲)이다. 이 준비 단계에서 다루어진 것들의 내용을 구체적으로 살펴보면, 케플러에 의한 원·구·원환(圓環)의 구적, 카발리에리의 각뿔·원뿔의 구적, 로베르발과 토리첼리의 사이클로이드의 구적, 페르마와 호이겐스 등의 곡선의 길이를 구하는 문제, 그리고 데카르트, 페르마, 로베르발 등이 연구한 접선론 등이 있다. 이제 주역인 미적분학이 등장할 준비는 충분히 갖추어졌다.

해석학이란 무엇인가

그리스 시대에도 '해석(解析)'이라는 낱말은 있었다. 그러나 이것은 종합과는 반대의 뜻이었고, 구하는 결론이 일단 증명된 것으로 가정하고, 거기서 거꾸로 분석하여 기왕에 알려진 진리에 도달하는 방법을 가르쳤다. 그러나 여기서 말하는 해석법이니, 해석학이니 하는 것은 해의 존재를 전제한다는 점에서는 같지만, 그것과는 다른 내용이다.

가령, 기하학은 공간과 도형을, 그리고 대수학은 기본적인 연산(가감승제)의 일반적인 성질을 대상으로 한다. 물론, 해석학도 미적분 계산이라는 연산을 다루기는 하지만, 본질적으로 해석학은 수학에서 말하는 '무한(無限)', 즉 '무한대(無限大)', '무한소(無限小)', '무한히 가까움' 등을 그 연구 대상으로 삼는다. 무한수열(無限數列), 무한급수(無限級數) 또는 함수의 연속성 등은 해석학의 기본적인 개념이다.

해석학의 중심 개념의 하나인 함수 개념의 싹은 라이프니츠로부터 비롯된다. 그의 함수는 처음에는 접선, 접선영(接線影) 등의 기하학적인 양(量)을 뜻하였으나, 이어서 이러한 '양 사이의 관계'로, 그리고 '변량(變量) x의 함수란 x에 관한 식이다.'라는 생각으로 발전한다. 이것은 바로 곡선상의 움직이는 점을 파악하는 방법을 뜻한다. 즉, 곡선상의 한 점을 x좌표, y좌표로 분석하고, x값이 변할 때 y값이 어떻게 변하는가를 관찰하면, 그 점이 어떻게 움직이는지 잘 알 수 있기 때문이다.

라이프니츠는 함수를 $\boxed{x}\boxed{1}$, $\boxed{x}\boxed{2}$, …라는 기호로 나타냈다. 이것은 첫 번째 함수, 두 번째 함수라는 의미이다. 그후로 이 함수 개념을 명확히 정의한 것은 오일러였다. 오일러는 오늘날의 함수 기호 $f(x)$를 사용했으며, 함수를 식의 형태로 분류하였다.

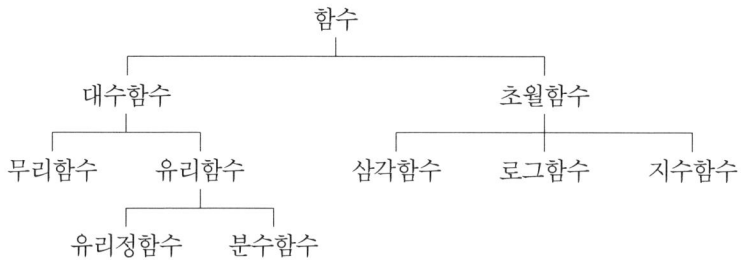

함수 개념은 코시, 디리클레에 의해 다듬어져서 오늘날의 함수 개념에 이른다.

과거 그리스의 수학은 기하학적인 방법이 중심이었고, 해석학이 본격적으로 수학에서 다루어진 것은 17세기 이후의 일이었다. 해석학은 이쯤부터 역학이나 이론물리학(理論物理學)과 함께 화려하게 데뷔한다. 그 연구 분야도 대수학, 기하학보다 훨씬 폭이 넓다. 지금은 '위상수학(位相數學, topology)'이 대수, 기하, 해석의 모든 분야에 침투하고 있는 가장 광범위한 수학이지만.

접선의 개념

앞에서 설명한 것처럼 접선을 구하는 문제는 일찍부터 제기되어 왔다. 그러나 접선의 개념 자체가 새롭게 정립되지 않고서는 이에 관한 문제를 쉽게 해결할 수 없었다.

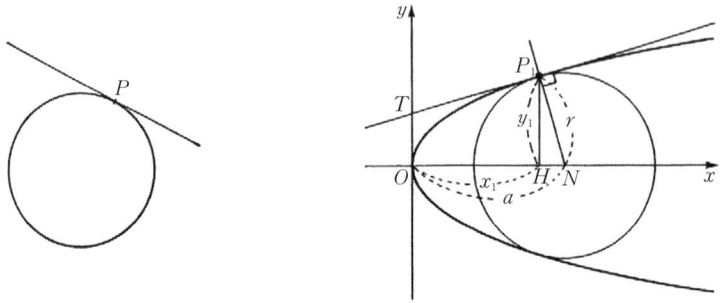

고대 그리스인들이 생각한 접선의 개념은 기하학적인 의미의 것이었다. 예를 들면, 원에 접선을 긋는다는 것은 원과 한 점에서만 만나도록 직선을 긋는 것을 뜻했다. 이 접선의 의미는 변화나 운동을 거부한 정적(靜的)인 것이었다.

이 접선의 개념을 확대시킨 것은 제4장에서 말한 데카르트와 페르마였다. 데카르트는 포물선 $y^2=4px(p\neq 0)$ 위의 한 점 $P_1(x_1, y_1)$에서 법선(法線)을 구하고 있다.

지금 점 $P_1(x_1, y_1)$에서의 법선이 x축과 만나는 점을 $N(a, 0)$이라 하면, N을 중심, NP_1을 반지름으로 하는 원은 $(x-a)^2+y^2=r^2$

이다. 원과 포물선의 두 방정식을 연립시켜 y^2을 소거하면, x에 관한 2차방정식 $x^2+2(2p-a)x+a^2-r^2=0$을 얻는다. 이 방정식은 중근(重根) $x=-(2p-a)$를 갖는다(포물선과 원의 교점의 x좌표는 P_1의 x좌표와 일치!). 곧 $a-x_l=2p$. 이것은 $HN=2p$임을 말한다. HN은 점 P_1에서의 법선영(法線影)이다. 따라서, 이 식은 포물선의 법선영의 길이는 항상 일정($=2p$)함을 말한다. 데카르트는 이 성질을 이용해서 법선 P_1N, 접선 P_1T를 그었다.

이에 대해 페르마는 포물선 $y^2=4px$ 위의 한 점 $P_1(x_1, y_1)$에 접선을 긋는 것을 다음과 같이 생각했다.

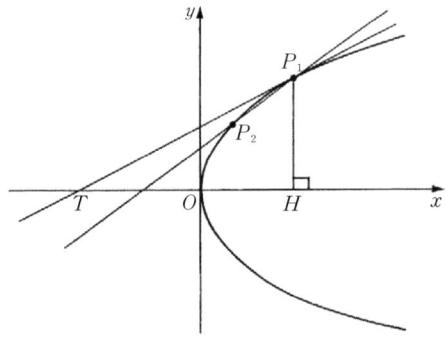

먼저 P_1과 다른 점 P_2를 잡고 두 점을 잇는 직선을 생각한다. 그러면 그 직선의 방정식은 다음과 같다.

$$\frac{x-x_1}{x_2-x_1}=\frac{y-y_1}{y_2-y_1} \quad \cdots\cdots \text{①}$$

그런데 P_1과 P_2는 포물선상의 점이기 때문에

$$y_1^2 = 4px, \ y_2^2 = 4px_2$$

따라서 $y_2^2 - y_1^2 = 4p(x_2 - x_1)$, $(y_2 + y_1)(y_2 - y_1) = 4p(x_2 - x_1)$
이므로 직선 방정식 ①에

$$x_2 - x_1 = \frac{(y_2 + y_1)(y_2 - y_1)}{4p}$$

를 대입하면,

$$\frac{x - x_1}{y_2 + y_1} = \frac{y - y_1}{4p}$$

가 된다.

따라서 $y_1^2 = 4px_1$을 이용해서 변형하면, $4px - (y_1 + y_2) + y_1 y_2 = 0$이 된다. 여기서 만약 점 P_1과 P_2가 일치하면, $y_1 = y_2$, $y_1^2 = 4px_1$이기 때문에 위의 식은 $4px - 2y_1 y + y_1^2 = 0$, $4px - 2y_1 y + 4px_1 = 0$, $2p(x + x_1) - y_1 y = 0$이 된다. 이것이 점 $P_1(x_1, y_1)$에서 포물선 $y^2 = 4px$의 접선이다. 이때 점 P_1에서 x축에 내린 수선의 발을 H, 점 P_1에서의 접선이 x축과 만나는 점을 T로 하면, $H(x_1, 0)$, $T(-x_1, 0)$이기 때문에 $TO = OH$. 페르마는 이것을 이용해서 접선을 그었다.

이처럼 두 사람의 접선을 구하는 방법은 접선의 개념을 새롭게 해석하는 계기를 만들었다.

미분적분학

앞에서 이야기한 것처럼 고대 그리스인들은 원이나 원추곡선에 접선을 긋는 문제와 원추독선으로 둘러싸인 도형의 면적을 구하는 문제를 연구했지만, 이 둘을 전혀 별개의 문제로 여겼다. 이것들 사이에는 어떤 관계도 생각할 수 없었다.

그러나 뉴턴과 라이프니츠는 곡선에 접선을 긋는 문제로부터 발달한 미분학과, 곡선으로 둘러싸인 부분의 면적을 구하는 일에서 시작한 적분학 사이에는 매우 밀접한 관계가 있음을 발견하였다.

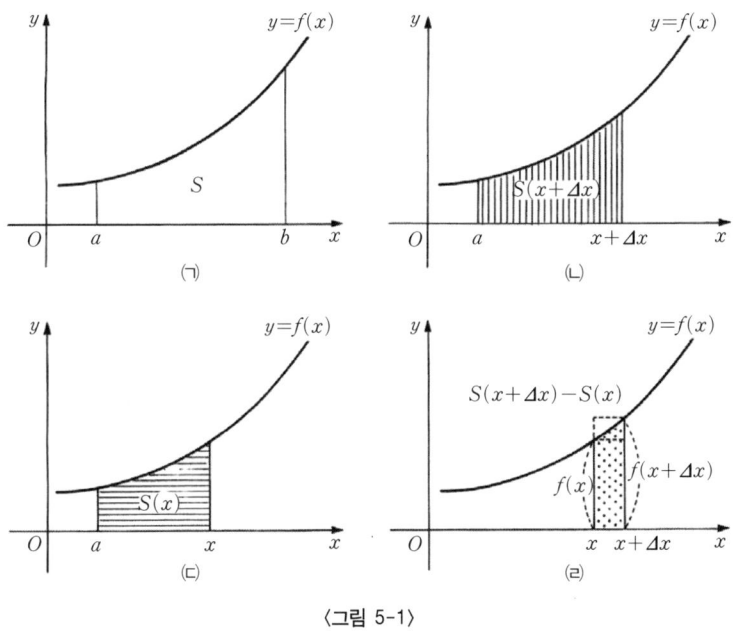

〈그림 5-1〉

지금 함수 $y=f(x)$가 연속함수일 때, 이 함수의 그래프와 x축, 직선 $x=a$, $x=b(a<b)$로 둘러싸인 면적 S를 구하는 문제를 생각해 보자.

이 면적 S는 x의 값을 어떻게 잡느냐에 따라서 달라지기 때문에 면적 S는 x의 함수이다. 따라서 S를 $S(x)$로 나타내기로 하자.

지금 a와 b 사이에 x와 x의 값이 약간 증가한 $x+\varDelta x$를 잡고, 각 x값에 대한 $S(x)$의 값을 생각하면 〈그림 5-1〉의 ㈀, ㈁과 같다. 그리고 그 차이 $S(x+\varDelta x)-S(x)$는 〈그림 5-1〉의 ㈃이 된다. 그림에서 보는 바와 같이 이 면적은 $\varDelta x$를 밑변으로 하고, $f(x)$, $f(x+\varDelta x)$를 각각 높이로 하는 두 직사각형의 면적 사이에 있다. 곧,

$$f(x)\varDelta x < S(x+\varDelta x)-S(x) < f(x+\varDelta x)\varDelta x$$

이다. 이 식을 $\varDelta x$로 나누면

$$f(x) < \frac{S(x+\varDelta x)-S(x)}{\varDelta x} < f(x+\varDelta x)$$

가 된다. 여기서 $\varDelta x$를 한없이 0에 접근시키면,

$$f(x) < \lim_{\varDelta x \to 0} \frac{S(x+\varDelta x)-S(x)}{\varDelta x} < f(x)$$

이 된다. 그런데 $\lim_{\varDelta x \to 0} \frac{S(x+\varDelta x)-S(x)}{\varDelta x}$는 함수 $S(x)$를 x에 대해 미분한 값 $\frac{dS}{dx}$(또는 값 $\frac{d}{dx}S(x)$)와 같다 즉, 값 $\frac{dS}{dx}=f(x)$이다.

$S(x)$가 주어졌을 때, 이것을 미분해서 $f(x)$를 얻는 것이 미분법이고, 반대로 미분하면 $f(x)$가 되는 함수 $S(x)$를 찾는 것이 적분법이다. 이 $S(x)$를 다음과 같이 나타내고, 함수 $f(x)$의 '부정(不定)적분'이라고 부른다. 즉,

$$\int f(x)dx = S(x) + c \quad (c \text{는 상수})$$

함수 $S(x)$를 얻으면, 이제 $x=a$와 $x=b$ 사이에 있는 면적 S는 $S(b)-S(a)$를 계산하면 간단히 구해진다.

이와 같이 어떤 곡선에 의해 둘러싸인 도형의 면적을 구하는 문제는 미분법의 역연산(道演算)인 적분법의 계산 문제로 귀착된다.

함수 $S(x)$를 미분한 것을 $\dfrac{dS}{dx}$로 표시하고, 함수 $f(x)$를 적분한 것을 $\int f(x)dx$로 표시하는 것은 라이프니츠가 고안한 것이다.

뉴턴과 미적분

'미분'이니 '적분'이니 하는 말을 들으면, 곧 뉴턴과 라이프니츠를 연상하게 된다. 실제로 이 수학은 영국의 뉴턴과 독일의 라이프니츠에 의해 동시에 따로따로 창출되었다. 여기서는 먼저 뉴턴부터 이야기를 시작한다.

뉴턴(Sir Issac Newton, 1642~1727)은 어려서는 평범한 아이에 지나지

수학자

"나는 진리의 해변에서 모래알 하나를 주웠다."

뉴턴

않았으나, 어느 날 같은 학급의 친구와 싸움을 해서 졌다. 그래서 공부를 잘해서 상대를 기어이 이겨 보겠다고 결심했다고 한다. "주먹 하나로 미적분법과 만유인력의 이론이 만들어졌다."는 말은 여기서 나온 이야기이다. 뉴턴은 케임브리지 대학에 입학할 무렵부터 그의 천재성이 나타나기 시작했다. 재학 시절에 이미 그때까지 알려진 해석법을 터득했고, 졸업한 뒤 2년간 시골에 묻혀서 장차의 창조 활동을 위해서 명상과 연구로 나날을 보냈다. 그의 3대 발견인 빛의 분석, 만유인력, 미적분학 등의 기초 이론은 그 2년간의 시골생활에서 기틀이 닦였다. 뉴턴 스스로도 "그때 나의 창조력은 최성기(最盛期)에 있었다. 수학이나 철학에 관해서 그 당시만큼 열중한 적은 그 이후 없었다."고 회고하고 있다. 사과와 인력(引力)이라든지, 시계와 계란의 에피소드는 이 무렵의 이야기이다.

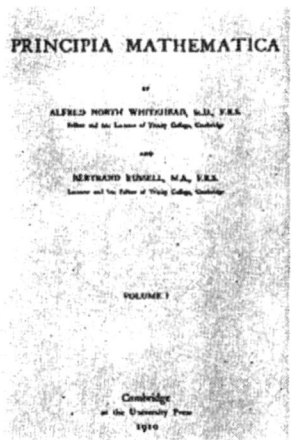

| 뉴턴의 『프린키피아』 표지 |

1667년 뉴턴은 케임브리지로 되돌아와서 트리니티칼리지(Trinity College)의 연구원이 되었으나, 그때의 실력을 살펴본 스승 배로우(Isaac Barrow, 1630~1677)는 깜짝 놀라 2년 후인 1669년에 자기의 강좌를 뉴턴에게 물려주었다.

　뉴턴은 1671년에 천체용 반사 망원경을 발명하여 왕립학회 회원으로 선출되었다. 흔히 『프린키피아(Principia)』로 불리는 그의 주저(主著) 『자연철학(自然哲學)의 수학적 원리(Philosophiae Naturalis Principia Mathematica)』는 유클리드의 『원론』의 체제를 본떠서 1685~1686년 사이에 저술되었다. 한때 관직(조폐국장)에도 있었으며 25년간 왕립학회 회장직을 맡았을 정도로 학자로서는 드문 행정 능력을 발휘하였다.

　뉴턴의 여러 업적 중에 만유인력(萬有引力)과 미적분[유율법(流率法)]에 관해서 잠깐 알아보자.

만유인력

　코페르니쿠스의 태양중심설에서 시작된 근세 천문학은 케플러의 3법칙으로 완성되었다고 볼 수 있다. 앞에서도 설명한 바 있는 이 3법칙에 의해 태양계(太陽系)를 구성하는 각 행성의 운동을 사전에 거의 정확하게 추적할 수 있었다. 그러나 이들 법칙은 행성의 운동을 설명해 줄 뿐이며, 왜 그와 같은 운동을 하는가에 대한 이유는 밝히

수학자

"순수 수학은 생각하는 시다."

아인슈타인

지 못했다. 다시 말해서 이것은 현상의 규칙성을 설명하는 '현상론적(現象論的)' 법칙에 지나지 않았고, 현상의 원인을 밝히는 '본질적'인 법칙은 아니었다(갈릴레이의 낙하의 법칙도 '현상론적' 법칙이다).

따라서 본질적인 법칙을 알아내겠다는 노력은 코페르니쿠스나 케플러 자신들도 하였으며, 그 결과 중력(重力)에 착안하기도 했다. 데카르트도 소용돌이 이론으로 행성의 운동을 설명하려고 했었다.

아무리 좋은 착상도 그것을 실현시켜 줄 도구가 필요하다. 그리하여 케플러의 현상론적 법칙으로부터 본질적 법칙을 찾아낼 수 있는 좋은 도구가 차츰 마련되어 갔다. 그것은 역학(力學), 특히 중력학(重力學)의 발달로 나타났다.

달의 운동은 다른 행성과 마찬가지로 케플러의 법칙으로 설명할 수 있다. 단, 이 경우 달이 운동하는 타원궤도의 초점은 지구이다. 이 타원운동의 이유를 뉴턴은 구심력(求心力)이 작용하고 있기 때문이라고 파악했다. 사과가 나무에서 땅에 떨어지는 것이나, 달이 지구에 끌리는 것은 모두 이 구심력 때문이라는 것이다.

이 착상은 당시까지 그 본질을 알 수 없었던 구심력의 극히 비근한 예를 파악한 것이었으며, 종래의 '무게'라는 개념으로 알려지고 있던 사실에 새로운 해석을 부여한다. 그러나 과학은 단순한 착상이나 상상만으로 이루어지는 것은 아니다. 무엇보다 이 생각의 옳고 그름을 실제로 검증하고 확인해야 한다.

뉴턴은

$$C = 4K\pi^2 \cdot \frac{M}{R^2} \begin{pmatrix} M\text{은 달의 질량} \\ R\text{은 달과 지구 사이의 평균거리} \\ K\text{는 비례상수} \end{pmatrix}$$

이라는 달에 작용하는 지구의 구심력을 계산해서 그것이 옳음을 증명했다. 이 M 대신에 사과의 질량인 m, 그리고 R 대신에 지구 중심으로부터 사과까지의 거리인 r을 대입하면, 사과의 무게가 된다는 것을 실제로 증명한 것이다.

드디어 뉴턴은 1665년에 천체에 작용하는 구심력이 중력임을 증명했다. 이것이 바로 만유인력이다.

뉴턴의 과학적 방법, 즉 자연 현상을 하나의 짧은 수식으로 집약해서 그것을 이용해 연역의 방식으로 현상을 설명하는 이론물리학의 방법론은 이후 과학연구에 막대한 영향을 주고 있으며 아인슈타인에게까지 이어져 에너지와 빛의 속도의 관계를 나타내는 유명한 공식 $E = mc^2$에도 적용되었다.

유율법

뉴턴의 미적분학은 유율법(流率法, method of fluxion)이라는 이름으로 불리기도 한다. 그는 운동과 관련해서 일어나는 속도라든지, 가

속도의 개념을 나타내는 수학적 방법으로서 '유율법' 또는 '유율론'을 창안하였다. 뉴턴 자신의 말을 빌리면, "한없이 커지는 양을 유량(流量, fluxion)이라고 부른다."

이 글의 뜻을 좀 더 자세히 설명하면 다음과 같다. 즉, 유량이란 액체뿐만 아니라 연속적으로 변화하는 모든 양을 뜻한다. 그리고 독립변수(獨立變數)인 시간에 대한 유량의 변화율, 즉 흐름의 속도를 유율(流率)이라고 이름 짓는다. 그런데 유율 자체도 변화하는 것이므로 '유율의 유율, 그 유율의 유율의 유율, 또 그의 유율······', 이와 같이 차례차례 새로운 유율이 나타난다.

뉴턴의 유율법에서 가장 기본이 되는 수학 문제는 연속운동(連續運動)에 관해서, 첫째, 운동체가 통과하는 거리를 알고 그 속도를 알아내는 것, 둘째, 속도와 시간을 알고 운동체가 통과하는 거리를 알아내는 것이다. 이 둘은 서로 역(逆)의 관계에 있으며, 첫 번째는 미분, 두 번째가 적분이다.

뉴턴의 미분, 즉 속도를 구한다는 것을 기하학적으로 생각하면 접선법이다. 따라서 그의 미적분법은 통일된 일반법이라는 것을 곧 알 수 있다. 결국 뉴턴의 미적분법은 17세기 초에 시작된 구적(넓이·부피 구하기), 구장(求長, 곡선의 길이 구하기), 접선 문제의 종합적인 총결산이 된 셈이다.

뉴턴은 수많은 발견을 하였으나 그것들을 거의 발표하지 않았다. 젊었을 때 스승인 배로의 권유에 따라 발표하였던 「빛의 굴절과 분산에 관한 연구」(1672)가 학계의 맹렬한 공격을 받은 것이 큰 충격이 되어 후에 이렇게 술회하였다.

"우리는 새로운 사상을 전혀 발표하지 않거나, 그렇지 않으면 죽는 날까지 지키는 노예가 되거나 양자택일을 해야 한다. 나는 나 자신의 즐거움으로 물리학을 연구하였기 때문에 살아생전에 나의 발견을 세상에 알리지 않을 작정이다."

내성적인 뉴턴은 연구에 전념하는 것 이외의 시간을 모두 쓸데없는 낭비로 생각한 탓인지, 바깥 공기를 쏘이려 야외로 나가거나, 또는 오락 따위로 시간을 보낸 적이 한 번도 없었다. 그는 흔히 새벽 두세 시쯤까지 연구에 몰두하였고, 식사를 잊어버릴 때가 많았다. 식사 독촉을 받으면 선 채로 한두 숟가락 입에 넣을 정도였다. 그는 대학 식당에서는 식사한 적이 없었으나, 어쩌다 식당에 나타날 경우 구두를 거꾸로 신고, 헌 양말에 산발 머리로 흰옷을 아무렇게나 걸친 모습이었다. 그러나 후년에 조폐(造幣)국장·조폐국 장관·왕립협회장 등의 요직을 맡게 되면서부터는 차츰 정치권력과 공적(公的)인 권위 쪽에 기울어지게 되고, 때로는 전제적이기까지 한 오만한 태도를 보이는 등 속물적인 일면을 드러내기도 했다.

라이프니츠와 미적분

뉴턴이 발견한 때와 거의 동일한 시기에 독일인 라이프니츠(Gottfried Wilhelm Leibniz, 1646~1716)도 미적분법을 독자적으로 발견했다.

15, 16세기의 독일은 이탈리아 르네상스의 영향을 다분히 받아 유럽에서 가장 발달한 나라였으나 그후 세계 무역이 시작되자 지중해 무역은 쇠퇴하고 이들 두 나라는 점차 기울어져 갔다. 이탈리아, 독일의 학문은 차츰 네딜란드, 영국, 프랑스 라이프니츠 쪽으로 옮아가기 시작하였다. 케플러 다음에 라이프니츠가 나타나기까지의 수십년간, 단 한 사람의 훌륭한 과학자도 배출되지 않았다는 사실이 바로 그 증거이다. 그 같은 침체상태는 계속되어 다시금 독일에서 학문의 꽃이 피게 된 것은 19세기 초의 자본주의 형성기였다.

라이프니츠는 17세기초부터 19세기초까지 200년 사이에 나타난 '독일의 유일무이한 위대한 과학두뇌'였다. 이 수학자―라기보다도 철학자―는 1646년 6월 21일에 라이프치히에서 태어났다. 어려서부터 독서를 즐겼고, 천재적인 어학력을 발휘한 그는 20세에 뉴른베르크의 알트도르프(Altdorf) 대학에서 법학박사 학위를 받은 후, 마인츠공(公) 밑에서 정치·외교의 실무에 종사하면서 철학 연구를 계속하였다. 그가 수학 연구를 본격적으로 시작한 것은 1672년 외교 임무를 수행하기 위해 파리에 머물게 될 때부터였다. 여기에서 '자연철학자(물리학자)' 호이겐스(C. Huygens, 1629~1695)를 만나 비로소 수학에 눈

수학자

"보편수학은 상상의 논리학이며 그곳에서는
정의된 모든 것을 따져야 한다."

라이프니츠

을 폈다. 그가 26세 때의 일이다.

그는 우선 파스칼, 페르마, 월리스, 그리고 데카르트의 수학을 연구하여 마침내 독학으로 수학을 습득하였다. 이 점은 뉴턴의 경우와 아주 대조적이다. 그리하여 1673년에는 미적분학의 기초를 마련할 수 있었다.

그후 1700년에는 베를린에 초청을 받아 프로이센 왕립학술원의 종신원장직에 있었다. 그의 이 경력에서 알 수 있는 바와 같이 그의 학문적 배경은 모국(母國)인 독일이 아닌, 당시 선진국이었던 프랑스였다. 이 사실은 학문이란 언제나 그 자체만으로는 발전할 수 없다는 것, 즉 언제나 사회의 진보에 발맞추어 나아간다는 것을 말해 주는 예가 될 수 있다.

라이프니츠의 활동은 그야말로 다채로웠다. 그는 우수한 외교관이었을 뿐만 아니라 정치가였고 동시에 학자였다. 그의 학문상의 연구도 다양해서 물리학, 철학, 법학, 문학, 언어학에서부터 수학에 이르기까지 광범위한 것이었다. 이 모든 분야에서 주목할 만한 업적을 남겼으니 그저 놀랄 수밖에 없다.

미적분 발견의 우선권 싸움

미적분의 발견과 관련해서 영국과 독일(보다 정확하게는 유럽 대륙) 사이에 서로 상대방을 공격하는 스캔들이 꼬리를 물고 일어났다. 이 사건은 단순히 학문 세계의 치부(恥部)라고 덮어둘 성질의 것이 아니고, 오히려 학문 연구의 어떤 측면을 시사하는 중요한 의미도 있으므로 자세히 이야기하겠다.

미적분법은 뉴턴과 라이프니츠 두 사람이 서로 독자적으로 거의 동시에 발견한 것은 사실이다. 그러나 당사자들 말고 그 주위 사람들이 가만히 있지 않았다. 영국 사람과 독일 사람인 두 수학자의 출신국끼리의 싸움으로 확대되어 마침내 '영국파(派)', '대륙파'의 대립으로까지 심화되는 등, 지역 간에 입씨름이 무려 1세기 이상 계속되어 "우리가 먼저 발견했다"고 서로 우선권을 주장하였다.

뉴턴이 미적분학, 즉 유율법을 발견한 것은 1665~1666년 사이의 일이다. 그러나 그 사실을 공표하지 않았기 때문에 이 발견을 아는 사람은 뉴턴 주변의 극히 적은 수의 친구들뿐이었다. 1674년 당시 파리에 있던 라이프니츠가 자기의 미적분학을 영국 왕립학회에 보고했을 때, 협회로부터 이미 같은 사실이 뉴턴에 의해서 발견되었다는 통지를 받았다.

라이프니츠가 그 내용을 뉴턴에게 알아본 즉, 그가 보낸 답은

"6a cc.d ae 13e ff 7i 31 9n 4e 4q rr 4s 95 12v x"

라는 암호문이 전부였다. 그것은

"Data aequatione quotcunque fleuntes quantitates involvente fluxiones invemre et vice versa.", 즉 "유량(流量)을 포함한 임의의 방

정식에서 유율을 찾아내고, 그 역을 셈한다."라는 문장을 토막 내어 그 뜻을 감춘 기호의 나열이었다. 물론 라이프니츠는 그 뜻을 알 수 없었다.

그러나 라이프니츠는 뉴턴과 달리 자신의 발견을 비밀로 간직할 뜻이 전혀 없었으며, 심지어 뉴턴의 친구들에게까지 하나도 숨김없이 알렸다. 사실은 뉴턴도 처음에는 라이프니츠의 발견이 자기와는 독립적이라는 것을 인정하였다. 실제로 그는 『프린키피아』의 초판(1687)에서 라이프니츠의 방법은 서술과 기호만이 다를 뿐, 자신의 발견과 거의 같다고 쓰고 있다.

그후 수십 년 동안 라이프니츠의 방법은 영국을 제외한 유럽의 모든 나라에 보급되었으며, 사실상 미적분학의 창시자로 공인되었으나, 어떤 영국 수학자가 라이프니츠의 독창성을 부인하고, 뉴턴의 결과를 표절한 것인 양 암시적인 글을 발표하였다. 라이프니츠가 이에 흥분한 것은 너무나 당연한 일이었다. 그는 곧 반박문을 공표하고 그의 제자들은 뉴턴이야말로 라이프니츠의 업적을 훔친 것이라고 비방하기에 이르렀다.

이제 싸움은 '뉴턴파' 대 '라이프니츠파'가 아니라, 영국 대 유럽 대륙으로까지 비화되고, 마침내 영국 왕립학회가 정식으로 라이프니츠의 표절설을 지지할 정도로 사태는 악화되었다. 그후 약 1세기 동안 유럽의 수학계는 영국과 (유럽)대륙의 두 파로 나누어져서 격렬한 논쟁이 되풀이되었고, 1820년대에 접어들면서 겨우 두 사람의 독자적인 발견이 공인받게 되었다.

이 논쟁이 일어난 이유는 자국민의 우월성을 서로 주장하였기 때문이지만, 그 배경에는 다음과 같은 논리가 깔려 있다. 즉, "하나의 학설의 발견은 한 인간에게만 있을 수 있으며, 따라서 두 사람에 의해서 동시에 같은 정리가 발견될 수 없다."라는 '철학'이 바로 그것이다. 이 생각에 따른다면 학설은 시대라든지, 사회적인 환경 등과는 전혀 관계없이 한 사람의 천재에 의해서 돌연 발견될 수 있는 것이고, 따라서 뉴턴과 라이프니츠의 경우, 그중에서 한 사람만이 진짜 발견자이고, 다른 한 사람은 반드시 가짜이어야 한다는 결론이 나온다.

학계가 하나의 학설을 두고 서로 논쟁할 때, 그것이 학설 자체에 대한 공박이라면 피차의 주장 안에서 미숙한 점을 지적하고, 또 보완하면서 그 내용을 다듬을 수 있고, 오히려 학문의 발전을 돕게 되지만, 이 발견자에 대한 논쟁은 학설을 위하는 것이 아니라 서로의 인격을 공격하기에 이르렀다. 그 결과로 남은 것이라곤 악감정과 대립뿐이었다.

이 때문에 영국 수학계는 유럽 대륙과의 학문 교류가 끊기다시피 하여 마침내 서로 큰 손해를 면치 못하였다. 말하자면 흙탕물의 개싸움[泥田鬪狗]으로 시종일관한 싸움이었다.

우리 조선 시대의 유학사(儒學史)는 그 정통성을 서로 주장한 소위 '예송(禮訟)'의 결과 당쟁(黨爭)만을 일삼다가 학문의 발전은커녕 나라꼴도 말이 아니게 되어버린 슬픈 기억으로 남아 있다. 학자가 정통(正統)이니 학벌 따위를 주장하기 시작하면 얻는 것도 없고 무익할 뿐임을 새삼 느끼게 하는 것이 미적분학 발견의 논쟁의 교훈이다.

뉴턴과 라이프니츠의 방법 비교

영국 사람은 걸으면서 생각하고, 독일 사람은 생각하고 난 다음에 걷는다는 속담이 있다. 미적분법이라는 똑같은 개념을 나타내는 데 있어서 영국 사람 뉴턴과 독일 사람 라이프니츠의 방법은 너무도 판이하다. 한 편은 경험주의(뉴턴)의 입장에 서 있었고, 다른 한 편은 형식주의(形式主義, 라이프니츠)의 입장이다.

뉴턴의 생각으로는 수학이란 자연에 관한 일반적인 학문, 즉 자연철학이나 물리학을 연구하기 위한 도구에 지나지 않았다. 그러나 라이프니츠가 수학을 연구한 것은 인간의 사유(思惟)를 합리적(合理的)으로 표현하는 원리인 '보편수학(普遍數學)' 즉 보편적 기호법(普遍的 記號法)을 탐구하려는 의도 때문이다. 바꾸어 말하면 뉴턴은 자연과학자로서 수학을 이용하였고, 라이프니츠는 철학자로서 수학을 다루었다.

뉴턴은 미분을 $\dot{y}$로 나타내었으나, 라이프니츠는 $\dfrac{dy}{dx}$와 같이 표기했다. 이것만으로는 어느 표기법이 더 우수한지 판가름할 수는 없으나, 실제 연산에서는 라이프니츠의 방법이 훨씬 편리한 것을 곧 알 수 있다.

또, 라이프니츠는 적분의 기호에 관해서도 천재적인 표현력을 발휘하였다. 그의 설명을 직접 들어 보자.

미분하여 $f(x)$가 되는 함수, 즉

$$(1)\ \frac{d}{dx}F(x)=f(x)$$

인 함수 $F(x)$를

$$(2)\ F(x)=\int f(x)dx$$

로 나타낸다. 한편 (1)은

$$(3)\ dF(x)=\int f(x)dx$$

와 같이 변형할 수 있으므로 이 식의 양변에 '연산 $\int$'을 실시하면,

$$\int dF(x)=d\int f(x)dx$$

이기 때문에, 좌변에서는 $\int$와 d가 상쇄되어 (2)가 나온다.

또, (2)에서 '연산 d'를 실시하면,

$$dF(x)=d\int f(x)dx$$

이기 때문에, 우변에서는 d와 $\int$가 상쇄되어 (3)이 나온다.

즉, 라이프니츠에게 있어서는, '$F(x)$가 주어져 있을 때 $f(x)$를

구하는 것'이 '미분한다'는 것이며, '$f(x)$가 주어져 있을 때 $F(x)$를 구하는 것'이 '적분한다'는 것이다.

위와 같이 정해 두면 $\int$와 d는 서로 역의 연산을 나타내는 기호가 되고 다루기가 매우 편리해진다.

라이프니츠의 이 편리한 기호 덕분으로 미적분의 계산 기술이 발달하였고, 자연과학상의 문제에도 적용할 수 있게 되어 많은 성과를 올렸다. 특히 라이프니츠와 빈번히 서신 왕래가 있었던 수학자 베르누이 일가가 이 응용에 많은 기여를 한 결과 그의 방법에 의한 미적분학이 급속도로 유럽 수학계에 보급되었다(라이프니츠가 이들 편리한 기호를 고안하기까지는 많은 시행착오가 있었다).

이것은 기호주의(記號主義)의 승리를 보여 주는 예로서, 라이프니츠 자신도 "해석(解析)의 비밀은 그 기호의 표시 방법에 달려 있다."고 말하고 있다. 그는 또 이렇게도 이야기하였다. "기호로 간단히 표현하는 것은 사물의 가장 본질을 찌를 때이고, 그럴수록 생각하는 수고는 놀랄 만큼 줄어든다." 낡은 수학을 새롭게 체질 개선하기 위해서는 새로운 방법이 마련되어야 한다. 그 방법이란, 개념이라든지 연산의 본질을 보다 완전하게 나타낼 수 있는 기호를 만드는 것을 뜻한다.

이런 뜻에서 라이프니츠는 기호논리학 또는 '기호주의'의 선구자로 꼽힌다.

현재 사용되고 있는 미적분의 기호는 모두 라이프니츠의 것이다.

그러고 보니, 결국 미적분 발견의 우선권 다툼은 뉴턴의 '영국파'가 아니라, 라이프니츠의 '대륙파'의 판정승으로 결판난 셈이다.

그가 수학에 기여한 업적은 흔히 '미적분학 창시자의 한 사람' 정도로만 알려져 있으나, 현재의 수학에서 빼놓을 수 없는 '좌표'·'함수' 개념의 창안을 비롯하여, 방금 설명한 기호논리학과 위상수학(토폴로지)의 개척자로서 크게 공헌한 수학의 거인이었다.

유의점

1. 그리스에서의 '해석'(적 방법)과 근대 해석학과의 차이와 공통점.
2. 뉴턴과 라이프니츠의 방법론의 차이와 공통점.

연습문제

1. 수학과 기호의 관계를 논하라.
2. 미적분의 준비 단계를 설명하라.

2

뉴턴과 라이프니츠의 후계자들

국립과학아카데미

18세기초 유럽은 왕을 중심으로 하는 근대적 중앙집권국가들로 완전히 탈바꿈하였다. 각국의 왕들은 국력의 신장과 국가의 위신을 높이기 위해 국립과학 아카데미를 세웠다. 아카데미는 이미 르네상스 시대에 이탈리아에서 부활하였지만, 그것은 사립(私立)이며 일시적이었다. 17세기 이후 절대 왕권을 중심으로 하는 국민국가가 형성되자 국가 권력에 의해 아카데미가 설립되었다. 여기에서 나온 연구 성과가 국력신장에 크게 기여하자 후진국인 러시아도 나서서 국립과학아카데미를 세웠다. 이미 영국 런던에는 왕립협회가 있었고, 뉴턴이

| 상트 페테르부르크의 과학 아카데미에는 수만 권의 과학·기술 서적을 갖춘 도서관이 있었다. 독일의 대철학자 라이프니츠가 피오트르 대제를 설득하여 이 아카데미를 설립하게 했다. |

회장으로 선출되었다. 1700년에 베를린 왕립과학협회를 창설하여 그 초대 회장이 된 라이프니츠는 각국을 돌며 아카데미를 세웠다. 그후 1725년에 러시아 피오트르 대제의 꿈이었던 페테르부르크 과학아카데미가 세워졌고, 스웨덴에 스톡홀름 왕립 과학아카데미가 1739년에 문을 열었다.

이들 각국의 아카데미는 계몽 전제군주의 아낌없는 지원을 받아 선진 외국의 유명한 학자를 초빙하여 자국의 학문을 발전시키는 일에 크게 기여했다. 이 아카데미의 제도는 유럽 밖으로도 파급되어 미국 필라델피아에 아메리카 철학회(1743), 보스턴에 아메리카 학예 아카데미(1780), 스리랑카에 왕립아시아협회(1845), 일본에 학사원(1879), 태국에 왕립학예원(1933) 등이 세워졌다. 그리고 이제 수학자들의 활동도 대학보다는 이들 아카데미가 중심이 되었다.

미적분 발견 이후의 수학계

미적분학의 발견(정확하게는 발명)은 수학을 크게 바꾸어 놓았다. 이 신무기는 수학뿐만 아니라 자연과학의 발전을 위해서 엄청난 역할을 하였다.

미적분법은 비단 접선이나 넓이, 부피의 문제를 푸는 열쇠가 되었을뿐만 아니라, 이 계산과 깊은 관계가 있는 무한급수(無限級數)와 결부되는 기본 개념으로 쓰였고, 종전의 '유한수학(有限數學)'을 '무한수학(無限數學)'으로 탈바꿈시키는 가장 큰 요인이 되었다.

미적분은 또 자연과학, 특히 역학상의 기본 문제를 연구하는 가장 중요한 발판이 되었고, 물리학과 관계 있는 미분방정식이라든지, 변분법(變分法) 등의 새로운 연구 분야를 낳기도 하였다. 수학과 이론적인 자연과학에 미치는 미적분의 영향은 실로 엄청났다.

이처럼 미적분학에 대한 수학, 과학의 수요가 나날이 늘어남에 따라 공급원을 찾기 위한 작업도 활발해졌다. 뉴턴, 라이프니츠의 후계자들은 새로운 광맥을 여기저기에서 발굴하여 계속 개가를 올렸다. 테일러와 맥클로린, 베르누이 일가, 오일러, 라그랑주, 라플라스 등은 미적분학의 발전과 응용을 위해서 귀중한 수확을 거둔 일꾼들이다. 이 수학자들의 활동을 이제부터 차례대로 살펴보기로 한다.

테일러와 맥클로린

뉴턴의 문하생 중에서 '테일러 정리'와 '매클로린 정리'로 알려진 테일러(Brook Taylor, 1685~1731)와 매클로린(Colin Maclaurin, 1698~1746) 등은 특히 해석역학(解析力學) 분야에서 업적을 세웠다.

맥클로린은 당시 영국에서 으뜸가는 수학자의 한 사람이며, 에딘버러 대학의 교수를 지냈다. 그는 뉴턴의 미적분법(流率法)을 계승·발전시켰으나, 그의 책은 뉴턴처럼 『원론』의 본을 따른 낡은 스타일로 엮인 것이었기 때문에 읽기 힘들어서 결국 큰 영향을 주지 못했다. 이 점은 라이프니츠의 명쾌한 형식을 이어받은 베르누이 일가나 오일러의 표현과 비교할 때 결정적인 흠이었다.

테일러는 수학에 관해서는 뉴턴의 업적을 직접 계승한 위치에 있

| 테일러 |

었고, 이 때문에 결과적으로 큰 손해를 본 셈이었다. 다음의 급수가 '테일러 급수(級數)'라고 불린 것은 실은 오일러가 이름 지은 것으로, 그 중요성의 인식도 오일러에 의해서 비로소 밝혀졌다.

$$f(x+h) = f(x) + \frac{hf'(x)}{1!} + \frac{h^2}{2!}f''(x) + \cdots + \frac{h^{n-1}}{(n-1)!}f^{(n-1)}(x) + R_2$$

이들 두 사람 이후의 100년간은 앞서 언급한 바와 같이 미적분학의 발견을 둘러싼 스캔들 때문에 영국의 수학계가 유럽 대륙과는 단절 상태에 있어서, 라이프니츠의 우수한 기법을 거부한 채 주로 뉴턴의 방법을 고수하다가, 마침내는 유럽 수학계의 주류에서 밀려나고 말았다. 영국 수학계가 대륙의 해석법을 수입하기 시작한 것은 1820년대 이후의 일이었다.

영국 수학계가 침체에 빠져 있을 때, 라이프니츠 이후의 대륙에서는 베르누이 일가가 미적분학의 진전을 위해 대활약을 하고 있었다.

베르누이 일가

베르누이(Bernoulli) 가문은, 1세기 사이에 세계적으로 이름 있는 수학자 8명을 배출했다는 보기 드문 집안이며 늘 유전학자들의 관심의 대상이 되어 왔다. 그중에서 특히 유명한 사람은 야콥(Jacob, 1654~1705)과 그의 동생 요한(Johann, 1667~1748)이다.

이 두 형제는 라이프니츠와도 친교가 있었다. 1687년 라이프니츠의 수학에 매료된 것은 바젤(Basel) 대학의 신임 수학교수 야콥이었다.

1690년, 44세의 대가(大家) 라이프니츠와 36세의 소장학자 야콥, 그리고 23세의 젊은이 요한 세 사람으로 된 연구팀이 구성되었다.

야콥은 평생 바젤 대학의 교수직에 있으면서 등시성곡선(等時性曲線), 즉 시계추의 주기가 진폭에 영향을 받지 않는 것처럼 완전 등시성을 유지하는 곡선인 '사이클로이드(cycloid)' 문제를 연구하였다.

야콥은 라이프니츠와 합작으로 현수선(懸華線, catenary) 문제, 즉 철사나 실의 양끝을 고정시켰을 때, 전깃줄처럼 밑으로 처지는 상태의 곡선을 연구하여 그 결과를 식으로 나타낼 수 있었다.

그 밖에 야콥은 탄성곡선(彈性曲線)의 방정식을 발견하고, 이것으로

야콥(형)

요한(동생)

| 베르누이가의 형제 |

대포의 포신(抱身)이나 망원경의 통 모양을 수학적으로 결정할 수 있게 되었다.

요한도 형과 같이 바젤대학의 교수로 있었다. 그러나 치밀한 해석가 타입의 형과는 대조적으로 예술가 기질의 그는 직관력이 풍부했다.

지금 고등학교에서 배우는 미분학의 기본 공식으로 알려져 있는

$$\lim_{x \to a} \frac{f(x)}{g(x)} = \lim_{x \to a} \frac{f'(x)}{g'(x)}$$

를 발견한 것은 그였다.

이 공식은 그의 제자인 프랑스의 로피탈(G. F. A. de L'Hôpital, 1661~1704) 후작의 저서에서 소개하여 '로피탈의 정리'라는 이름으로 알려져 있으며, 지금도 쓰이고 있는 대단히 편리한 방법—분자와 분모가 동시에 0이 되는 분수함수의 극한값을 구하는 방법—이다.

베르누이 일가가 역사에 오점을 남긴 사건으로, '최속강하선(最速降下線)의 문제'를 둘러싼 야콥과 요한 사이의 추악한 명예 싸움이 있다. 어떤 질점(質點)이 두 점 A, B를 지나는 곡선을 따라서 A에서 출발하여 B까지 움직일 때 마찰이 일어나지 않는다고 가정하면, 이 곡선이 어떤 형태를 취할 때 소요 시간이 최소가 되는지 문제가 된다. 이 A와 B를 잇는 길을 결정하는 것이 최속강하선 문제다.

이 문제를 제시한 것은 요한이었다(1696). 야콥을 비롯하여 라이프니츠, 뉴턴, 로피탈 등은 이것을 다음과 같이 풀었다. 즉, "이 곡선

은 A, B를 지나는 수직면 안에 있고, 출발점 A를 지나는 수평선 위를 회전하는 원둘레 위의 정점(定點)이 그리는 사이클로이드이다. 그리고 출발점 A는 그 끝점이다."

문제 자체는 결코 어려운 것이 아니었지만 이것을 해결하기 위해서 미적분학에 새로운 분야−변분학[變分學; 범함수(汎函數, 함수의 집합에 정의된 함수)의 극치 문제를 다룸]−가 탄생하였기 때문에 수학사의 입장에서 보면 중요한 장을 연 문제였다.

기질이 판이한 형제 야콥과 요한은 수학의 방법에서도 큰 차이를 보였다. '최속강하선'에 관한 형 야콥의 방법은, 다분히 직관적인 요한의 방법과는 대조적으로 극대(極大), 극소(極小)의 성질과 연관시켜서 복잡하게 해석적으로 풀었다. 여기에서 '직관파(直觀派)'와 '해석파(解析派)' 사이의 극단적인 연구 방법의 차이를 볼 수 있다. 이 형제 사이에는 자주 의견의 충돌이 빚어졌었는데, 특히 심각했던 것은 둘레가 일정한 최대 넓이의 폐곡선(閉曲線)을 구하는 '등주(等周)'에 관한 논쟁이었다. 너무 전문적인 문제이므로 자세한 이야기는 그만 두겠지만, 이 때문에 4년 동안이나 서로 싸웠고, 마침내 형 야콥은 싸움에 지쳐서 죽고 말았다. 그의 나이 51세였다. 요한의 고집은 나중에 과욕으로 변하여 아들 대니얼(Daniel, 1700~1782)이 연구한 유체역학(流體力學)까지 빼앗아 자기 이름으로 발표하였다. 그때 아들은 32세, 욕심 많은 아버지의 나이는 65세였다.

오일러

오일러(L. Euler, 1707~1783)는 방금 이야기한 요한 베르누이의 수제자였다. 19세에 이미 역학의 문제를 풀어, 프랑스 과학아카데미로부터 상을 받을 만큼 조숙한 천재였다. 그는 스위스의 바젤에서 칼빈파 목사의 아들로 태어났다. 다행히 일찍 요한 베르누이의 눈에 띄어, 그의 지도로 타고난 수학적 재능을 한층 빛내게 할 수 있었다. 20세의 나이에 1727년 러시아의 자유주의자인 예카테리나 1세로부터 초빙을 받아 페테르부르크(지금의 레닌그라드)의 아카데미에서 연구를 할 수 있게 되었다. 그러나 여왕은 오일러가 도착한 그날 죽었다. 그 혼란기에 빚어진 폭정의 러시아에서 얼마동안 어려움을 겪었으나, 26세가 된 해에는 아카데미의 수학 부문에서 지도적인 지위에 오를 수 있었다. 그는 러시아에 정착하기로 결심하고, 결혼해서 13명의 아이를 낳았다. 그러나 그의 끊임없는 연구 활동은 눈의 건강에 지장을 주어, 러시아 지도를 작성하는 데 열중하고 있을 때 오른쪽 눈의 시력을 잃었다.

그후 베를린으로 돌아왔다가 다시 페테르부르크에 옮긴 지(1766년) 얼마 되지 않아서 왼쪽 눈의 시력마저 잃어버렸다. 60세가 넘은 나이에 실명까지 했으나,

| 로피탈 |

수학자

"수학은 모든 경우에 있어서의 관계를 알아야 하고
그 원인을 밝혀야 한다."

오일러

계속 독창적인 연구를 했던 정력적인 수학 천재였다.

오일러가 쓴 책이나 논문은 실로 초인적인 양에 달하고 지금까지 발견된 것만 해도 800편이나 되는 방대한 것이다. 이러한 끊임없는 노력이 "오일러는 18세기 후반의 모든 수학자에게는 공통의 스승이었다."(라플라스)는 당연한 찬사를 받게 한 것이다.

그의 업적은 미적분학의 체계화, 해석역학, 천체역학에 걸치는 광범한 영역에 이른다.

해석역학에 관한 연구로는 『역학 또는 해석적(解析的)으로 표시된 운동의 과학』(1736)이라는 명저가 있다. 또 일정점(一定點)의 주위를 회전하는 물체의 이론[이것은 팽이의 운동에 관한 이론이며, 지구의 세차(歲差)운동까지도 설명하는 극히 중요한 논문이다], 물체의 일반운동, 방정식론 등 값진 업적을 남겼다. 또, 변분법(變分法)을 개발해서 광학(光學)을 비롯한 여러 과학(물리학)상의 문제를 해결했다.

오일러 역시 당시의 지배적인 사상이었던 신학(神學)의 영향을 받아서 그의 수학 지식을 '창조주(創造主)의 의도'인 이른바 목적론적(目的論的)인 견해에다 결부시켰다. 즉, 오일러는 전지전능의 창조자인 신(神)의 존재를 근거로 하여 극대, 극소의 방법에 의한 '설명 원리'를 이끌어내었다. 물론, 이러한 오일러의 생각은 지금의 눈으로 본다면 영성한 철학이라는 핀잔을 받기 일쑤이다. 어느 양의 극대, 극소로서 표시되는 법칙은 다른 법칙과 마찬가지로 인과관계(因果關係) 외에는 아무것도 나타내지 않기 때문이다.

그 밖에 소위 섭동(攝動, perturbation)에 관한 문제를 비롯해서 행성의 이심률(離心率), 그리고 행성 궤도와 황도(黃道)와의 교점을 찾아내는 연구를 하였고, 달 운동을 나타내는 근사식(近似式)을 만들기도 하였다. 또 지구의 형태를 결정하기 위해 천체역학의 한 분야로 등장한 측지학(測地學)을 체계화시켰다. 원주율을 나타내는 기호로서 'π'를 사용한 것도 오일러였으며, 쾨니히스베르크 다리의 문제로 알려진 난문을 해결함으로써 오늘날의 위상수학을 열었던 것도 그였다.

현재 쓰이고 있는 수학기호 중에서 상당히 많은 것들이 그의 발명이다. 예를 들면,

$$\pi, \sum, e(\text{자연 로그의 밑}), e', \log x, \sin x, \cos x, f(x)$$

등 말이다.

『미분법의 연구(Institutiones calculi differentialis)』(1755)에서 오일러는 다음과 같이 설명하고 있다.

"미분법과 무한소해석(無限小解析)을 문외한에게 설명하기는 어렵다. 이 학문에서는 변수와 함수의 증가가 함께 0이 된다고 가정하여 그 비(比)를 연구하는 것이다. 변수를 0에 접근하는 양만큼 늘릴 때, 함수도 0에 접근하는 양만큼 늘어나지만, 미분법은 바로 그 증가비(比)를 찾아내는 계산법인 것이다.

이 비를 나타내기 위하여 0에 접근하는 증가량을 나타내는 기호가 도입되고 '미분'이라고 이름 짓게 된다. 그러나 엄밀하게 따진다

면, 실은 이것들이 0에 지나지 않기 때문에 그 증가비 자체는 유한일 수도 있지만, 비(比) 이외의 것을 생각해서는 안 된다는 점에 유의해야 한다."

당시의 그가 '무한대'나 '무한소'의 개념을 파악하지 못하였음을 보여 주는 이 구절은 오일러만한 천재도 시대사조의 제약을 얼마나 강하게 받는가를 입증하는 예가 된다.

오일러는 18세기의 과학(물리)계 및 수학계를 이끌었을 뿐만 아니라, 일찍부터 아르키메데스, 뉴턴, 가우스 등의 거인들과도 맞먹는 업적을 남긴 대수학자이다. 그는 수학의 거의 모든 영역에 손을 대고, 그때마다 반드시 아름다운 열매를 맺게 한 '마술의 손'을 지닌 수학자였다.

라그랑주

라그랑주(Joseph Louis Lagrange, 1736~1813)는 이탈리아에서 출생한 프랑스계의 이탈리아 사람이었다. 18세에 이미 육군포병학교 교수가 되었고, 28세에 "달은 거의 눈에 띄지 않을 만큼의 변화가 있지만, 항상 같은 면만을 보인다는 것을 이론적으로 밝힌 달의 칭동(秤動)에 관한 논문으로 프랑스 과학 아카데미상을 받았다. 이때부터 라그랑주는 명실상부한 일류 수학자가 되었다. 1793년 프랑스 혁명 정부의

수학자

"대발견의 기회를 얻은 사람은
그만한 가치가 있는 사람이다."

라그랑주

도량형(度量衡) 개정 위원장을 지냈고, 그후 곧 수학·물리·공학 분야에서의 당시 세계 제일의 학교 에콜 폴리테크니크(école politechnique)의 교수직을 지냈다. 나폴레옹이 수학의 위대한 피라미드라고 격찬하였을 만큼 그의 업적은 화려했다. 약관 20세에 변분법(變分法)에 관한 문제를 오일러의 기하학적 방법과는 다른 해석적인 방법으로 풀어서 오일러를 놀라게 할 정도였다.

오일러와 달랑베르(J. R. d'Alembert, 1717~1783)는 뛰어난 젊은 수학자 라그랑주를 베를린 아카데미로 끌어들이고 싶어했다. 1766년 오일러가 러시아에 초빙되어 베를린 과학 아카데미를 떠난 뒤를 이어서 "유럽에서 으뜸가는 왕은 역시 유럽 제일의 수학자를 궁정에 초빙하였다"는 프리드리히 대왕의 열성적인 권유로 그 자리를 대신 이어받고 해석학에 큰 업적을 남겼다.

라그랑주의 『해석역학』 5권은 과학사의 견지에서 볼 때, 뉴턴의 『프린키피아』에 못지않은 중요한 위치를 차지한다. 이 책은 역학의 입장에서나 수학적인 견지에서나 똑같이 훌륭한 의의를 지니고 있다. 물리 현상은 모두 논리적으로 설명할 수 있기 때문에 물리학의 방법은 엄밀한 논리로 짜여야 하고, 직관에 의존할 것이 아니라는 것이 이 책에 담겨진 기본 사상이다.

뉴턴은 자신이 미적분학을 발견하였으면서도 역학에 사용한 미적분은 극히 적었고, 거의 기하학적인 방법을 사용하였다. 그러나 라그랑주는 철저하게 해석적인 방법을 지켜 나갔다. 뉴턴이 처음 수립한 역학은 100년 후 라그랑주에 의해서 근대적인 해석의 형태를 취하게 된 것이다.

라그랑주는 뉴턴 못지않게 일반적인 원리를 찾아내는 탁월한 재능을 지니고 있었을 뿐만 아니라 동시에 보기 드문 우수한 직관력으로 추상적인 이론을 발전시킬 수 있었다. 라그랑주는 프리드리히 대왕이 죽자 파리 아카데미로 자리를 옮겼는데, 파리 아카데미 재직중에 프랑스 혁명이 일어나자 새로운 미터법 제정 위원장이 되었다.

라플라스

프랑스의 뉴턴으로 불리는 라플라스(P. S. Laplace, 1749~1827)는 노르망디에서 출생하여 젊어서 파리의 육군사관학교 교수직을 맡았다. 36세에 파리 과학아카데미 회원으로 선출되었다. 그 해에 나폴레옹이 사관학교에 응시하고, 라플라스는 시험관이었다.

그는 정치적인 야심도 상당했고, 나폴레옹이 쿠데타에 성공하자 그를 열심히 지지하여 일약 내무장관까지 지냈으나, 불과 1개월 반 만에 파면당하고 말았다. 나폴레옹은 "라플라스는 국부적인 변에 너무나 구애를 받아 명확한 관찰력이 없다. 그는 언제나 무한소의 정신을 행정에 적용하려 든다."라고 정치가로서의 결점을 지적하고 있다.

사람마다 적성이 있기 마련이다. 라플라스는 천문학자·수학자로

수학자

"자연에 관한 모든 법칙은 약간의
수학법칙에 따른 것들이다."

라플라스

서는 일급이었지만, 정치인으로서는 낙제였다. 그러나 처세술이 어찌나 능수능란하였던지 나폴레옹 때는 원로원(元老院) 의원, 백작의 지위까지 올라갔고, 1814년 나폴레옹이 실각하자 곧바로 배반하고, 부르봉 왕가(王家)에 아첨하여 후작이 되는 등 변절을 일삼았다. 학자이면서 비열한 인격을 가졌다는 점은 두고두고 논란거리가 되고 있을 정도이다.

라플라스는 30세쯤이 될 때까지 미분방정식의 연구를 하였고, 유명한 공식 '카스케이드법'을 발견했다. 또 '정적분(定積分)'이라는 용어를 사용토록 제안하여 널리 쓰이게 했다. 그 밖에 미적분에 관해서 '라플라스의 공식', '라플라스의 방정식' 등으로 알려진 공식을 만들기도 하였다.

그의 중요한 저서로는 천체역학에 관한 결과를 집대성한 대저술 『우주체계론(宇宙體系論)』, 『천체론(天體論)』 그리고 확률에 관한 저술 『확률(確率)의 해석적이론(解析的理論)』 등이 있다. 라플라스가 나폴레옹에게 『우주체계론』을 바쳤을 때, 나폴레옹이 "라플라스 백작, 그대는 우주 체계에 관해 이 대저(大著)를 발간했으나, 그 속에 창조주에 관해서는 한마디도 없다면서?"라고 묻자, 그는 "폐하! 나는 가설(假說)은 필요하지 않습니다."라고 태연히 대답했다고 한다. 실제로 이 책은 뉴턴의 『프린키피아』의 훌륭한 해설서인 동시에 그 내용을 확장해서 다루고 있다. 여기에는 그야말로 주옥과 같은 수많은 정리들이 실려 있으며, 상대성이론이 나오기까지의 천체역학의 연구는 거의 모두 이 책에서 파생한 것이라고 해도 지나치지 않을 정도이다.

라플라스가 나폴레옹에게 한 장담은 여러 가지로 해석할 수 있으나, 적어도 다음과 같은 뜻이 있었던 것만은 분명하다. 뉴턴이 만유인력의 법칙을 발견하여 그것을 천체운동의 설명 원리로 삼았으나, 아직 이것만으로는 역학적으로 충분한 이론이 될 수 없다는 것을 깨달았기 때문에, 할 수 없이 그는 태양계(太陽系)의 조화의 근본 원인을 전지전능한 창조주에게 돌렸었다. 나중에 오일러, 달랑베르, 특히 라플라스의 연구에 의해 역학적인 설명이 가능해졌을 때에야 구태여 신의 힘을 빌릴 필요가 없게 되었다. 여기에서 비로소 이성을 모든 것의 유일한 척도로 섬기는 근대 합리주의적 정신의 힘찬 발걸음 소리를 듣게 된다. 이 정신이 바로 프랑스 혁명의 사상적 배경이 된 것이다.

초기 미적분학의 한계

라이프니츠와 뉴턴 두 사람은 미적분법을 발명했으나 그 본질을 완전히 인식하지는 못했다. 두 사람은 미적분학의 기초 개념을 정확히 규명하기보다는 이용하고 전개해 나가는 일에 바빴기 때문이었다.

이런 현상은 학문의 역사에서 흔히 볼 수 있는 일이다. 학문이란 처음 그 시작은 현실적인 필요에서 일어난 것이기 때문에 우선은 현실적인 면이 먼저 다루어지고, 나중에 비로소 이론적인 확인이 뒤따르게 된다. 어쩌면 이 순서가 자연스러운 발전 과정일지도 모른다.

뉴턴이 역학상의 연구로부터 미적분법에 도달하였을 때, 거기에는 물론 극한(極限)의 개념이 있었다. 또 라이프니츠가 미분이나 적분을 나타내는 새로운 기호를 만들었을 때, 새 수학을 예견하는 날카로운 통찰력이 있었다는 것도 사실이다. 그러나 좀 더 따져 들어가 보면 두 사람의 이론은 애매한 대목이 너무나 많았다. 그중의 한 예로 미분의 경우를 본다면, 극한값을 이용해서 $\frac{0}{0}$의 값도 셈하게 된다.

그러나 두 사람 모두 미분계수(微分係數)의 정확한 개념을 확립하는 일에는 실패했다. '무한소'의 개념부터가 수학자답지 않게 엉성했다. 당시 대단한 인기를 모은 로피탈의 미적분학의 교과서[1]에 실린 설명도 다음과 같이 되어 있었다.

'그 자신보다 무한히 작은 양(量)에 의해서 늘어나기도 하고 줄기도 하는 양은 동일한 양을 유지한다고 생각해도 좋다.'

뉴턴과 라이프니츠의 후계자들조차도 '무한의 수학'으로서의 해석학의 성격을 제대로 파악하지 못하고 있었다. 앞에서 이야기한 바와 같이 오일러, 라그랑주 등은 해석학을 유한수학(有限數學)의 확대 정도의 것으로 보는 경향마저 있었으니까 말이다. 이 경우에도 수학이 처음의 실용적인 단계로부터 벗어나려면, '이론'이라는 체로 걸러서

---

[1] Analyse des Infiniment Petites Pour l'Intelligence des Lignes Courbes(1715)

재검토를 해야만 되는 여과 과정이 필요하였다는 것을 엿볼 수 있다.

엄밀과학인 수학의 개념에 대해 이러한 불분명한 설명은 철학자들의 공격의 화살을 맞기에 안성맞춤이었다. 그 선봉격은 영국 성공회의 버클리(G. Berkeley, 1685~1735) 주교였다. 그의 주장은 이러했다.

"설령 미적분법이 옳은 결론을 이끌었다고 해도, 그것만으로 이것이 진짜 과학이라고 우길 수 없다. 왜냐하면 그 결론은 오류끼리 서로 충돌한 결과 우연히 도달한 것일지도 모르기 때문이다."

수학에 대한 철학측으로부터의 이런 간섭은 흡사 옛 그리스 철학자들이 수학에 대해 퍼부은 공격을 연상시킨다. 이같은 경향은 무한수학이 정립되어가는 19세기 이후에 더욱 두드러졌다.

무한론에 관해서는 비단 철학의 영역뿐만 아니라, 수학을 통틀어 헤겔(G. Hegel, 1770~1831)의 영향을 받지 않는 것이 없었다. 근대 미적분학에서 다룬 무한이란 개념은 헤겔의 주장『소논리학(小論理學)』, 『대논리학(大論理學)』을 염두에 두고 설명하는 실정이었다.

수학이 한 차원을 더 높일 때는 높아진 정도만큼의 추상적인 이론체계(理論體系)로 재구성해야 한다. 즉 지금까지의 전진(前進)으로부터 한 걸음 물러서서 반성(反省)이라는 새로운 단계로 접어들 수 있는 것이다.

이에 대해서는 다음 장에서 생각해 보기로 한다.

해왕성에 대한 이야기

 뉴턴이론의 가장 극적인 성과는 해왕성(海王星)의 존재와 그 위치에 관한 순수한 연역적인 예측이다. 이미 천왕성의 존재는 갈릴레이에 의해 1613년에 알려져 있었으나, 갈릴레이는 그것을 항성(恒星)으로 착각했다. 천문학자들이 천왕성을 관측한 결과, 천왕성의 운동 궤도가 뉴턴 역학으로 계산한 궤도와 일치하지 않는 것을 알게 되었는데, 이는 아직까지 발견되지 않은 행성의 인력 때문인 것으로 예상되었다. 이윽고, 영국 케임브리지 대학의 애덤스(J. C. Adams, 1819~1892)와 파리 천문대장 르베리에(U. J. J. Leverrier, 1811~1877)는 서로 독립적으로 실시한 관측의 결과와 일반 이론에 의한 계산을 대조하여 미지의 행성의 궤도를 알아내는 데 성공하였다.

 1841년, 애덤스는 그 미지의 별(후에 '해왕성'으로 명명된다)의 위치와

| 애덤스 |

| 르베리에 |

궤도 및 질량을 계산하고, 그 결과를 가지고 그리니치 왕립천문대장을 방문했으나, 식사 중이라 만날 수 없어 노트만을 남겨 놓고 갔다. 천문대장은 그것을 읽고도 내용의 중요성을 인식하지 못했다. 한편, 르베리에는 운이 좋았다. 그는 천문학자인 갈레(J. G. Galle, 1812~1910)에게 그 내용을 편지로 써서 보냈다.

갈레는 그 편지를 받은 1846년 9월 23일 밤에 해왕성을 발견했다.

해왕성은 당시의 망원경으로 겨우 보일 정도였으니, 위치의 예측이 없이는 발견은 불가능했다. 이 결과야말로 뉴턴 역학의 가장 큰 성과이며 '수학의 승리'였다.

이 새로운 행성에 '해왕성(Neptune)'이라는 이름을 붙인 것은 르베리에였다. 그러나 해왕성의 발견으로 뉴턴 역학이 승리감에 도취하고 있을 때, 이미 그 한계를 드러내는 사건이 일어났다. 해왕성의 발견으로 의기양양하던 르베리에는 근소하지만 이상한 움직임을 하는 수성(水星)의 운동에 눈을 돌렸다. 근일점(近日點)에서의 움직임이 역학적인 계산 결과와 틀렸다. 그는 또한번 수성의 변칙적인 운동 구조를 밝히고자 두 번째의 행운에 도전한 것이다.

그는 대담하게도 미지의 행성의 존재를 또 한 번 주장했다. 그 위치와 질량을 예측하고, 해왕성의 경우와 같이 그 별을 미리 '발칸(Valcane)'이라고 이름 붙였다. 만일 이 별이 발견되었다면 재미있는 이름이 되었음이 틀림없다. 그러나 별이 발견되지 않았을 뿐만 아니라, 그 문제 자체가 이미 뉴턴 역학의 한계를 넘어선 것이었다. 아인슈타인의 일반 상대성원리가 발표되었을 때, 수성의 근일점에서의 변칙적인 운동은 뉴턴 역학으로는 설명할 수 없는 현상임이 판명된 것이다.

그건 그렇고, 혜성(彗星)의 등장을 예언하고, 보이지 않는 별의 위치를 어김없이 지적한 것이 수학이었다는 사실은 새삼 수학의 위력을 입증하는 계기가 되었다. 이것은 피타고라스 이래의 '수'에 대한 신앙이 새로운 옷을 입고 재등장하게 된 것을 알리는 사건이었다. 사람들은 수학만 알면, 과거와 미래를 함께 알 수 있다는 기대로 가슴이 부풀었다. 이 수학(고전역학, 古典力學)을 창출했던 뉴턴은 창조주의 뜻을 정확히 알아낸 사람, 말하자면 신과도 같은 능력을 가진 사람으로 간주되어 19세기말까지 실질적 '과학의 신'으로서 전 세계에 군림했다.

뉴턴과 결정론(決定論)

어떤 현상에 대하여 주어진 조건(초기 조건)이 있을 때, 뉴턴의 법칙을 적용시켜 그 조건에 관한 미분방정식을 풀면, 미래의 현상까지도 완전히 밝힐 수 있다. …… 이같은 생각을 확대해 가면 소우주(小宇宙)라고 불리는 인간에 관해서도 만유인력과 같은 법칙을 세울 수 있다는 믿음이 생긴다. 나는 내가 현재 여기에 있다는 사실, 즉 초기 조건을 알고 있다. 그러므로 나의 미래는 미분방정식을 풀어서 초기 조건인 현재의 상황을 대입함으로써 나타낼 수가 있다. 이것이 실제로 가능하다면, 내가 언제 죽을지도 알게 되는 것이다.

모든 것은 이미 천지창조 때부터 정해져 있었다는 예부터 내려온 기독교적 믿음이 여기에 한몫 낀다. 그러다 보면 운명론·숙명론 등도 설득력을 갖게 된다. 이런 신비적인 사상이 과학의 탈을 쓰고 접근해 온 것이다. 라플라스가 예상한 '악마(=라플라스의 악마)'는 뉴턴의 결정론을 의인화(擬人化)한 비유이다. 뉴턴 역학은 그의 처음 의도와는 관계없이 초기 조건과 수식—미분방정식—에 의하여 미래의 모든 일을 정확히 점칠 수 있다는 경직된 사상을 낳기까지 한 것이다. 결과적으로, 뉴턴 물리학(역학)은 과학이란 이름 밑에 엉뚱한 미신까지도 동반하였다.

수학에 대한 믿음과 기대는 지나치다 싶을 정도였다. '수학은 과학의 여왕'이란 말이 나오고, 논문에 쓰여진 수식의 다과(多寡)로 과학성의 수준을 나타낸다는 통념이 생겼다. 페티(W. Petty)가 『정치산술(政治算術)』을 발표한 것은 1690년의 일인데, 이 책의 서두에 나오는 국왕에게 바치는 글은 다음과 같았다.

"통치에 관한 모든 일, 국왕의 영광, 또 인간의 행복 등과 관련되는 모든 일들이 수학의 법칙으로써 증명되는 것입니다.』

| 페티의 『정치산술(政治算術)』의 표지 |

마르크스와 더불어 공산주의의 창시자인 엥겔스(F. Engels, 1820~1895)는 미적분학에 적지 않은 조예가 있었다. 그는 미래가 원인·결과의 법칙에 의하여 미리 정해져 있다는 이 결정론(決定論)의 사상을 그의 유물사관(唯物史觀)에 인용했다. 원시

| 마르크스 |

| 엥겔스 |

공산사회로부터 '프롤레타리아의 독재(獨裁, 유토피아)'로까지 일직선으로 전개될 것이 미리 정해져 있다는 것을 진리로 믿었다. 그는 『자연의 변증법(辨證法)』에서 수학을 '양(量)의 과학'으로 정의하고 있다. 미적분학만을 수학으로 본 그로서는 당연한 일이다. 그가 이 책을 출간한 것은 해왕성이 발견된 지 32년이 지난 1878년의 일이다. 뉴턴 역학과 물질 만능의 유물론(唯物論)적인 역사관(유물사관)이 예기치 않은 자리에서 역사와 결합한 것이다.

뉴턴 역학의 한계

뉴턴이 갈릴레이의 영향을 크게 입었음은 이미 언급하였다. 특히, 갈릴레이의 사상 가운데 중요한 것은 사소한 것을 무시하는 '이상화(理想化)'에 있었다. 가령, 태양과 지구를 문제로 삼는 법칙을 생각할 때는 다른 천체(天體)를 무시해버리는 것이다. 이러한 관점에서는 미분방정식은 강력한 수단이 된다. 예를 들어, 뉴턴의 만유인력의 법칙에서 미분방정식을 유도하고, 그것을 적분하여 초기치(初期値)를 대입하면, 이들 사이의 관계를 나타내는 운동법칙이 정해진다. 그것이 곧 케플러의 법칙이기도 했다. 그러나 미분방정식은 만능이 아니었다. 조금 생각하면 금방 알 수 있는 일이지만, 복잡한 천체운동을 하는 것들을 그렇게 간단히 이상화시킬 수가 없기 때문이다.

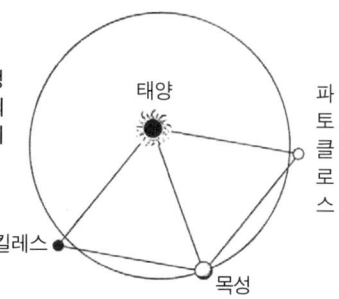

| 태양, 목성은 아킬레스, 파토클로스 등과 정삼각형이 된다. 이것은 삼체문제(三體問題)의 특수한 경우이며, 그밖에 일반적으로 이 문제는 해(解)가 없다. |

여러 개의 천체가 함께 만유인력의 영향을 주고받을 때, 그들이 각각 어떤 운동을 하는지를 묻는 다체문제(多體問題)가 있다. 우선, 서로 영향을 끼치는 천체가 3개 있다고 생각한다면, 미분방정식은 금방 만들어 낼 수가 있지만, 그 해(解)는 쉽게 구할 수가 없다. 예를 들어, 세 개의 천체 가운데 두 개가 태양과 목성이고, 나머지 하나가 소행성인 아킬레스, 파토클로스, 헤코톨 중의 어느 하나라면, 서로가 항상 정3각형의 꼭짓점에 있을 때는 해를 계산해 낼 수가 있다. 그러나 일반적인 경우, 즉 세 개의 천체가 불규칙적인 위치에 있을 때의 미분방정식은 적분할 수가 없다. 실제로 이 문제에 대해서는 계산의 천재인 라그랑주나 라플라스도 손을 댈 수가 없었다.

나중에 해야 할 이야기를 미리 앞질러 말하면, 이 문제에 부정적인 답을 제시한 사람은 푸앵카레(H. Poincaré, 1854~1912)이다. 그는 19세기에서 20세기에 걸친 수학계를 대표하는 수학자 중의 한 사람이며 물리학자·천문학자로서도 뛰어난 업적을 수없이 남겼다. 가우스 이후로는 '순수'와 '응용'의 여러 수학 분야에 걸쳐서 그와 같은 만

수학자

"수학은 진리가 아니라 가설이다.
또한 그것을 변리한 가설이다."

푸앵카레

능의 수학 천재가 다시는 나타나지 않을 것으로 여겨왔으나, 그 예상을 뒤엎은 '보편학자(普遍學者)'가 푸앵카레였다. 프랑스의 명문대학인 에콜 폴리테크니크의 필기시험에서 멋지게(?) 낙방하였지만, 그의 천재성은 이미 널리 알려져 있었으므로 이 사건은 오히려 시험관을 당황하게 만들었다.

결국 "이따위 싱거운 시험의 대상이 될 수는 없다"라는 이유로 입학을 인정받은 천재였다. 새로운 수학에 관한 논문 수는 500편을 넘고, 수리물리학·이론물리학·이론천문학에 관한 저서만도 30권이 넘는다. 게다가 과학의 기초에 관해서도 해박한 지식과 독창적인 사상을 명쾌하게 구사한 『과학과 가설』, 『과학과 방법』, 『과학과 가치』 등의 계몽서로 수백만 독자를 매료시켰다(이 책들은 우리말로도 번역되어 있다). 현대 위상기하학을 건설한 수학자로서도 잘 알려져 있다.

뫼비우스는 또한 사영기하학으로 기하학의 기초를 구축하고 뫼비우스 전환에 대한 연구와 뫼비우스의 띠를 만들어낸 것으로 위상기하학의 선구적 역할을 했다.

다시 이야기를 처음으로 돌리면, 푸앵카레는 라플라스가 상상했던 '악마(惡魔)'에게 큰 약점이 있음을 발견한 것이다. 즉, 미분방정식을 만들어 내도 그 답은 항상 존재할 수 없음(수학적인 표현으로는 "일가해석적(一價解析的)인 적분이 존재하지 않는다."]을 증명한 것이다. 푸앵카레의 이 발견으로 '미분방정식의 해의 존재 여부'가 새삼 문제시되었다.

뉴턴의 해석적 방법은 현상(現象)을 지배하는 법칙을 미분방정식의

수학자

"아무나 수학자가 될 수 있는 것은 아니다."

뫼비우스

| 인간의 인식능력의 한계를 시사하는 에셔
(M. C. Esher) 의 그림 |

형태로 정확히 나타내고, 그 해를 가지고 운동을 예측하는 것이다. 현상이 명백한 법칙성에 의해 지배되어 그것을 미분방정식으로 나타낸다 해도 적분할 수 없다면 그 현상을 계산으로 알아내는 일은 불가능하다. 게다가 그 현상에 내포되는 변수(parameter)가 많아지면, 근삿값 계산조차 불가능해진다. 이것은 아무리 전자계산기가 발달한다 해도 안 되는 일이다.

요컨대 '결정론'이 일반적으로 성립하지 않는다는 것을 뒷받침하는 정리(定理)들이 수학 자신의 분야에서 나온 것이다. 하나의 사회현상에 내포되는 변수(變數)는 엄청나게 많다. 마르크스·엥겔스의 유물사관은 겉보기에 정연한 체계를 지니고 있지만, 이 엄청난 현실을 무시한 이 이론은 근본적으로 큰 모순을 내포할 수밖에 없었다.

여담이지만, 해방 이후의 사회적 혼란 속에서 순수하게 변치 않는 진리를 희구한 젊은이가 많았다. 그러한 분위기 속에서 결정론적인 유물사관(唯物史觀)에 흥미를 갖는 사람도 적지 않았다. 필자도 그 예외는 아니었으나, 결정론의 한계를 인식하고, 일찍 유물사관의 허구성을 알았던 것은 수학을 배움으로써 얻어낸 일이다. 필자는 이때처럼 수학 연구에 큰 보람을 느낄 때가 없었다.

얼핏 모순된 표현 같지만, 과학의 이름으로 된 유물사관의 허구성을 수학의 흐름 속에서 인식하게 된 것은 이성의 승리이다. 인간은 수학(결정론)으로 타락하고, 또 다시 수학(결정론의 극복)으로 되살아난다고 하겠다.

유의점

1. 미적분학의 이론화 과정.
2. 무한수학과 유한수학의 근본적인 차이.
3. 푸앵카레가 발견한 '라플라스의 악마'의 약점.

연습문제

1. 사회학과 수학의 관계를 논하라.
2. 다체문제의 보기를 들어라.
3. 라플라스의 악마를 설명하라.

3

확률론

　제4장에서도 이야기했지만 확률론의 발생에 관해서는 두 가지 요인이 있었다. 하나는 도박이며, 또 하나는 연금보험이었다.
　도박은 화폐의 유통과 불가분의 관계가 있으며, 유럽에서 도박이 성행한 것은 14, 15세기 이후, 즉 상업 자본이 형성된 이후의 일이었다. 앞에서 이야기한 카르다노와 타르탈리아는 주사위 놀이에서 바라는 눈이 나오는 횟수를 셈하는 연구를 하였고, 파치올리도 우연히 일어나는 현상(=事象)을 수학적으로 연구할 수 있다는 것을 밝힌 적이 있었다.
　18세기에 각국 사교장에서는 도박이 대유행했다. 도박이란 우연을 기초로 하는 게임이니만큼 소위 '재수'라는 것의 본질을 따져보고, 그것을 지배하는 법칙을 찾아내고 싶은 것이 인지상정이다. 별의 위치를 보고 미래의 일에 '법칙성'을 가려보는 점성술에서 천문학이 생겼던 것처럼, 현대 수학의 중요한 분야인 확률론 역시 미래를 사전에 알아보겠다는 인간의 현실적인 욕망에서 생긴 것이다.

지금의 학교 교과서에도 이 학문이 처음에 도박장에서 시작되었다는 증거를 보여주는 문제가 실려 있다. 가령, 주사위를 두 번 던져서 나오는 눈의 합이 8이 될 수 있는 확률은 얼마인지 묻는 등의 문제가 바로 그것이다. 우연한 사건 속에서 확정적인 양을 찾을 수 있는 법칙에 대해서는 이미 말한 바와 같이 파스칼과 페르마의 연구가 있다.

또 한 가지 확률론을 자극한 문제는 연금보험이었다. 이 보험제도는 17세기 후반 네덜란드에서 생겼고, 이어서 영국에서 발달하였다. 연금보험 사업은 생명보험과 같이 인간의 사망률에 대한 세밀한 정보가 있어야 가능하다. 이것을 연구하기 위해서 도박의 이론인 확률론을 이용하게 되었다.

1693년 영국의 천문학자 핼리(Edmund Halley, 1656~1742)가 처음으로 구체적 자료를 가지고 사망률을 연구한 바도 있지만, 가장 중요한 업적은 앞서 이야기한 야콥 베르누이의 "관측하는 대상의 자료가 많을수록 정확한 확률을 얻을 수 있다."는 '대수(大數)의 법칙'이다.

그 외에도 천문학 분야의 '오차론(誤差論)'이 확률론을 발전시키는 데 중요한 구실을 하였다. 근세 천문학은 티코 브라헤(Tycho Brache,

1546~1601) 이래 정밀한 관측 방법을 채택하여 왔다. 그러나 아무리 정밀한 관측일지라도 여러 가지 조건 때문에 오차가 생기는 것을 어찌할 수 없었다. 근세 천문학이 정밀한 관측치를 규명하면서부터 오차의 문제가 심각하게 다루어지게 된 것은 당연한 일이었다. 라플라스는 이러한 천문학상의 요청을 해결하기 위해 그의 『확률의 해석적 이론』에서 오차에 관한 확률론적 연구를 전개했고, 나중에 가우스가 완성했다. 이것이 유명한 '최소제곱법'의 이론이었다.

그간의 수학의 대상은 오로지 필연적인 연관성을 갖는 것만이 연구대상이었다. 확률론의 가장 큰 의의는 이러한 좁은 테두리 내에 갇혔던 수학의 영역을 넓혔다는 점에 있다.

통계학

영국은 이탈리아, 스페인, 포르투갈에 이어 16세기경부터 대항해 시대의 흐름에 참여하고 순식간에 세계를 제패하면서 각지에 식민지를 건설했다. 수도 런던항은 세계 각지의 배가 출입하고, 세계 곳곳에서 들어오는 물자가 쌓이고 활기에 넘쳤다(이 이야기는 이미 앞에서 했었다). 그러나 그와 더불어 세계 각지의 전염병도 가져와 이 때문에 런던은 자주 전염병이 유행하여 많은 사람이 죽었다. 가장 유명한 페스트의 유행은 1592년, 1603년, 1625년, 1636년, 1661년, 1665

어원이다.

　15세기부터 16세기에 걸친 르네상스 운동 속에서 옛 그리스·로마시대와 같은 강한 정치의식이 싹트기 시작했고, 국가에 대한 인식이 중시되었다. 그 결과 지리학, 역사학, 정치학 등과는 또다른 국가 경영에 관한 새로운 지식체계를 요구하게 되었다.

　그리하여 17세기(1660년)에 독일의 대학에서 각국의 현황에 관한 체계적인 강의가 시작되었고, 18세기에는 국가의 중요한 업무와 기능을 주제로 연구하는 학문이라는 뜻으로 'Statistics(통계학)'라는 용어가 탄생했다. 하지만 처음에는 법칙성을 문제 삼지 않는 단순한 기술(記述)이나 설명 단계에 머물렀다. 물론 자료의 수량적인 처리도 없었다.

　앞서 소개했던 페티의 『정치산술』을 이 무렵 영국에서 출간할 때 저자는 이 책의 머리말에서 대담한 선언을 하였다.

　"흔히 사람들은 일상적으로 겪는 일에 대해 이보다 '크다·작다', '아름답다·추하다' 등의 말로 막연하게 말하지만, 나는 수와 중량, 척도 등을 써서 직접 감각에 호소할 수 있는 명확한 표현을 쓰겠다."

　17세기에는 케플러, 갈릴레이의 천문학, 그리고 뉴턴이나 라이프니츠에 의한 미적분학의 탄생 등, 근대과학이 발전했던 시기임을 거듭 강조해 둔다. 시대는 바야흐로 자연을 대상으로 하는 자연과학뿐만 아니라, 정치·사회적인 현상을 다루는 일에도 수량적·객관적인 방법을 쓰는 경향이 두드러지기 시작하고 있었다.

그러나 현대적인 뜻으로 통계학의 개념 확립은 19세기의 일이다. 앞서 언급한 독일식 '국가 통계학(Staatenkunde)'과 영국의 '정치산술(Political Arithmetic)'을 확률론을 바탕으로 결합시킨 사람은 케틀렛(L. A. J. Quetlet, 1796~1874)이었다. 어떤 현상을 관찰할 때, 자료(표본)가 많을 때는 확률이론을 적용하여 일정한 경향을 파악할 수 있고, 그만큼 우연성을 배제할 수 있다. 케틀렛은 이같은 사실에 주목하여 '대수(大數)의 법칙'이라든지 '중심극한정리(中心極限定理)' 등의 확률이론을 써서 현상의 법칙성을 발견하는 일에 힘썼다. 그는 늘 많은 자료를 관찰할 것, 그리고 사람의 신장이나 체중 등, 측정이 가능한 것에 대해서는 평균을 취할 필요가 있음을 강조하였다.

20세기에 들어서자 통계학과 확률론의 관계는 더욱 밀접해졌다. 이를 위해 결정적인 역할을 한 사람은 피셔(R. A. Fisher, 1890~1962)이다. 그는 런던 교외의 농사시험장의 연구원으로 있을 때, 소수의 표본을 바탕으로 배후에 있는 모집단(母集團)의 경향을 추측하는 방법을 이끌어내는 데 성공한다. 이것이 그를 이른바 추측통계학(推測統計學)의 창시자로 일컫는 이유이다. 이처럼 통계와 확률은 해를 거듭할수록 동전의 앞뒤처럼 긴밀한 관계를 맺게 되었다. 오늘날 학교의 교육과정이나 참고서, 해설서 등에서 '확률·통계'가 쌍둥이처럼 묶여서 불리는 것은 그래서이다.

이상, 통계학의 발생부터 발전의 과정을 요약하면 다음과 같다.

기록시대(단순한 자료 수집과 분류)
↓
기술(記述)시대(초보적인 통계학으로 간단한 판단을 내릴 수 있다)
↓
함수시대(수리통계학, 함수 개념의 도입으로 자료를 수리적으로 분석)
↓
추계(推計)시대(추측통계학 및 확률의 생각을 가미하여 추론함으로써 보다 실용적인 학문으로 발전)
↓
검정(檢定)시대(관리통계학 및 표본조사로 검증)

유의점

1. 확률과 통계의 기원.
2. 확률과 통계와의 관계.

연습문제

1. 오늘날 미적분학이 뉴턴의 그것이 아니라 라이프니츠의 것이 쓰이게 된 이유는 무엇인가?
2. 미적분학이 탄생하기 위해 필요로 했던 수학상의 기본 개념들에 대해 설명하라.
3. 미적분학이 탄생할 당시의 세계정세와 (왕립)과학아카데미의 역할에 대하여 설명하라.

제6장

근대의 수학
– 18세기에서 19세기까지

공간은…… 순수직관(純粹直觀)이다. 우리는 오직 하나의 공간밖에는 생각할 수가 없기 때문이다. 우리가 복수의 공간을 말할 때, 이러한 공간은 모두 유일한 공간의 부분을 의미한다. 공간은 본래 오직 하나밖에 없는 것이다.
― I. 칸트, 『순수이성비판』 ―

유클리드 기하학만이 유일한 기하학일 수 없다는 나의 확신은 날로 굳건해졌습니다. …… 그러나 나는 이에 대한 나의 연구를 발표할 생각은 없습니다. 그 이유는 나의 견해를 털어놓았을 때 어리석은 자들의 떠드는 소리를 싫어하기 때문입니다.
― 가우스가 베셀에게 보낸 편지(1829년 1월 27일자) ―

1

대수학과 해석학

근대 수학의 사회적 배경

편의상 근대를 18세기 말에서 19세기 후반까지 근 100년간을 가리키기로 한다. 이 시기의 유럽은 이전의 다른 어떤 100년간보다도 정치, 경제상으로 눈부신 변화를 겪었다. 그 특징을 요약해 보면, 절대군주제를 타도한 정치혁명과 그에 따라 일어난 산업혁명(産業革命), 또 이에 이어지는 근대자본주의(近代資本主義)의 형성 등이라고 말할 수 있다. 즉, 경제상으로는 자본주의적인 생산방법이 결정적인 승리로 기울어지고, 유럽의 여러 나라가 거의 산업자본주의의 시대로 접어들게 되었다.

우선 프랑스의 경우를 살펴보면, 1789년 피로 물들인 대혁명이 일어났다. 이것은 원래 프랑스의 국내 사건에 지나지 않았으나, 프랑스의 새 정부에 대항하여 영국을 비롯한 유럽의 각 나라가 군사동맹을 맺음으로써 그후 20여 년간에 걸친 유럽의 대동란으로까지 발전하였다. 프랑스의 혁명과 나폴레옹 전쟁은 한낱 국부적인 사건이 아니라 유럽의 경제, 사회, 정치 등의 구조를 밑뿌리부터 흔드는 엄청난 불씨의 구실을 했다.

한편, 영국은 본래 봉건제도의 뿌리가 비교적 약했던 탓으로 수월하게 정치혁명이 이루어졌다. 크롬웰(Oliver Cromwell, 1599~1658)의 철권통치 아래 공화제(共和制)가 실시된 이후 곧 근대적 질서가 확립되었다. 그리하여 17세기 이후 꾸준히 발전을 거듭하던 영국의 상공업은 세계 시장을 개척하였으며, 덩달아 증기기관 및 방직기계가 발명되어 18세기 후반에는 산업혁명을 시작했다. 영국의 산업은 더욱 더 성숙해졌고, 혁명으로 혼란을 겪은 프랑스도 뒤늦게 이 영향을 받아 산업이 발달하였다.

18세기말엽의 독일은 경제적 후진국, 그것도 많은 제후들이 할거하는 지방 분권 상태였다. 프랑스와는 달리 서민계층이 무력해서 봉건제도를 무너뜨리는 힘이 미약하였다. 한편 영국과 프랑스에서 들어온 철학은 당시의 경제적·사회적 상황을 반영해서 관념(觀念)철학으로 탈바꿈하였다.

그러나 마침내 독일과 이탈리아는 국민적 통일이라는 형태로 봉건적인 권력체계를 무너뜨리기에 이르렀다. 시민혁명이 봉건적 유물을 청소해버림으로써 비로소 산업의 비약적인 발전을 기약할 수 있었다. 이 서곡(序曲)이 바로 '산업혁명'이다. 유럽에서 맨 처음 산업혁명에 성공한 나라가 일찌기 봉건적(封建的)인 제도를 청산한 영국이었음은 결코 우연이 아니다.

잇따른 사회적 대변동이 학문의 내용을 일변시킨 것은 너무나 당연하다. 그리하여 천문학(뉴턴 이후는 천체역학), 역학, 광학(光學), 그리고 이것들과 밀접한 관계를 갖는 수학에 변화가 온 것이다.

특히 나폴레옹 전쟁은 무엇보다도 측지학(測地學), 토목, 축성술(築城術), 건축술 등을 발전시켰다. 이어서 산업혁명을 일으킨 한 요소가 된 새로운 동력인 증기기관은 열역학(熱力學)이라는 새 분야를 일

| 유리를 천연적으로 사용하여 경쾌한 기품을 풍기는 수정궁 | 이 건물의 출현으로 묵직한 석재를 사용한 빅토리아 시대의 건축이 급속히 쇠퇴했다. 1851년 런던에서 열린 만국박람회는 인류가 19세기에 이룩한 진보를 과시하기 위하여 기획된 것으로서, 전 세계로부터 출품된 전시품이 한 지붕 밑에 집결되었다. 기계, 수공업품, 조각, 원료 등은 모두 인류가 이룩한 노력의 결정(結晶)이며, 뻗어가는 공업력과 치솟는 상상력의 소산이었다.

으켰고, 또 산업혁명을 계기로 급격히 발달한 근대 광산업(鑛産業)은 근대 화학, 지질학(地質헬) 및 광물학을 탄생시켰다. 그리고 봉건적인 농업형태에서 근대 농업으로의 전환을 계기로 식물학, 동물학이 생겼다.

이 시대의 과학의 발전 속도는 비약적인 것이어서 산업혁명, 그리고 세계시장(世界市場) 개척과 결부된 항해술, 조선술, 군사기술, 열공학(熱工學), 수력학(水力學) 등의 새로운 과학기술 분야가 등장하였고, 기계학과 천문학은 물론이고, 이론적인 물리학 분야에서도 전자기(電磁氣)현상이나 열(熱)현상을 연구하기 위해 수학적 방법을 사용하는 방안이 활발히 연구되었다.

과학적인 연구를 추진하는 아카데미가 유럽의 곳곳에 설치되고 대학의 역할이 점차로 넓어졌으며, 특히 프랑스혁명 무렵에는 많은 직업적인 학자들이 배출되었다. 그들의 주된 업무는 연구와 교육이었다.

또 사상(思想)의 측면에서는 '인간해방'의 정신을 모체로 자유로운 사고(思考)가 태어나고, 이것이 수학에 반영되어 사고의 자유성이라는 기본 입장이 마련되었다.

근대 수학의 탄생

이러한 과학 분야의 대약진이 수학에 반영되지 않을 수 없었고,

새로운 시대에 걸맞은 새로운 근대 수학의 방향이 결정되었다. 이 수학은 크게 나누어 세 가지 방향, 즉 해석학, 대수학, 그리고 기하학 분야로 갈라져서 발전하였다. 먼저 해석학과 대수학에 대해서 요약해 보기로 하자.

(1) 해석학(解析學)

근대 수학의 두드러진 특징의 하나는 이전의 수학을 이론적으로 더욱 엄밀하게 다듬었다는 점이다. 그러면 엄밀성이 왜 새삼스럽게 수학에 필요하게 된 것일까.

앞서 이야기한 것처럼 근대 이전의 수학자들은 미적분학을 역학과 천문학의 연구 수단으로 하는 실용적인 목적이 주가 되어 있었으므로, 수학의 기초적인 개념을 충분히 음미할만한 여유가 없었다. 그러나 응용 범위가 넓어질수록 수학은 그 토대의 취약성을 드러내기 시작했다. 미적분학만 해도 그 기초를 그대로 방치해 둔 채 앞으로만 밀고 나간다면 모래 위의 누각이 되어 버린다는 의구심이 일어났고, 또 실제로 19세기 초반에는 그 징조가 뚜렷하게 나타나기 시작하였다.

이 기초란 미분·적분의 정확한 정의의 규명이라든지, 급수(級數)의 수렴(收斂)과 발산(發散) 등의 문제를 깊이 연구하는 일이다. 보수(補修) 작업의 결과 해석학은 수학적 엄밀성을 지닐 수 있게 되었다. 라크르와(Sylvestre F. Lacroix, 1765~1843)는 그의 『미적분학』에서 양(量)

수학자

"수학은 인간이 불완전하고 짧은 인생이기에 생겼다."

푸리에

사이의 대응 관계로서 함수개념을 다루었다. 같은 입장에서 푸리에 (Jean B. J. Fourier, 1768~1830)도 열(熱)의 이론—열의 해석적 이론—을 다루었다. 수학의 기초 작업과 관련된 이론적 연구로 가우스(C. F. Gauss, 1777~1855)와 함께 그 영예를 나눈 코시(A. L. Cauchy, 1789~1857)는 무한소해석(無限小解析)에 관한 엄밀한 이론을 전개하여 유명한 '코시의 조건(條件)'을 발표하였다. 즉, 1823년에 발표한 「〈미분적분법에 관한 강의요약〉」에 있는 다음 구절이 그것이다.

"함수 $y=f(x)$가 x의 정해진 두 한계 사이에서 연속일 때, 변수에 준 무한소의 증가량에 의하여 함수 자체에 무한소의 증가량이 생긴다. 따라서 $\Delta x = i$라고 두면, 두 증가량의 차의 비(比)

$$\frac{\Delta y}{\Delta x} = \frac{f(x+i)-f(x)}{i}$$

의 두 항은 무한히 작은 양이지만, 이 두 항이 한없이, 그리고 동시에 극한값 0에 가까워진다면, 비(比) 자체는 다른 양 또는 음의 극한 값에 수렴하는 경우가 있을 것이다. 이 극한값이 존재한다면, 각 x 값에 대하여 일정한 값을 지닌다."(이것을 앞에서 소개한 '무한소'에 관한 로피탈의 설명과 비교해 보기 바란다.)

『자본론(資本論, Das Kapital)』(1867)의 집필과 관련해서 수학을 배우기 시작하여 죽는 날까지 수학 연구를 계속하였던 마르크스(Karl Marx, 1818~1883)는 이 '무한소해석(無限小解析, 미분학)'의 발전 과정을 변증법적 발전관에 입각하여 다음과 같이 구분하고 있다.

신비적(神秘的) 미분법 : 증가량과 미분(微分)을 동일시하여 어떤 특별한 비밀스러운 성질을 이에 덧붙인 단계(뉴턴, 라이프니츠).

↓

합리적(合理的) 미분법 : 초기의 방법을 수정하여 미분계수의 정의를 보다 정확히 하였으나, 실제로는 효과적 미분계수를 찾는 방법이 나타나지 않은 단계(오일러, 달랑베르).

↓

대수적(代數的) 미분법 : 도함수를 직접 발견하는 방법이 마련된 단계(라그랑주).

그가 남긴 수학 원고에는 다음과 같은 글귀가 있다.

"뉴턴은 처음부터 미분법의 연산을 완성하는 데 있어서 역학적 관점에서 출발했기 때문에 순수하게 해석적으로 접근하지는 못했다. 그러나 뉴턴파와 라이프니츠파의 논쟁은 엄밀하게 규정된 형식과 그리고 경험에서 축적된 형식을 둘러싸고 벌어졌다. 이러한 형식들은 새로이 발견된 특수한 것이었으며, 또 수학의 한 분야로서의 보통의 대수학과는 하늘과 땅 만큼의 차이가 있다. …… 낡은 것과 새로운 것의 실제적이고 가장 손쉬운 결합은 새로운 쪽이 완성된 형식을 갖추고 있을 때에만 항상 가능하다."

연속함수(連續函數)에 관한 아벨의 연구도 그 이후의 해석학에 큰 영향을 주었다. 볼차노(Bernard Bolzano, 1781~1848)는 무한집합과 관련시켜서 연속함수를 다루었다.

또, 코시의 미분방정식 연구는 가우스로 하여금 타원함수(楕圓函數)에 주목하게 하는 계기가 되었고, 아벨과 야코비 등은 이를 열심히 연구하여 타원함수론(楕圓函數論)으로 발전시켰다. 이 이론은 19세기 후반 바이어슈트라스에 의하여 완성된다. 그에 의하면, 라이프니츠 시대의 함수개념(函數槪念)은 "변수(變數) x와 y 사이에 하나의 방정식이 성립하고 x의 임의(任意)의 값이 주어질 때, 그에 대하는 y 값이 결정되면 y를 x의 함수라고 한다."라는 것이었다(실제 지금도 중고교에서는 이 초보적인 함수 개념으로 가르치고 있다).

그러나 '푸리에 급수(級數)'를 전개하는 함수는 불연속(不連續)으로 나타날 수도 있기 때문에 이 정의로는 충분하지 못했다. 그래서 함수를 더 포괄적인 뜻으로 다시 정의하여야 했다.

이 시대의 해석학을 대표하는 수학자로서는 수의 영역을 실수로부터 복소수까지 확대함으로써 일반함수론, 즉 복소수함수론(複素數函論)의 기초를 닦은 가우스와 코시, 그리고 그것을 발전시킨 바이어슈트라스를 꼽을 수 있다. 그러나 가우스는 해석학 분야뿐만이 아닌 수학 전반, 더 정확하게 말한다면 응용(應用)과 순수(純粹) 두 수학 분야에 걸친 거장이라는 이유로 여기서 그를 제외한다면, 해석학의 새 세계를 원리적으로 개척한 사람은 코시라고 할 수 있다.

(2) 대수학(代數學)

대수학 발전의 터전은 이미 18세기초에 갖추어졌으나, 때마침 뉴턴의 『보편산술(普遍算術, Arithmetica Universalis)』(1707)이 출판되어 산술보다 한층 높은 계산법으로서의 대수가 구체적인 윤곽을 드러냈다.

그후 노년에 시력을 잃은 오일러(L. Euler, 1707~1783)가 구술(口述)로 출판하였던 이와 똑같은 이름의 책(우리나라에는 『대수학 원론』(1767)으로 번역돼 있다.)에서는 대수학의 내용을 분명히 규정하고 있다. 이 책을 읽어보면 뉴턴으로부터 오일러에 이르는 사이에 대수학은 엄청난 발전을 하였음을 알 수 있다.

대수적인 연구의 밑바닥에는 양(量)이라든지 크기, 수에 관한 개념이 깔려 있다. 특히 기호(記號)를 중심으로 하는 대수학(=기호 대수학)은 수의 개념을 확장시킬수록 방법이 일반화되고, 또 응용의 범위도 넓어진다. 바꾸어 말하면 18세기를 통해 특히 수의 개념이 발전해 갔다. 대수학의 내용 변에서는 방정식의 해법(解法)과 관련된 영역이 중심이 되어 있었다. 18세기의 대수학이 이 방향으로 발전한 계기는 라그랑주의 「방정식의 대수적(代數的) 해법에 관한 고찰(考察)」(1771)을 통해 정점에 이른다.

그후 가우스는 1799년 7월에 그의 박사학위 논문 「대수학(代數學)의 기본정리(基本定理)」에서 "대수방정식의 해(解)는 모두 복소수(複素數)의 테두리 안에서 존재한다."는 것을 증명하였다.

19세기가 되어 대수학의 체계 안에서 방정식론과 수론이 완전히 다듬어지게 됨에 따라 '군(群, group)'과 '체(體, field)'라는 연산구조에 관한 개념이 생겨났고, 이 이론은 발견자인 가우스에 이어 요절한 노르웨이의 천재 아벨(N. H. Abel, 1802~1829)에 의하여 완성되었다. 이 결과로부터 5차방정식에 관한 일반적 해법(공식)이 존재할 수 없다는 '5차방정식의 대수적방법(代數的方法)의 불가능성에 관한 증명'이 유도된 것이다. 이 연구와 관련해서 아벨보다 더 어린 불과 20세의 나이로 사랑과 혁명을 위해 결투로 짧은 생애를 마친 천재 갈루아의 이름이 수학사에 빛나고 있다.

1830년에 혁명적 사상이 대수학에 나타났다. 영국의 수학자 피콕(George Peacock, 1791~1858)이 『대수학』이라는 책에서 "식에 쓰이는 문자는 수 이외의 것으로 나타내도 상관이 없다"는 획기적인 주장을 한다. 이 생각은 드모르간 등의 지지를 받았고, 부울(George Boole, 1815~1864)은 이것을 토대로 논리학을 일종의 대수학으로까지 발전시켰다. 그리하여 '논리대수(論理代數)'라는 수학의 새 분야가 개척되었다. 이 연구는 퍼스(Charles S. Peirce, 1839~1914), 슈뢰더(Ernst Schröder, 1841~1902)에 의해 지속적으로 추진되고, 마침내 화이트헤드의 『보편대수(普遍代數)』(1898)로 그 열매를 맺었다.

이 시기에 대수학은 다시 근본적으로 재편성된다. 이 재편성이란 대수학의 여러 분야를 하나로 통합하는 일로, 그 연구 대상은 군(群)·환(環)·체(體) 등으로 불리는 추상적 연산구조(演算構造)에 관한 것이다.

요컨대, 대수학은 18세기로 접어들면서 급속도로 발전하기 시작했고, 몇 단계에 걸친 극적인 변화가 나타났다. 그것은

18세기 초의 뉴턴의 보편산술(普遍算術)
↓
18세기 후반의 방정식론(方程式論)
↓
그 이후의 일반적인 연산구조에 관한 연구

등 대수학의 확대와 심화의 전신(前身)이었다.

이 시기의 대수학의 발전 과정은 수학 본래의 발전 법칙에 잘 따랐으며, 낡은 수학의 내부에서 태동(胎動)하던 새로운 개념과 방법은 종래의 것에 비해 전혀 이질적이었다. 그와 동시에 기호 사용에 관한 새로운 방법이 나타난 것이 또 하나의 두드러진 특징이다. 그 결과 군론(群論)과 '갈루아 이론'이 새로운 연구 분야로 분리되어 나갔다.

18세기와 19세기는 무엇이 다른가

18세기와 19세기를 동시에 대표한 '야누스의 두 얼굴'을 가진 수학의 거인은 가우스(Johann Karl Friedrich Gauss, 1777~1855)이다.

수학의 응용에 관한 업적을 생각한다면 그는 18세기의 수학자로 볼 수 있고, 또 순수 수학자이기도 했다는 점에서는 19세기적인 수학자였다. 가우스의 경우, 응용수학에도 힘을 기울였다는 사실이 순수 수학자로서의 면목을 한층 돋보이게 한다. 물리학자라고도 할 수

수학자

"나는 말하기 전에 셈을 했다."

가우스

제6장
근대의 수학 – 18세기에서 19세기까지

있는 가우스는 이런 뜻에서 18세기의 마지막 수학자였다. 그는 동시에 순수 수학에 새로운 의미를 부여하는 창조적인 '기초 작업'을 개척한 현대 수학의 선구자, 아니 바로 산모(産母)였다.

그는 천문학, 전자기학(電磁氣學), 측지학(測地學), 수치해석 등에 관한 연구로 위대한 업적을 세웠고, 한편 수론, 방정식론, 복소수함수론(複素數函數論), 타원함수론(楕圓函數論), 미분방정식론, 미분기하학, 비유클리드 기하학 등에서 눈부신 창의성을 발휘하였다. 그는 흔히 말하는 박식가(博識家)는 아니지만, 수학의 각 분야마다 보통의 연구자들이 그저 탐구 정도에 그치는 영역에서도 이 대수학자의 손이 닿기만 하면 곧장 하나의 금자탑이 세워졌다는 뜻에서 '만능의 수학자'였다.

수론, 타원함수론, 복소수함수론 등에 관한 가우스의 연구가 19세기적이었음은 이들 이론이 '논리와 체계'를 바탕으로 다루어졌기 때문이다. 18세기 영국의 수치해석의 전통을 배경으로 하여 해석학(미적분학)을 탄생시킨 것은 뉴턴이었지만, 이 학문에 논리적인 엄밀성을 부여한 것은 가우스다. 이러한 19세기에 있어서의 논리성은 수학의 체계를 확립하기 위해서라기보다는 그 당시의 이론물리학의 발전에 자극을 받았기 때문이라고 할 수 있다. 가우스의 위대성은 이것을 거의 그 한 사람의 힘으로 완전히 통일적으로 체계화시켰다는 점에 있다.

여기서, 이 만능학자의 프로필에 관해서 몇 마디 덧붙여 둘 필요가 있을 것 같다. 그의 다양하고 알찬 활동으로부터 우리가 받는 인상과는 딴판으로, 실제 성격은 극히 내성적이고 조심스러웠다.

가우스의 아버지는 벽돌공으로 무식하고 난폭했으며, 아들의 교육에는 관심이 없었다. 그러나 어머니와 외삼촌은 그의 천재성을 일찌기 발견하고 그의 지적 성장을 도와주었다. 이유고 그의 천재성을 인정한 브라운슈바이크의 페르디난트공(公)의 보호를 받는다. 괴팅겐 대학 시절에 그는 정 17각형의 작도법을 발견하고 본격적으로 수학을 연구했다. 그의 최대의 업적 『정수론 연구』는 1801년에 라이프치히에서 출판되었다. 이는 당시까지의 정수론에 관한 연구를 정리하고 체계화해서 하나의 학문으로 확립한 것이다. 여기서 가장 중요한 역할을 한 것은 합동식 a≡b(mod n)이다. 이 식은 a-b가 n으로 나누어떨어진다는 것을 기호화한 것이다. 이 합동식에서는 다음과 같이 반사율(反射律), 대칭률(對稱律), 추이율(推移律)이 성립한다. 즉, 이 관계는 동치관계(同植關係)인 것이다.

(1) $a \equiv a \pmod{n}$ (반사율)
(2) $a \equiv b \pmod{n} \Rightarrow b \equiv a \pmod{n}$ (대칭률)
(3) $a \equiv b \pmod{n}, b \equiv c \pmod{n} \Rightarrow a \equiv c \pmod{n}$ (추이율)

이 동치관계에 의해 정수집합을 서로 '같은 것(동치류)'끼리 분류할 수 있고, 정수 하나하나에 대해서 일일이 따지는 수고를 덜 수 있다.

그는 생전에 편지라든가 일기 따위는 그만두고라도 수학에 관한 논문을 발표한 적이 극히 드물었기 때문에 그의 연구가 어떤 내용인지 알고 있는 사람은 거의 없었다. 게다가 50년이란 긴 세월을 천문대(天

文臺) 안에 갇혀 지냈으며 강의를 한 적도 없었다. 다만 독창적인 연구에 대해서는 노력을 아끼지 않았다. 그러나 자기 것이건 남의 것이건 쉽게 풀이해서 전달하는 일을 싫어하였기 때문에 이 '수학의 왕자'로부터 직접 영향을 받은 사람은 극히 제한되었으며, 그것도 그의 사상을 더 발전시킬 수 있다고 인정받은 사람에 한정되어 있었다.

19세기 이후 수학의 각 분야가 이론적으로 자립할 수 있도록 기초를 닦은 것은 역시 가우스였다. 어떤 개념이 수학상의 법칙으로 파악되기 위해서는 수학적 대상으로 인식할 필요가 있다. 이 '대상(對象)과 기능(機能)', 19세기 후반 이후의 용어로 표현한다면 '집합과 함수'는 이미 라이프니츠에 의해 예견되었지만, 그것이 구체화되었다는 점에서 19세기 수학의 특징을 찾아볼 수 있다.

코시

프랑스 출신의 수학자 코시(A. L. Cauchy, 1789~1857)는 바스티유 감옥이 시민군에 의해 함락되고 프랑스 혁명(1789~1799)이 시작되던 해에 파리에서 변호사의 맏아들로 태어났다. 혁명의 위험을 피하기 위해 코시의 아버지는 어린 아들을 작은 마을로 피신시켰다. 농촌의 대불황으로 코시는 굶주림 속에서 자랐으며, 학교가 폐쇄되어 아버지로부터 교육을 받아야 했다.

수학자

"나는 공식이 모두 옳다고 생각하지 않는다."

코시

일찍이 천재성을 드러낸 소년 코시는 곧 라그랑주, 라플라스 등의 눈에 띄었고, 그 후에는 혁명의 와중에도 별다른 어려움을 겪지 않고 순탄하게 성장했다. 덕분에 그가 특히 관심을 기울인 수학 연구도 꾸준히 계속할 수 있었다. 코시가 21살이 되던 1810년, 나폴레옹은 영국을 정복하기 위해 대함대를 건설하려는 참이었다. 이 일을 맡을 적임자로 발탁된 유능한 코시는 함대를 건설 중인 쉘부르로 떠났다. 실무 경험을 쌓은 코시는 수학의 응용에도 뛰어난 능력을 발휘하여 탄성(彈性)의 수학적 이론의 창시자가 되었고, 천체역학에도 공헌하였다.

그때까지의 함수는 반드시 수식으로 표현되는 것이어야 했다. 그러나 코시는 함수를 단지 변수들(x와 y) 사이의 관계(대응)로 파악하였다. 이것은 수식으로 나타낼 수 없는(대응) 관계까지도 일대일대응[意對應, 하나의 x값에 대해서 y값도 하나만 정해지는 대응(관계)]만 족하면 함수가 되는 매우 폭넓은 개념이다.

함수개념을 오늘날 우리가 배우는 형태로까지 확장시킨 것은 코시 바로 그 사람이다. 게다가 그는 미적분학의 기본개념 중의 하나인 '연속(連續)'의 개념을 무한, 극한이라는 애매한 개념을 사용하지 않고 이른바 '$\varepsilon-\delta$(입실론-델타)법'이라는 수학적 방법으로 엄밀하게 정의하였다.

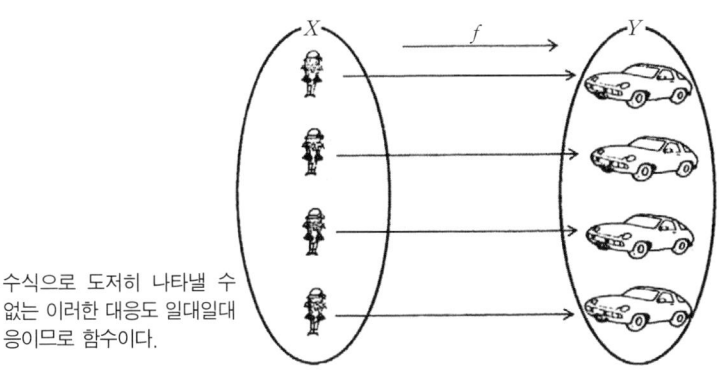

수식으로 도저히 나타낼 수 없는 이러한 대응도 일대일대응이므로 함수이다.

'방정식을 푼다'는 것의 의미

앞에서 이미 이야기하였지만, 여기서 다시 한 번 방정식을 푼다는 의미를 생각해 보자. 1, 2차방정식의 해는 주어진 방정식의 계수(係數)로 표현된다. 이것은 방정식의 계수로 근의 공식을 만들 수 있다는 것과 같다. 이 점은 이미 잘 알고 있듯이 3, 4차방정식에 대해서도 마찬가지이다. 3, 4차방정식의 근의 공식은 잘 알다시피 매우 복잡한 무리식으로 나타내진다(실제 문제를 푸는 데는 그다지 도움이 되지 않지만).

수학자들은 이제 5차방정식의 근의 공식을 구하는 일에 총력을 기울였다. 이들의 노력은 300년간이나 계속되었지만 전혀 해결의 기미가 보이지 않았다. 19세기에 이르러서야 아벨과 갈루아 두 젊은 천재에게 이 문제가 넘겨지게 된 것은 이미 이야기한 바 그대로이다.

이제까지 방정식의 해는 $+$, $-$, $\times$, $\div$, $\sqrt{\ }$ (3차방정식은 거듭제곱근 $\sqrt[3]{\ }$이 사용된다) 등의 연산을 하여 구했다. 일반적으로 이와 같이 (방정식의) 계수 사이의 사칙연산과 거듭제곱근($\sqrt{\ }$, $\sqrt[3]{\ }$, $\sqrt[4]{\ }$, $\cdots$) 등으로 근의 공식을 구할 수 있으면, 그 방정식은 대수적으로 풀린다고 말한다.

5차방정식의 일반적인 해법, 즉 해를 구하는 것이 어렵다는 것을 알게 된 수학자들은 연구의 방향을 바꾸었다. 그저 저돌적으로 덤벼들 것이 아니라 차분히 문제가 풀리지 않는 이유를 생각하는 자세의 변화가 일기 시작한 것이다. 즉, '5차방정식이 풀리기 위한 조건은 무엇인가?'로 방향을 바꾸었고, 나아가 5차 이상의 고차방정식을 풀기 위한 필요충분조건을 구하는 쪽으로 문제를 보는 시각을 바꾸게 되었다. 이것은 마치 앞을 가로막는 장벽을 무너뜨리기 위해 직접 장벽과 싸우는 것이 아니라, 장벽이 서있는 땅의 성질을 포함한 전체 입지 조건을 파악하겠다는 것이다. 즉, 방정식이 그 위에서 다루어질 수집합(數集合)과 연산구조 자체를 문제 삼게 된 것이다.

비운의 천재, 아벨과 갈루아

노르웨이의 가난한 목사의 아들로 태어난 아벨(N. H. Abel, 1802~1829)은 가난과 질병 속에서 5차방정식의 해법에 매달렸다. 그는 첫 시도에서 겪은 실패를 거울삼아 5차방정식의 해법의 불가능성을 검토한 끝에 이것을 증명하여 그 논문을 수학의 권위자인 가우스에게 보냈으나, 그는 읽어보지도 않고 휴지통에 넣어 버렸다. 아벨의 불행은 그 자신의 사소한 실수―그러나 아주 중대한 실수― 탓이었다. 아벨은 논문의 제목을 「〈일반적인 5차방정식의 해의 불가능성에 관한 증명〉」이라고만 썼고 '대수적인'이라는 형용사를 빠뜨려 버린 것이다. 아벨은 그 후로도 그의 업적을 올바르게 인정받지 못하고 결핵으로 쓰러졌다. 아벨과는 전혀 안면이 없는 갈루아(E. Galois, 1811~1832)도 방정식의 해법에 대한 조건을 생각하고 있었다.

| 갈루아 |

아벨과 갈루아의 기본적인 입장을 한 마디로 요약하면, 해를 나타내는 공식이 존재하는지 않는지를 '체'(體). '군'(群) 등의 구조를 써서 밝히는 일에 있었다. '체'란 가감승제 등 사칙연산이 그 테두리 안에서 자유로이 이루어지는 (집합)구조를 말한다. 유리수 집합은 그 범위에서 사칙연산을 자유자재로 치를 수 있기 때문에 체를 이룬다. 이 체를 '유리수체(有理數體)'라고 부른다. 유리수 집합은 규모가 가장 작은 체이다. 실수 집합과 복소수 집합도 체를 이룬다. 그래서 이들 집합(구조)을 각각 실수체(實數體). 복소수체(複素數體)라고 부른다. 이 관점에서 말하면, 방정식의 해의 공식이 존재한다는 것은 계수끼리의 사칙연산 전체로 이루어지는 수의 체(體)를 만들고, 이것에 어

수학자

"수학적 업적을 얻으려면 대가에게
사사하고 그 수법을 익혀라."

아벨

떤 거듭제곱군을 덧붙여서 체를 계속 확대해 나갔을 때, 언젠가 그 해를 포함하는 체에 도달하게 되면 그 방정식은 해의 공식을 갖게 되고, 그렇지 않으면 해의 공식은 존재하지 않는 것이 된다. 아벨은 귀류법(歸謬法)을 써서 일반의 5차방정식이 이러한 체를 갖지 않는다는 것을 증명했다.

디리클레는 수론에 미적분학을 응용하고 해석적 정수론을 창시한다.

아벨이 체 구조의 확대(='擴大體')를 생각했던 것과는 반대로, 갈루아는 축소되어 가는 수학적 구조를 생각했다. 체가 사칙연산이 가능한 구조인데 대해 군(群)은 이보다 훨씬 단순한 구조이며, 한 가지 연산만이 성립하는 구조이다.

지금 어떤 집합의 임의의 원소 사이에 연산 '$*$'가 정해져 있어서

(1) 결합법칙 : $(a*b)*c=a(b*c)$
(2) 단위원 e의 존재 : $a*e=e*a=a$
(3) 역원 a^{-1}의 존재 : $a*a^{-1}=a*a=e$

등이 성립할 때, 이 집합은 연산 '$*$'에 관해서 군을 이룬다고 한다.

정수 집합은 연산 '$+$'에 대해서 군을 이룬다. 이때, 단위원은 0이고, 임의의 원소 a에 대한 역원은 $(-a)$이다. 또, 유리수·실수·복소수 등의 집합은 덧셈이나 곱셈에 관해서도 각각 군을 이룬다. 방정식의 해를 포함하는 체가 처음 계수의 사칙연산 전체로 된 체의

수학자

"문제가 이상함을 느낄 때는
이미 그 답의 반을 얻은 것이다."

디리클레

확대(확대체)가 되어 있을 때, 이에 대응하는 군은 '가해군(可解群)'이라는 구조를 갖춘다. 요컨대, 체의 확대열과 군의 축소열의 대응관계가 바로 방정식이 대수적으로 해를 구할 수 있는지 없는지의 열쇠가 되는 것이다.

종전에는 단지 방정식의 해법만을 다루는 일에 그쳤던 대수학은 이제 보니 대수적 구조의 규명이라는 새로운 지평을 향하고 있었다. 이것은 단지 대수학뿐만 아니라 수학 전반에 걸쳐서 일어난 '변신(變身)'이었다.

유의점
1. 해석학의 체계화(직관에서 논리로) 과정.
2. (추상)대수학의 발전 과정.

연습문제
1. 방정식의 해에 관한 문제가 구조 문제가 된 이유는?
2. 가우스의 대수학 기본정리를 말하라.

2 새 기하학

화법기하학

앞서 우리는 새로운 기하학인 사영기하학(射影幾何學)에 관해서 유클리드기하와는 다른 르네상스의 미술과 건축을 배경으로 한 실용기하(實用幾何)가 등장한 정도의 이야기로 그쳤다. 그러나 기하학적 도형의 사영적(射影的) 성질을 규명하는 데자르그와 파스칼의 이론은 당시의 사회적 여건으로 보아 미숙하기 짝이 없는 '조산아(早産兒)'였기 때문에 그후 150년간이나 빛을 보지 못했다.

1789년의 프랑스 대혁명 이후 20여 년간 유럽 천지는 온통 전쟁에 휩싸였다. 이와 함께 일어난 군사과학은 측지학(測地學), 토목학,

건축학 등을 발전시켰고, 그 영향은 기하학에도 파급되어 새로운 과학 기술을 뒷받침하는 새로운 방법이 필요하게 되었다.

몽주(G. Monge, 1746~1818)는 16세에 이미 자기가 만든 측량기로 고향 도시의 지도를 작성할 정도의 과학 소년이었다. 병기학교(兵器學校) 재학 중 건축술에 관한 복잡한 계산을 간단한 기하학적인 작도(作圖)로 나타내려던 몽주의 착상은 『화법기하학(畵法幾何學, Géométrie descriptive)』(1795) 이라는 책에서 성취되었다.

프랑스 혁명은 전통적인 귀족과 평민의 구별을 없앴다. 국민의회(國民議會)가 1795년 1월 1일에 설립한 것이 고등사범학교(Ecole Normale)였다. 그 학교는 빈부의 차별이 없고 평등하게 대우하여 입학시험의 성적만으로 학생을 뽑았다. 몽주는 평민 출신이었지만, 여기서 교수가 되어 화법기하학을 가르쳤다. 나폴레옹이 황제가 된 후로는 상원의원직과 백작의 칭호를 받아 귀족의 신분이 되었으나, 수학에 대한 정열은 더욱 왕성해지기만 하였다. 그는 해석적(解析的) 연산과 기하

| 몽주 |

| 퐁슬레 |

학적 운동 사이의 관계에 주목하여, 공간에 있어서의 도형의 운동을 해석적으로 표현할 수 있는 가능성을 확인하는 등, 특수한 성질을 가진 곡면(曲面)에 관한 연구에 몰두하였다.

『화법 기하학』에 관한 몽주의 기본적인 입장은 첫째, 공간적인 물체를 평면 위의 도형으로 나타내는 것, 즉 3차원의 공간도형을 2차원의 도화지 위에 묘사하는 방법과 둘째, 공간도형의 모양이나 위치에 관한 명제(命題)를 찾아낼 것, 이상의 두 가지로 요약할 수 있다. 혁명의 산물인 군사적·공업적 기술과 손을 맞잡은 몽주의 기하학은 비현실적인 그리스 기하학, 그리고 또 대수적인 해석기하학과도 판이한 성격을 지녔다. 그것은 직접 도형 그 자체를 구체적으로 어김없이 표현하기 위한 실용적이고 기술적인 기하학이었으며, 따라서 다른 어떠한 기하학보다도 직관적(直觀的)이었다.

사영기하학

몽주의 화법기하학은 퐁슬레(J. V. Poncelet, 1788~1867)에 의해 이론적으로 체계화됨으로써 근대 사영기하학(射影幾何學)이 탄생했다.

명문 에꼴 폴리테크니크(École Polytechnique, 고등공예학교)에서 몽주의 제자였던 퐁슬레는 앞에서 잠깐 이야기하였지만, 러시아군의 포로로 잡혀서 사라토프에서 수감되었을 동안 스승에게 배웠던 기하학을 다시 되새기면서 수학을 연구하였다. 그 결과 발표된 것이 〈도형의 사영적 성질에 관한 이론〉이었다. 여기서 그는 '사영기하학의 정리 하나에 대해, 그 안에서 점과 직선의 위치를 바꾼 정리도 성립한다'는 유명한 '쌍대(雙對)의 원리(原理)'를 내놓았다.

가령, 평면 위에 하나의 원뿔곡선(원, 타원, 포물선, 쌍곡선 등)이 있다고 하자. 한 점 P를 지나 이 원뿔곡선과 두 점 A, B에서 만나는 직선을 그었을 때, $BC : AC = BP$

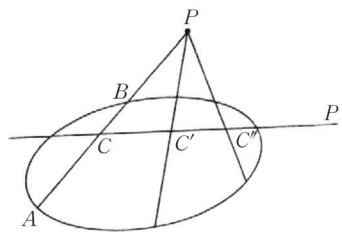

: AP를 만족하는 점 C를 두 점 A, B에 관한 '조화공역점(調和共役點)'이라고 한다. 이 점 C의 자취는 한 개의 직선 p가 된다. 이때, 직선 p를 점 P의 '극선'(極線), 점 P를 직선 p의 '극(極)'이라고 부른다.

따라서 평면 위에 한 개의 원뿔곡선이 있으면, 점에는 그 극선을 대응시키고, 직선에는 그 극을 대응시킴으로써 점과 직선과의 사이에 1대 1 대응이 이루어지도록 할 수 있다. 이 대응에 의하여 한 점에 모이는 직선에는 일직선상의 점이 대응하고, 일직선상의 점에는 한 점에 모이는 직선이 대응한다. 따라서 사영기하학의 정리가 한 개 있으면, 거기서 점과 직선의 역할을 바꾼 정리가 또 하나 성립한다. 이것이 퐁슬레가 발견한 '쌍대의 원리'다.

이를테면

(1) 데자르그의 정리

2개의 삼각형의 서로 대응하는 꼭짓점끼리 맺는 직선이 한 점을 통과한다면, 대응하는 변의 교점은 일직선 위에 있다.

(2) 데자르그 정리의 쌍대

2개의 삼각형의 대응하는 변의 교점이 일직선 위에 있으면, 대응하는 꼭짓점을 맺는 직선은 한 점을 통과한다.

(3) 파스칼의 정리

원뿔곡선에 내접하는 육각형이 있을 때, 서로 대응하는 세 쌍의 변의 연장선이 만나는 점은 모두 일직선 위에 있다

(4) 파스칼 정리의 쌍대

원뿔곡선에 내접하는 육각형이 있을 때, 서로 대응하는 세 쌍의 꼭짓점을 맺는 직선은 모두 한점에서 만난다.

퐁슬레의 사영기하학은 몽주의 기술적(記述的)·직관적인 화법기하학에 비하면 순전히 이론 적 구조를 지닌다. 다시 말하면 사영기하학은 실용적인 의미를 떠난 순수 수학으로 발전하였다.

르네상스의 인간 중심주의(휴머니즘) 분위기 속에서 싹튼 회화 기법인 원근법(遠近法)이 사영기하학이라는 극히 형식적·추상적인 수

학으로 발전하였다는 것은 얼른 납득하기 힘든 변신(變身)으로 생각할지 모른다. 그러나 이것으로 마감한 것은 아니었다. 즉, 원근법의 발상은 그후 사영 기하학・형식주의・구조적 사고로까지 치닫게 되었기 때문이다. 원근법이라는 토양 속에 끝내 '구조'가 뿌리를 내리게 된 것은 단순한 우연이기는커녕 서로 깊은 인과관계(因果關係)가 있는 탓이었다. 비단 대수학에서뿐만 아니라 기하학에서도 결국 똑같이 '구조'를 문제 삼게 된 것은 수학의 발자취가 숙명적으로 그럴 수밖에 없었다.

대상을 보는 '눈', 즉 시점(視點)의 이동에 따라 도형은 그때그때 다른 모습으로 바뀐다. 이것이 사영변환(射影變換)이다. 이 변환 안에서도 여전히 변하지 않는 성질이 있다. 이것이 사영변환에 의해 여러 모습으로 나타나는 도형들이 공통으로 지닌 골격이다. 이 공통의 골격이 곧 '구조'이며 구조는 이들 도형의 본질을 나타낸다. 물론, 구조만으로 이루어진 도형이란 있을 수 없고, 구조는 눈에는 보이지 않는다. 이 점에서 구조는 극히 추상적인 개념이다.

구조와 변환은 동전의 앞뒤와 같은 관계다. 공통의 구조를 지닌 것들은 변환을 통해 서로 '같은 것들'이 된다. 때문에 같은 군(群)으로 다룰 수 있다. 정사각형・직사각형・사다리꼴・평행사변형・마름모 등은 모두 수학적으로 같은 대상[변환군(變換群)]으로 간주할 수 있다. 이것들을 통틀어 '사각형'이라는 이름으로 부를 수 있는 것은 그래서이다. 마찬가지로 원・타원・계란꼴도 수학적으로는 같은 대상으로 간주할 수 있으므로, 이것들을 똑같이 '원'이라고 부를 수 있는 것이다. 구조와 변환은 동전의 앞뒤지만, 이 말은 다른 변환일 때는 다른 구조를 갖게 된다는 뜻이기도 하다. 거기서는 '원'과 '사각형'이 동일한 도형으로 간주할 수 있게 될지도 모른다. 실제, 사영변환 대신에 위상변환(位相變換)을 생각하면, 이 둘은 '(단일)폐곡선'이라는 이름으로 똑같이 불린다. 이 이야기는 뒤에서 따로 하겠다.

곡면기하학(미분기하학)

18세기 후반부터 시작된 측지학(測地學)은 나폴레옹 전쟁에서 급격히 발전한다. 그 이전의 전쟁은 용병(傭兵)들이 중심이 된 소규모의 것이었으나, 나폴레옹 전쟁은 징병제도를 실시한 후의 일이었으므로 대군을 이동시키는 데는 정밀한 지도의 제작이 시급한 문제였다. 나폴레옹은 "나의 사전에는 불가능이란 낱말은 없다."를 비롯한 수많은 경구(警句)를 남기고 있는데, "지형도(地形圖)는 군대의 눈이다."라는 캐치프레이즈로 정밀 지도의 작성을 부채질하였다. 그러나 측지학이 정밀성을 더해 갈수록 지구 표면의 곡면(曲面)의 성질을 문제 삼지 않을 수 없게 된다. 이 때문에 곡면과 공간, 곡선을 대상으로 하는 새로운 기하학이 18세기 이후에는 중요한 연구 분야로 등장한다.
이것이 오늘날 미분기하학(微分幾何學)이라는 이름으로 불리는 학문이다. 방법적인 면에서 본다면, 미분기하학이란 해석기하와 미분학을 하나로 묶어서 곡선이나 곡면의 성질을 연구하는 수학 분야이다.

구체적으로 말하면 미분방정식을 써서 기하학을 다루는 동시에 역으로 미분방정식을 기하학적으로 해석한다. 몽주는 이 분야에서도 선구자 구실을 하였다. 따라서 미분기하학 자체는 본질적으로 새로운 것은 아무 것도 들어가 있지 않다. 데카르트가 창시한 해석기하학이 뉴턴·라이프니츠가 발견한 미적분법을 수단으로 삼아 한층 정밀하게 다듬어진 것이라고 할 수 있는 정도라고나 할까. 그러나 미분기하학이 전개한 곡면론(曲面論)은 전혀 새로운 기하학, 즉 비유클리드 기하학의 출발점이 된 것이다.

비유클리드 공간

지금까지 보아온 기하학은 그리스의 유클리드 기하학을 비롯한 해석기하학과 사영기하학이었다. 물론 이것들은 제각기 독특한 성격을 지니고 있지만, 그런대로 공통적인 면도 있었다. 즉, 기하학에서는

1차원의 도형은 직선(直線)이고, 2차원의 도형은 평면, 그다음 3차원의 도형이 입체(立體)라는 점에서 말이다.

그러나 구(球)를 가지고 생각해 보면, 구의 중심을 지나는 평면과 구면(球面)이 만나서 생기는 대원(大圓)은 그 일부가 분명히 곡선(曲線)이다. 곡선은 이전의 기하학에서 본다면 2차원의 도형이다. 그러나 구면을 2차원으로 생각한다면, 그 위의 대원은 1차원의 도형, 즉 평면 위의 직선에 해당한다. 따라서 이 구면 위의 기하학에서는 종래의 기하학 정리는 성립하기 어렵게 된다.

가령, 구변을 우리가 살고 있는 지구의 표면이라 생각하고, 북극과 남극을 지나는 두 개의 대원을 그려보자. 이 두 개의 대원, 즉 두 '직선'은 각각 적도와 직각으로 만나고 있으므로 북극을 꼭짓점, 적도의 일부를 밑변으로 하는 구면삼각형(球面三角形)의 내각의 합은 2직각보다 크다는 결과가 나온다. 여기서 우리는 종래의 기하학과는

| 구면 위에서는 삼각형의 내각의 합은 언제나 2직각(180°)보다 크다. |

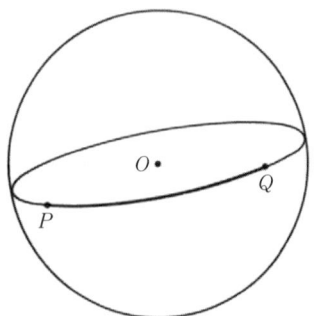

| 구면 위에서 두 점 사이의 최단 거리 '대원' |

다른 곡면의 기하학을 만나게 된다.

지금 구변에 대해서만 생각했으나 구(球) 이외의 곡면, 이를테면 나팔 모양의 곡면체를 위시해서 그밖에 수없이 많은 곡면이 있다. 따라서 수많은 독변의 기하학이 있을 수 있다. 그러나 크게 보아 구면처럼 볼록(凸)한 면과, 말안장이나 나팔 모양의 오목(凹)한 변에서의 기하학 두 분야로 나눌 수 있다. 이들 곡면 위의 기하학을 통틀어 '비유클리드 기하학'이라고 부른다.

비유클리드 기하학의 탄생

유클리드 기하가 학문으로서 우수한 것은 직관적(直觀的)으로 도형을 다루지 않고 엄격한 논리(論理)에 의해 이론체계를 쌓아올려 갔다는 점에 있다. 그러나 그 내용을 자세히 검토해 보면 몇 가지 문제점이 나타난다. 가령, 삼각형의 합동(合同)을 증명할 때 도형을 겹친다, 또는 평면이 직선에 의해 나누어진다, 또는 2 직선이 한 점에서 만난다는 등의 표현은 다분히 직관적인 데가 있다. 그만큼 논리적으로 엄밀성이 떨어진다는 말이다.

그것보다도, 본래 '당연한 이치'라야 할 공준(公準) 내부에 그렇지 않은 것이 들어 있어서 큰 말썽이었다. 공준이라는 것은 그것을 바탕으로 하여 전개되는 모든 서술에 조금도 모순이 일어나지 않도록 처음부터 내세우는 기본 명제이다. 즉, 그 위에 기하학 전체가 세워지는 기본적인 출발점이 되는 가정(假定)이다. 세워지는 기하학의 체계를 건물에 비유한다면, 공준은 그 주춧돌의 구실을 하는 것이다.

앞에서 말한 유클리드 『원론』의 다섯 공준을 다시 적어 보면,

(1) 임의의 점에서 임의의 점까지 하나의 직선을 그을 수 있다.
(2) 한정된 직선을 연장하여 하나의 직선으로 할 수 있다.
(3) 임의의 중심 및 반지름으로 원을 그릴 수 있다.
(4) 직각은 모두 같다.
(5) 한 직선이 두 직선과 만나 그 한쪽의 두 내각의 합이 2직각보다 작을 때, 그 두 직선을 연장하면 내각의 합이 2직각보다도 작은 쪽에서 만난다.

이중에서 마지막 다섯 번째의 소위 '평행선공준(平行線公準)'은 너무 복잡하며, 오히려 정리처럼 보인다. 그렇다면 증명할 수 있는 것이 아닌가 하는 생각에서 예로부터 유명 무명의 '증명'이 거듭 시도되었으나, 만족스러운 증명은 하나도 나타나지 않았다. 마침내 입장을 바꾸어 이 공준을 부정하였을 때의 모순점을 찾아내는 간접적인 증명법을 써 보았더니, 그 결과는 엉뚱하게도 모순이 일어나기는커녕 이전과는 다른 새로운 명제(=정리)가 쏟아져 나왔다. 그리하여 이것들을 하나로 엮으면 유클리드 기하학과는 또 다른 새로운 기하학의 체계가 이루어진다는 것을 알아냈다.

19세기초 가우스에 의해서 완성된 '일반곡면론(一般曲面論)'은 처음으로 곡면 위의 기하학을 탄생시킨 계기가 되었다. 가우스는 이 기하학의 건설에 힘쓰기는 하였으나, 그의 조심스러운 성격 탓으로 새 영역을 개척하는 일에 적극적인 기여를 하지 못하였다. 새 기하학 탄생의 산파역을 맡은 삼총사(三銃士)는 로바쳅스키, 보여이, 그리고 리만 세 사람이다.

철학자 칸트가 유클리드 기하학을 의심할 여지가 없는 명백한 진리라 믿었던 확신은 비유클리드 기하학이 나타남으로써 무너지고 말았다. "공간은 하나뿐이다. 따라서 하나뿐인 이 공간을 설명하는 수학(=기하학)도 당연히 하나밖에 없다."고 생각했던 칸트는 기하학을 물리학과 같은 자연과학의 일종으로 잘못 간주하고 있었다. 비유클리드 기하학의 출현은 수학이 자연현상을 설명하는 과학(=자연과학)과 엄연히 다른 학문의 영역임을 새삼 일깨워 주었다. 즉, 이 새 기하학은 수학이 논리적으로 모순이 없다는 것만으로 충분히 존재 가치가 있는 '특별한' 과학이라는 것, 그러니까 기하학이 한 개뿐만이 아니라 둘도 셋도 있을 수 있다는 것을 실제로 보여준 것이다.

비유클리드 기하학의 출현은 단순히 수학 내부에서의 변화를 뜻하는 것이 아니라, 인간 사고(思考)의 역사에 전환기를 가져온 대사건이었다.

보여이와 로바쳅스키

헝가리 태생의 보여이(Janos Bolyai, 1802~1860)는 공과대학을 졸업한 후 군복무를 위해서 육군 공병학교에 들어갔다. 그는 군생활 중, 틈이 나면 결투와 바이올린 연주, 그리고 수학 공부로 시간을 보냈다. 그의 파란 많은 생애는 "역사는 평탄한 길을 걷지 않는다. 더 많은 혁명과 폭력이 필요한 것이다"고 스스로 선언할 정도로 자유를 억압하는 전제적(專制的)인 권력에 대한 혁명운동 속에서 그 대부분을 보냈다.

1823년 22세 때, 그는 「공간의 절대적과학(絶對的科學)」이라는 논문을 아버지에게 보냈으며, 그것이 나중에 아버지(Farkas Bolyai)의 저서 『청년학도를 위한 순수수학입문(純粹數學入門)』(1832)의 부록으로 실렸다. 이 새로운 기하학은 유클리드의 평행선의 공리(제5공리)를 사용하지 않고 세워진 완전한 기하학의 체계였으며, 그러니까 '제5공리'가

| 보여이 |

| 로바쳅스키 |

다른 공리로부터 독립되어 있다는 것을 논리적으로 증명하는 획기적 내용이었다.

보여이와 연령의 차이가 거의 없는 러시아의 로바쳅스키(N. I. Lobachevski, 1793~1856)는 푸슈킨, 레르몬토프, 그리고 투르게네프 등의 문호(文豪)들과 같은 시대 사람이며, 인간 이성(理性)의 우월성을 부르짖는 근대 자유사상의 세례를 받았다.

유능한 수학교수였던 아버지를 향하여 "……인류를 위해서 거의 아무것도 한 일이 없다. 아버지는 뚜렷한 목표도 없이 막연히 자신의 생애를 소모하고 말았다."고 서슴없이 공격의 화살을 퍼붓던 보여이, 그리고 학적부에 "이 사람은 지나치게 무신론적인 경향이 있다."고 빨간 글씨로 적혔던 로바쳅스키, 이 두 사람의 공통적인 저항정신(抵抗精神)은 새로운 독창적인 기하학의 건설과 무관한 것이 아니다. "순수한 수학자는 광기(狂氣) 어린 열정의 소유자이다. 미친 듯한 열정 없이는 수학은 존재하지 않는다."고 한 어떤 시인의 말은 바로 이 두 수학자를 염두에 둔 것 같기도 하다. 새로운 이론은 그것을 뒷받침하는 사실 이외에 과거의 권위라든지 상식에 사로잡히지 않는 대담하고 자유로운 눈을 갖지 않으면 발견할 수 없기 때문이다.

유클리드의 제5공준을 알기 쉽게 고치면, 독자들도 잘 알고 있는 바와 같이 "직선 L과 그 직선 위에 있지 않은 점 P가 있을 때, P를 지나며 L과 만나지 않는 직선은 꼭 하나 있다."가 된다. 보여이와 로바쳅스키는 이 명제를 다음과 같이 고쳤다. "직선 L과 그 위에 있지 않은 점 P가 있을 때, P를 지나며 L과 만나지 않는 직선은 적어도 두 개가 있다(따라서 '무수히 많다'가 된다).''

그리고 또 "삼각형의 내각(內角)의 합은 2직각보다 작고, 각 변의 길이가 커질수록 작아지고, 길이가 무한대로 되면 마침내 내각의 합은 0이 되고 만다. 로바쳅스키가 내세운 공리는 종래의 상식적인 기하학에 익숙한 사람들에게는 너무도 이상스러운 느낌을 준다. 그러나 이것을 곡면(曲面) 위의 현상으로 생각하고, 직선을 '곡면 위의 직선', 즉 측지선(測地線, 곡면 위의 두 점을 지나는 곡선 중에서 길이가 최소인 것, 구면 위에서는 大圓의 일부)이라고 생각한다면 전혀 신기할 것은 없다. 사실 로바쳅스키의 기하학은 안쪽으로 휘어진 '마이너스의 곡률(曲率)'을 갖는 모든 공간에 해당하는 기하학이다('곡률'에 대해서는 조금 뒤에 설명하겠다).

로바쳅스키의 사상은 처음에 『평행선의 전이론(全理論)을 포함한 기하학의 새 원리』(1829)에, 그후 『평행선의 이론에 관한 기하학적 고

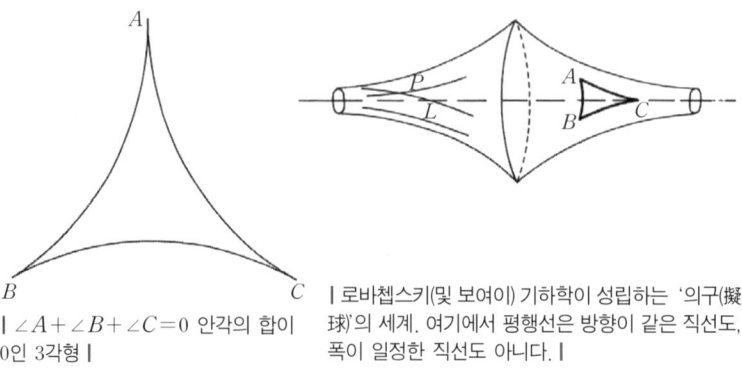

| $\angle A + \angle B + \angle C = 0$ 안각의 합이 0인 3각형 |

| 로바쳅스키(및 보여이) 기하학이 성립하는 '의구(擬球)'의 세계. 여기에서 평행선은 방향이 같은 직선도, 폭이 일정한 직선도 아니다. |

찰(幾何學的考察)』(1840)에 나타났다. 이보다 조금 뒤늦게 보여이가 로바쳅스키의 것과 같은 공리계(公理系)를 갖는 기하학을 그와는 독립적으로 발표하였다.

그런데, 이러한 의문을 가진 사람도 있을지 모른다. "글쎄, 그럴 듯하기는 하지만 그렇게도 생각할 수 있다는 것일 뿐, 우리가 살고 있는 공간 세계와는 하등 관계가 없는 기하학이 아닌가?" 이것은 앞서 이야기한 칸트의 철학적 신념과는 또 다른 소박한 의문이다. 그만큼 충분히 호소력도 있다. 이에 대한 로바쳅스키 자신의 답변을 들어보자.

"기하학적 사실은 물리학상의 법칙과 마찬가지로 실험에 의해서 검증되어야 한다. 추상적인 개념은 그것만으로는 아무 의미가 없고, 현실세계와 관련지어 해석할 수 있는 것이어야 한다. 이것을 위해 실험이 있다. 단순한 논리적 추측만으로는 불충분하다."

그렇다. 보여이나 로바쳅스키의 이론은 단순히 논리적 체계를 위해서만 이루어진 것이 아니었고, 현실 세계에 대한 깊은 통찰이 따른 것이었다. 유클리드 기하학은 우리 주변에 공간의 성질을 충분히, 그리고 정확히 반영하고 있는 것이 사실이다. 그러나 시야를 더욱 넓혀서 지구 표면 전체를 공간으로 보았을 때, 또는 태양계 전체를, 그리고 더 나아가서는 은하수계(銀河水系) 전체를 공간으로 생각한다면, 이미 유클리드 기하는 쓸모가 없어진다. 현대 물리학 분야, 특히 상대성이론(相對性理論)에서 이 비유클리드 기하의 '현실성(現實性)'이 명확하게 증명되었다.

그러나 보여이와 로바쳅스키는 혁명적인 이론 때문에 응분의 고통스러운 대가를 지불해야 하였다. 전자는 '수학의 왕자' 가우스의 냉대를 받고 실의와 좌절에 빠졌으며, 후자는 가우스가 무엇보다도 두려워하였던 야만인들(보수적인 철학자·수학자들)의 떠들썩한 외침 소리에 시달려야 하였다. 즉, 로바쳅스키는 학계로부터의 멸시와 트집, 그리고 조롱 둥을 견디느라고 초인적인 인내력을 발휘해야 했다.

그 한 가지 예를 든다면, 「조국(祖國)의 아들」이라는 신문에 로바쳅스키를 풍자하는 다음과 같은 기사가 실렸다.

"로바쳅스키 씨의 기하학은 학교에서 배우는 보통의 기하학과는 다른 한낱 가상(假想)에 지나지 않는다. 지나치게 활발하고 변질적인 상상력을 통원한다면, 가정되지 않는 것이 있을까? 가령 검은 것을 희다고 상상하고, 동그란 것을 네모라고 가정하며, 삼각형의 내각의 합을 2직각보다 작다고 가정하면 되지 않겠는가. 수학교수인 로바쳅스키가 자신의 명예를 해치는 이러한 저서를 펴냈다는 사실을 어떻게 해석해야 옳을 것인가 어째서 '기하학의 원리에 관해서'라는 표현 대신에, 가령 기하학에 관한 풍자화라든지 기하학에 대한 만화라고 이름 붙이지 않았는가……."

이 에피소드는 무릇 창의성 있는 이론이나 사상은 위대한 두뇌만이 아니라, 동시에 위대한 용기를 수반한다는 사실을 우리에게 일깨우고 있다.

리만

'리만기하학'의 창시자인 리만(Georg Friedrich Bernhard Riemann, 1826~1866)은 독일 하노버의 조그만 마을 브레젤렌츠에서 가난에 찌든 루터교 목사의 둘째 아들로 태어났다. 수줍음이 많고 허약한 체질의 이 청년은 1854년에 괴팅겐대학의 시간강사 취임강연에서 「기하학의 기초가 되는 가설(假說)에 관하여」라는 대담한 논문을 발

| 리만 |

표하여 새 기하학의 출발을 세상에 알렸다. 이 논문에서 리만기하학이 태어났다. 가우스에 의해 창안된 2차원 곡면론이 n차원 곡면론으로 확장된 것은 이 강연에서였다. 수학계의 늙은 제왕 가우스는 이 강연을 듣고 한참 동안 할말을 잊은 채 깊은 침묵에 빠졌다.

폐결핵으로 40세의 나이로 일찍 죽기는 했으나 '빛나는 직관력의 소유자'(F. 클라인)라는 평을 받았던 그는 보여이나 로바쳅스키와는 독립적으로 자신의 비유클리드 기하학을 건설하였다. 그는 이 두 사람의 업적을 전혀 알지 못하였다고 한다.

한편, 가우스는 이미 곡면 위의 기하학을 생각했었다. 곡면 위에서도 점의 의미는 잘 알 수 있다. 그러나 곡면 위에서 직선의 의미는 쉽지 않다. 평면 위에서 직선은 직관적으로 곧은 선이지만, 곡면

위에서는 곧은 선이란 없기 때문이다. 그러나 직선을 '두 점 간의 최단 거리(=測地線)'라고 정의하면 곡면 위에서도 '직선'은 존재하게 된다. 이와 같이 점과 직선이 주어지면 곡면 위에서도 하나의 기하학을 세울 수 있다.

리만기하학은 주로 가우스의 '곡면 위의 기하학'을 발전시킨 것이다.

이 기하학에서는 '곡률(曲率, curvature)' 개념이 중요한 구실을 한다. 알고 보면 당연한 이야기이다. 구부러진 곡선을 아주 작게 토막낸 것은 원의 일부(=圓弧)로 간주할 수 있다. 반지름이 짧을 수록 '원'의 구부러진 정도는 심하다. 반지름 1cm인 원이 반지름 10cm인 원보다도 구부러진 정도가 훨씬 심하다는 것은 당연한 이치이다. 이 '구부러짐'의 정도를 수학에서는 반지름의 역수(逆數)를 써서 나타낸다. 가령 반지름이 5cm, 10cm인 원의 곡률은 각각 1/5(또는 0.2), 1/10(또는 0.1), 이렇게 말이다. 그런데, 1/5은 1/10보다도 크기 때문에 곡률이 1/5인 원은 1/10인 원보다도 구부러짐의 정도가 심하다. 이렇게 따지면, 공간은 곡률이 0[즉, 원의 반지름이 무한대(∞)]이 아니면 휘어진 상태임을 알 수 있다. 앞에서 말한 보여이, 로바쳅스키 등의 비유클리드 기하학은 '리만기하학'의 입장에서는 곡률이 마이너스인 공간에서의 기하학으로 분류된다.

곡률이 0인 평면에서 두 점 사이의 거리는 피타고라스의 정리에 의해 다음과 같이 나타내어진다.

$$ds^2 = dx^2 + dy^2 \quad (d\text{는 아주 작은 거리를 뜻한다.})$$

그러나 곡면 위의 측지선으로 만든 직각삼각형에서는 이 피타고라스의 정리는 성립하지 않는다. 그래서 리만은 곡률이 0이 아닌 일반적인 곡면에서 측지선의 거리를 구할 수 있도록 피타고라스의 정리를 다음과 같이 일반화했다.

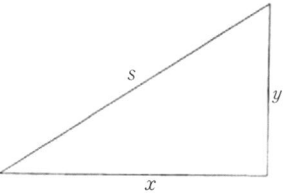

$$ds^2 = g_{11}dx^2 + g_{12}dxy + g_{21}dyx + g_{22}dy^2$$

(g_{ij}는 $g_{ij}(x, y)$로, 리만 계량함수라고 한다.)

그러니까, 이 곡면 위의 피타고라스 정리에 의하면, 평면일 때는 $g_{11} = g_{22} = 1$이고, $g_{12} = g_{21} = 0$인 특수한 경우라는 것을 알 수 있다.

이 생각의 확장으로 굽어 있는 3차원 공간의 기하학을 생각할 수 있다(물론, 이 굽은 3차원의 공간을 시각적으로 표현하는 것은 곤란하다). 리만은 이 생각을 더욱 확장하여 굽어 있는 n차원 공간에서의 기하학을 구상했다. 이와 같은 공간을 '리만 공간', 그리고 리만 공간 위의 기하학을 '리만 기하학'이라고 한다. 그 기본적인 발상이 괴팅겐대학의 취직강연에서 비롯된 것임은 이미 앞에서 이야기했다. 이 리만 기하학은 나중에 아인슈타인의 일반상대성 이론의 수학적인 모델이 되어 중력장(重力場)의 해명에 이용되게 된다.

리만은 실제 비유클리드 기하학의 세 번째 모델(보기)을 내놓았다. 이 비유클리드 기하학은 "직선 밖의 한 점을 지나서 이 직선에 평행인 직선은 존재하지 않는다."는 기하학으로, 직선은 길이가 한정되어 있고 닫혀 있는 기하학이다.

이 기하학의 모형(모델)을 유클리드 공간에서 나타내면 구면기하학(球面幾何學)이 된다. 지금 하나의 구변을 생각하여, 이것을 '평면(平面)'으로 하고, 구면 위의 대원(大圓)을 '직선'이라고 부르기로 하자.

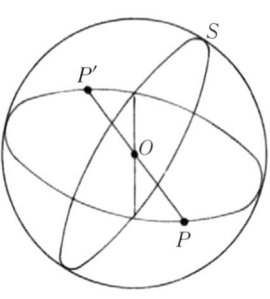

구면 위의 임의의 점 P와 구(球)의 중심 O에 관한 대칭점 P'를 동일한 것으로 간주한다. 즉, P와 P'를 합쳐서 한 점으로 본다. 다른 모든 '점'도 이와 같이 다루기로 한다. 그 이유는 만일 P와 P'를 다른 점으로 간주하면, 두 점을 지나는 직선이 무수히 많아지는 결과가 생기고, "두 개의 서로 다른 점은 항상 하나의 직선을 결정한다."는 공리에 어긋나기 때문이다.

이제 우리는 평행선에 관해서 서로 상반되는 공준을 가진 세 가지 기하학이 있다는 것을 알았다.

(ㄱ) 유클리드 기하 : 평행선은 꼭 존재하고, 하나밖에 없다.

(ㄴ) 로바쳅스키 및 보여이 기하 : 평행선이 적어도 둘 있다(따라서 무수히 많이 존재한다).

(ㄷ) 리만 기하 : 평행선은 존재하지 않는다.

위의 (ㄴ), (ㄷ)이 비유클리드 기하학이며, 각각 쌍곡선적기하(雙曲線的 幾何), 타원적기하(楕圓的幾何)라고 부른다(그림 6-1 참조).

이 기하학들의 차이를 다음과 같이 나타낼 수 있다. 즉, 삼각형의 안각의 합은

(ㄱ)에서는 $\angle A + \angle B + \angle C = 2\angle R$
(ㄴ)에서는 $\angle A + \angle B + \angle C < 2\angle R$
(ㄷ)에서는 $\angle A + \angle B + \angle C > 2\angle R$

또 곡률(曲率)을 M이라 한다면,

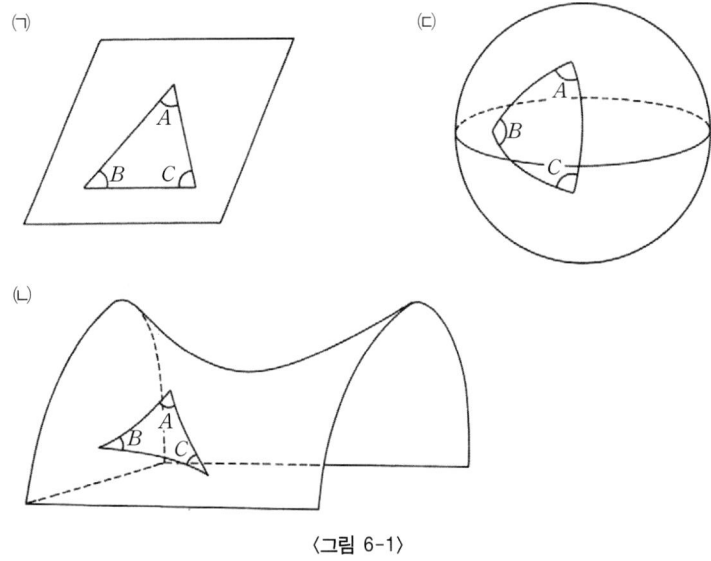

〈그림 6-1〉

(ㄱ)에서는 $M=0$ (곡률이 0)
(ㄴ)에서는 $M<0$ (곡률이 마이너스)
(ㄷ)에서는 $M>0$ (곡률이 플러스)

마지막으로 이들 세 가지 기하학은 결코 같은 방법으로 체계화된 것이 아님을 분명히 해둔다. 보여이, 로바쳅스키의 기하학은 말하자면 유클리드와 같은 종합법(綜合法)에 의해서 형성된 것이지만, 리만 기하는 처음부터 해석적(解析的)인 것이었다. 더 정확히 말하면, 리만의 기하학은 나머지 두 사람의 입장까지를 포함하는 포괄적인 기하학인 것이다.

유의점

1. 곡률의 개념에서 본 유클리드 기하.

연습문제

1. 근대수학의 특징을 설명하라.
2. 비유클리드 기하학의 의의를 설명하라.
3. 리만 기하학과 보여이, 로바쳅스키의 비유클리드 기하를 비교하여라.

제 7 장

에필로그
– 수학의 새로운 진로 모색

현대는 과학이 경제생활과 문화생활에 있어서 결정적인 요인으로 기능하는 시대의 시작에 불과하다. 그러나 우리는 아직도 과학이 사회에서 보잘 것 없는 지위에 머물고, 자유선택의 시대에 살고 있다. 과학의 연구나 실제적인 응용에 종사하는 사람의 수효는 앞으로 다가올 시대의 전조(前兆)에 지나지 않는다. 즉, 과학은 공업뿐만 아니라 농업까지를 포함한 생산의 중심 요소가 될 것이다.

– J. D. 버널, 『역사 속의 과학』–

1

프랙탈과 카오스

앞서 뉴턴 결정론의 한계를 설명했다. 그것을 극복할 새로운 수학 이론은 무엇일까?

칸토어가 집합론을 제시하자 수학은 많은 모순, 이른바 수학의 위기를 맞는다. 힐베르트는 형식주의 입장에서 무모순성, 완전성의 돌파구를 모색하려 시도한다. 1900년 8월에 개최된 국제수학자대회의 특별강연에서 그는 '수학의 문제들'이라는 주제로 20세기 수학의 과제와 나아갈 방향에 대해 발표했다. 이때 23개의 미해결문제를 제시하였는데 그중 일부는 해결되었으나 아직까지도 상당 부분이 미해결로 남아 있다.

프랙탈 기하학

좌표축을 하나씩 추가하면서 1차원, 2차원, 3차원, n차원 등으로 단순하고 순박하게 확대되어 가던 우리의 공간(空間)과 차원(次元)에 대한 개념에 큰 반성을 가져온 새로운 기하학이 20세기에 탄생하였다.

데카르트가 시작하여 뉴턴이 완성한 그처럼 웅장한 근대수학의 기틀에 조금씩 금이 가기 시작한 것을, 칸토어보다 조금 전에 독일의 수학자 바이어슈트라스(Karl Weierstrass, 1815~1897)는 예견했던 것 같다. 그러나 그것은 보기에 작은 금이어서 아무도 주의를 기울이지 않았다. 뉴턴 역학이 천체운동의 계산에 사용된 것처럼 지금까지 수학에서 다루던 것은 주로 운동체가 그리는 부드러운 곡선, 또는 곡면이었다. 이들 곡선은 어느 곳에서나 미분 가능한 것들이었다. 그것은 이들 곡선을 충분히 확대해 보면 직선처럼 평탄해진다는 뜻이다.

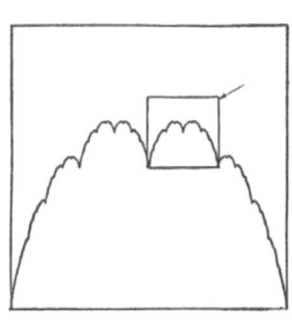

| 바이어슈트라스의 곡선 |

| 바이어슈트라스 |

수학자

"점, 선, 평면을 펜, 자, 테이블이라 해도 좋다."

힐베르트

바이어슈트라스는 1872년에 연속이면서도 어느 점에서나 미분할 수 없는(매끄럽지 않은) 연속곡선을 만들었다. 당시까지만 해도 모든 연속함수는 미분 가능한 것(매끄러운 것)으로 여겨져 왔기 때문에 그 것은 수학자들에게 섬뜩함을 주기까지 했다. 하지만 그것이 새로운 수학의 혁명을 몰고 오는 폭풍의 전조임을 아무도 눈치 채지 못하고 있었다. 단순히 예외적인, 수학자가 진지하게 생각할 가치조차 없는

| 코흐의 눈송이 곡선 |

병리적인 곡선이라고 방치하고 말았다.

이것 외에도 이상한 도형의 성질이 발견되었다. 곧 보통의 도형, 이를 테면 원, 다각형 등 유한의 도형의 둘레는 항상 유한이다. 이런 상식과는 딴판으로 스웨덴의 수학자 코흐(H. von Koch, 1870~1924)는 유한의 넓이를 둘러싸는 무한대의 길이를 갖는 곡선을 꾸며낸 것이다.

'눈송이 곡선'으로 불리는 이 곡선은 정삼각형에서 출발해서 각 변의 중앙 부분의 바깥쪽에 1/3 크기의 정삼각형을 무한히 세워 가면서 얻는 도형이다. 이것 역시 바이어슈트라스의 곡선과 같이 연속이면서 어느 점에서도 미분 불가능, 즉 매끄럽지 않은 곡선이며, 따라서 어디서나 접선을 그을 수가 없다.

당시 수학자들의 관심은 미분 가능한 함수만을 대상으로 하고 있었다. 되도록이면 이런 상식과 동떨어진 기묘한 곡선에 대해서는 감히 가까이 하지 않았다. 이러한 곡선은 아무리 연구해 보았자 현실과는 무관한 것이며, 더구나 무한히 반복되는 곡선을 쫓아갈 수는 없는 노릇이다. 그러니, 결국 아무런 소득을 건질 수 없을 것이라고 치부해 버렸다. 그러나 세상은 바뀌었다. 세상은 이러한 곡선의 해석을 요구하고, 그 수단(컴퓨터)도 마련되었다. 분명히 쿤(T. Kuhn)이 말하는 패러다임의 전환이 일기 시작했다.

새로운 수학의 등장을 알리는 조짐이 확실히 나타난 것이다. 만델브로(B. Mandelbrot, 1924~2010)의 프랙탈(fractal) 기하학도 그중의 하나이다. 이제까지의 기하학이 자와 컴퍼스로 그리는 단순하고 매끈한 인공(人工)의 기하학이었다면, 이 새로운 기하학은 그야말로 자연스러운 자연의 모습을 그대로 묘사하고 해석하는 자연(自然)의 기하학이다. 자연의 모습은 불규칙하고 아무렇게나 깨지고 흩어진 모습이다. 이러한 만델브로의 모습은 우연과 필연이 교묘하게 뒤섞이고 서로의 상승작용으로 이루어지는 것이다(프랙탈은 '부서진 조각'이라는 의미이다). 따라서 이러한 모습을 그리는 데는 자와 컴퍼스로는 도저히 나타낼 수 없다. 이런 단순 반복적인 작업에는 컴퓨터가 제격이다. 즉, 이 프랙

| 만델브로 |

| 남극의 설원(雪原)과 같은 광경을 보여 주는 만델브로 집합의 3차원 렌더링. 프랙탈 기하학은 아름다운 자연 그대로의 모습을 해석하는 가장 강력한 수학이다. |

탈 기하학을 전개하는 데는 컴퓨터가 필수 도구다. 아무리 뛰어난 천재인 만델브로도 컴퓨터가 없었다면 그의 새로운 기하학은 결코 빛을 보지 못했을 것이다. 그의 머릿속에 있는 프랙탈한 이미지를 보통 사람들에게 보여줄 수 있는 방법은 컴퓨터 그래픽뿐이다.

컴퓨터와 과학혁명

갈릴레이가 망원경을 만들어 처음으로 달의 표면을 보았을 때 세상 사람들은 그것이 속임수라고 생각했다. 그러나 이 망원경의 발명으로 인간은 거대한 우주의 구조를 보다 자세히 알게 되었다.

그리고 현미경의 발명으로 이제 거대한 우주뿐만이 아니라 극미(極微)의 세계까지 이해하게 되었다. 더구나 거대한 가속기(加速機)의 발명으로 소립자(素粒子)라는 초극미(超極微)의 세계, 양자역학(量子力學)의 세계, 불경에서 말하는 찰나의 순간보다 더 짧은 시간의 세계도 인간은 들여다 볼 수 있게 되었다. 이런 세계는 인간의 생활과 거의 무관하다. 평상시의 인간 생활의 규모는 $10^{-3} \sim 10^{3}$m까지이고, 시간도 짧게는 1초에서 길어야 100년이다. 과학은 이 인간이 사는 세계에서 일어나는 대부분의 현상에 대해서도 아직 해답을 얻지 못하고 있다. 담배 연기는 왜 저다지도 아름답게 흩어지는가? 아무런 결함도 없던 비행기는 왜 추락하는가? 자동차 사고의 경위, 군중의 폭동, 일기의 변화며, 인간의 뇌는 어떻게 생각하는가, 태어날 당시 백지장 같은 상태였던 어린이는 어떻게 학습하는가, 주식은 왜 폭락하는가, 심장마비는 언제 일어나는가? …… 그러나 이제 이러한 불가사의한 현상의 규명도 곧 이루어질 것이라고 기대된다. 그것은 컴퓨터라는 새로운 도구의 출현 때문이다.

너무나 많은 변수(變數)가 있어서 사람의 힘으로는 계산하고 그 결과를 분석하는 것이 불가능했던 위와 같은 일들이 컴퓨터의 시뮬레이션(simulation)으로 분석할 수 있게 된 것이다. 컴퓨터는 복잡하고 혼돈스러운 현상을 분석하는 현미경이다. 그리고 이들 현상을 규명하면서 알게 된 것은 이들 복잡한 세계에서는 1차원적인 인과관계가 성립하지 않는다는 것이다. 기존의 과학을 추진했던 원동력인 인과(因果)의 법칙이 성립하지 않는 이제까지의 세계는 그 껍질을 벗고 새롭게 탈바꿈하였다. 쿤이 말하는 새로운 과학혁명의 시기가 도래한 것이다. 기존 과학의 틀이 모두 무너지고 새로운 틀이 형성되어야 하는 시기가 온 것이다.

컴퓨터와 카오스의 등장

카오스(chaos)는 얼핏 무질서(disorder)와 비슷한 개념이지만, 질서와 무질서는 서로 대립 적인 개념으로 상대적인 존재인데, 카오스는 스스로 존재하는 독립적인 존재다. 과거에는 질서란 이해할 수 있는 것이고, 우리 인간의 편이었다. 그러나 무질서는 이해할 수 없고, 경우에 따라서는 매우 위험한 상태이기도 하다. 이러한 대립적인 생각은 중세에 있어서의 천사와 악마의 대립으로 비유된다. 그러나 20세기중반 들어 자연현상의 무질서를 컴퓨터로 분석할 수 있게 되면서 질서와 무질서는 매우 긴밀한 관계가 있다는 것을 우리에게 암시하고 있다.

무질서한 현상 속에는 한 가닥의 질서가 숨어 있고, 더구나 그 질서에 의해 혼돈이 초래되었다는 것이다. 이제 무질서하고 복잡한 현상을 단순히 잡음(雜音)의 하나라고 무시하지 않고 적극적으로 그 배경에 있는 질서를 찾게 된 것이다.

더구나 카오스 연구의 방법론은 그 전의 전통적인 방법과 본질적으로 다르다. 카오스가 주목을 받게 된 계기는 몇 번이고 말했듯이 컴퓨터의 역할이 무엇보다 중요했다. 컴퓨터는 새로운 패러다임을 형성하는 촉매의 역할을 했다. 컴퓨터를 통해 이제까지의 과학의 한계를 극복할 수 있는 새로운 방법론이 등장한 것이다. 프랙탈 기하학과 카오스 이론은 앞으로 계속 발달하여 우리에게 새로운 미래상을 제시할 것이 틀림없다.

유의점

1. 컴퓨터의 등장으로 파생된 수학.

2

수학사의 방법론

패러다임 이론

과학사가(科學史家) 토머스 쿤(Thomas Samuel Kuhn, 1922~1996)은 『과학혁명의 구조(The Structure of Scientific Revolution)』(1962) 라는 책에서 과학의 발전은 앞서의 업적 위에 차곡차곡 쌓여지는 것처럼 연속적으로 이루어지는 것이 아니고, 과학은 본질적으로 혁명을 통해 비연속적으로 발전해 간다고 주장하였다. 그는 여기서 어느 시대의 과학에서 가장 중요하고 기본적인 구실을 하는 개념들 또는 연구의 방법론 등을 통틀어 패러다임(paradigm)이라고 불렀다. 그리고 기존의 패러다임이 새로 등장하는 개념(이 새로운 개념이 기존의 개념들과 크게 상충되거나 수용되지 못할 때)에 의해 붕괴되면, 그 개념을 중심으로 다시 새로운 패러다임이 형성되는 비연속적인 발달의 양상을 보인다고 하였다. 아인슈타인이 상대성이론을 발표한 직후, "내 이론을 이해할 수 있는 사람은 전 세계에 6명 정도 밖에 없다."는 말을 했는데 뉴턴과 라이프니츠에 의해 세워진 미적분학 역시 당시 몇몇 일류급의 수학자들을 제외하고는 그 내용을 이해할 수 있는 사람은 많지 않았다. 그만큼 당시 상식을 뛰어넘는 혁명적인 개념들, 예컨대 극한·연속·함수 등이 매우 난해한 것으로 받아들여졌다. 이들 '변화'와 '운동'의 개념은 정적인 세계관에 의해 길들여져 있는 당시의 사람들에게 쉽게 납득될 수 없었던 것은 당연하다. 그러나 이미 세상은 중세의 굳게 닫힌 성문을 대포로 무너뜨리고, 범선을 큰 바다에 띄워 대항해 시대를 맞이하고 있었다. 당연히 새로운 운동과 변화의 수학이 그 힘을 발휘하는 시대가 도래한 것이다.

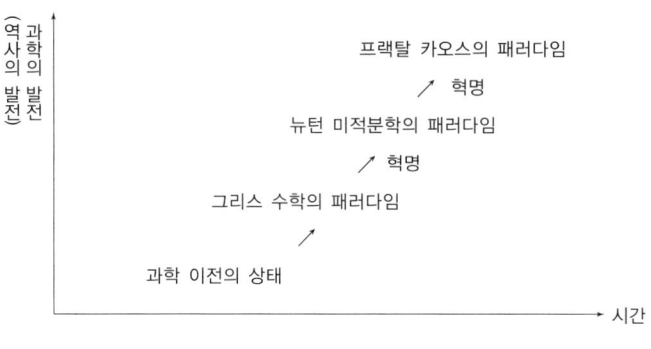

| 서양 수학사의 패러다임 변천 |

그후 수학에 다시 집합의 개념이 도입되고, 극한·연속·함수 개념은 집합에 구조(構造)를 주는 개념으로 정리되면서 다시 정적이고 공리적인 수학이 형성된다. 그 주역은 부르바키 학파이다. 이들은 당시의 구태의연하고 논리적 비약이 많은 수학을 재정립하고자 시도했다. 그리하여 수학의 명제를 증명하여 논리적인 구조를 짜나갔다. 이들의 사상을 구조주의(構造主義)라고 부른다. 이른바 구조주의라는 새로운 패러다임이 형성된 것이다. 공리화(公理化)할 수 없는 것은 이제 수학이라고 할 수 없는 분위기가 팽배해졌다.

그러나 이 패러다임은 곧 도전을 받게 되었다. 새로운 도전자는 만델브로(B. Mandelbrot, 1924~2010) 등이 주축이 되어 개척한 '프랙탈(fractal)' 기하학이다. 만델브로는 부르바키의 형식주의적인 구조주의를 싫어했으며, 자유분방한 직관을 기하학 연구에 구사하였다. 만델브로는 부르바키가 수학의 빙하시대를 만들었다고 비난했으며, 실제로 부르바키의 간섭을 벗어나기 위해 프랑스를 떠나 미국으로 건너갔다. 그는 자신의 새로운 프랙탈 기하학이 옳다는 것, 그리고 매우 강력하다는 것을 컴퓨터를 통해 보여 주었다. 이 기하학은 한 마디로 필연과 우연의 결합으로 이루어져 있다.

구조주의로 어느 정도 정리되어 가던 수학은 컴퓨터의 등장으로 새로운 국면으로 접어들었다. 이것은 이미 위너의 '사이버네틱스' 이론에서도 예견되었던 바다. 대포의 사용과 대항해 시대의 출현으로 미분적분학이 크게 성공하자 유클리드 기하학이 그 절대적인 권위를 상실하던 때와 비슷한 상황이 나타난 것이다. 그리하여 다시 정적인 구조주의에서 동적인 수학의 물결이 컴퓨터를 타고 다가온 것이다.

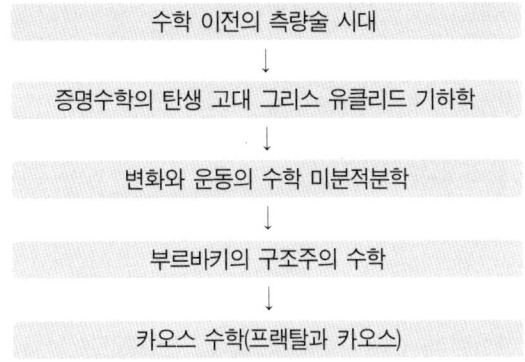

위의 표를 보면 다음 사실을 알 수 있다. 즉, 수학의 발전 과정이 동적인 혁명시대를 거쳐서 새로운 개념이 등장하고, 이것이 정립되어 공리화되면 패러다임이 완성되어 안정되고 정적인 연구 활동이 계속된다. 그러다가 어느 한계에서 다시 동적인 혁명 시기를 맞이하는 패턴이 되풀이된다는 것 말이다.

범(汎)패러다임 이론

『중국의 과학과 문명(Science and Civilization in China)』의 저자 조지프 니담(J. Needham)은 중국과 서구의 두 문명의 성과를 대비하면서 화학 실험상의 용어인 '적정(滴定, titration: 화학물질의 양을 분석할 때 쓰는 방법인데, 지시약을 일정량만큼 넣어 색이 변하는 것을 보고 구하고자 하는 물질의 양을 추정한다)'이라는 개념을 도입하고 있다. 그는 이 적정이론을 통해 동서(東西)의 두 대문명의 여러 구성 요소들을 분석하여, 왜 중세까지는 중국이 유럽보다 문명이 뛰어났으며, 또 그 이후에는 왜 유럽보다 뒤처지게 되었는지를 구명하려 하고 있다. 구체적으로 그는 '왜 고대·중세 과학의 경우와는 반대로, 근대 과학이 서구에서만 발달하였는지'를 밝히기 위해 이 이론을 적용시키고 있다. 그러나 니덤이 소홀히 다룬 점이 있다. 곧 유럽과 중국의 상호 이질적인 과학을 과학 발전관이라는 동일한 바탕 위에서 비교하고 있다는 점이 그것이다. 정확히 말해서 고대 이래 중국의 과학을 지탱해온 전통에는 과학 발전관이 결여되어 있는 것이다. 중국 과학에 있어서의 새로운 창조는 기존의 질서를 유지하고 사회 전반의 조화를 유지하는 범위에서만 늘 보급되었다.

| 니덤(오른쪽)과 함께한 저자(김용운) |

| 토머스 쿤 |

전통사회에 있어서 일정 시기에 형성된 여러 문화의 뿌리에는 반드시 공통적인 요인이 있다. 즉, 민족원형(民族原型)과 시대적 요청이다(김용운, 『원형의 유혹』). 이들 두 개의 요인이 상승작용을 하여 문화의 여러 부문에 공통되는 가치관, 지배 원리 등에 의해 추진되는 문화 활동이 형성된다. 필자는 이것을 각 시대마다의 '범(汎)패러다임' 또는 '시대의 원형'이라고 규정한다.

유럽계의 문화는 그 속에 잠재하는 여러 가지 모순이나 대립을 극한적인 단계로까지 끌어 올리고, 클라이맥스를 거쳐서 통합과 화해에 이른다. 그러나 중국계의 동양 문화는 긴장과 통합을 가져오는 서구적인 패턴과는 이질의 정상적(定常的) 내지는 항상적(恒常的)이라고 불리는 상태를 지속하면서 그 상태 속에서 그 나름의 운동과 변화를 거친다.

중국계의 동양 문화는 농업을 유일한 생산 양식으로 삼아 그 위에 성립한 것으로, 중국 4,000년의 역사를 통해 본질적으로 변함이 없었다. 상공업의 발달은 위정자들에 의하여 농업 중심의 생산구조에 위협을 주지 않는 범위 내에서 늘 억제당해 왔다. 유학(儒學)은 이 안정된 사회를 대변하는 이데올로기 구실을 하였다. 마을은 거의 농업 일변도인 자급자족식의 자연부락들로 이루어졌었다. 유럽인들의 눈으로 볼 때 그들의 '중세적'인 상태가 줄곧 지속되었던 한국의 전통사회는 중국에 비해 한층 경화(硬化)되어 있었다. 이러한 사회의 소산인 한국의 전통과학은 그만큼 '전통'의 규제를 강하게 받을 수밖에 없었다. 이처럼 또다른 가치 기준, 개념, 방법 밑에서 가꾸어진 통양, 특히 한국의 전통과학을 유럽적인 과학관으로 평가하려는 것은 아예 무의미한 시도이다. 여기서 특히 유의해야 할 점은, 겉으로는 국제화·세계화에 진작 합류했던 우리의 과학이 기실 관념의 세계에서는 여전히 전통이 강하게 작용하고 있다는 사실이다.

패러다임과 범패러다임 — 수학사를 대하는 기본적인 입장에 대하여

기존의 상식을 무너뜨리고 혁명적인 이론을 세우는 데는 늘 천재의 등장을 필요로 한다. 그런데 이 창조적인 대사업을 성취하는 천재의 출현은 종래의 안정된 문화구조의 균형이 깨져서 새로운 전환기를 맞이할 조건이 갖추어졌을 때, 또는 외적인 관계에 의해서 어떤 문화가 위기에 처해졌을 때, 요컨대 무엇인가 변화에 대한 요청이 문화의 내부에서 일어났을 때 나타난다. 내면세계의 이러한 격동기를 한 번도 겪지 않았던 한국에서는 적어도 지금까지는 '천재의 시기'도 당연히 일어날 수 없었다.

서양 과학사는 패러다임 이론으로 매우 적절하게 그 발전의 구조를 분석할 수 있다. 지금까지 설명한 바와 같이 서양 수학사만 보더라도 거시적으로 본다면, 오리엔트수학, 그리스수학, 중세유럽, 16세기 이탈리아, 17세기 영국, 18세기 프랑스, 19세기 독일, 현대의 수학 등으로 선을 그어 생각할 수 있으며, 이들 각각의 패러다임은 다른 패러다임과 구별할 수 있는 뚜렷한 특징을 지니고 있다. 가령, 이들의 특성을 구체적으로 말한다면, 실용적인 셈 및 정수계수(整數係數)의 방정식론, 논증적인 기하학, 사원수학(四元數學), 상업에서 자극받은 계산 중심의 수학, 뉴턴·라이프니츠에서 비롯된 미적분학, 해석학, 근대수학, 공리주의적 수학, 그리고 최근의 컴퓨터 수학 등으로 생각할 수가 있다. 이와 같은 변천 과정을 통해서 수학의 대상, 수학의 진리성, 또는 미래의 전망과 그 의의를 검토하는 일이 가능하게 된다.

수학이 대상으로 하는 것, 즉 수학적인 존재는 고대·중세·르네상스·17세기·18세기·19세기, 그리고 현대에 이르는 사이에 달라졌다. 처음에 도형의 형태를 전제로 한 기하학적인 그리스 기하학에서, 기호로써 상징되는 수(數)·양(量)·함수(函數) 등의 추상적 실체로서의 수학으로 차츰 이동해 나갔고, 현대수학에서는 여러 대상 사이에 성립하는 보다 추상적인 관계, 즉 연산작용(演算作用) 등, 부르바키 학파에서 주장하는 수학적 구조가 그 실체로서 인식되고 있다. 컴퓨터 시대 이후에는 부르바키적인 가치 기준은 철저히 무시되고 정적인 수학적 구조보다는 역동적(力動的)인 현상을 중심에 둔다.

이와 같이 수학적 대상의 변화가 이루어지는 사이, 그에 대응해서 수학적인 방법도 변화했다. 즉, 도형에 대한 기하학적인 방법, 그리고 수·양·함수 등 수량적인 측면에 초점을 맞춘 기호적인 방법 등에 관해서 마침내 현대수학은 공리주의적인 형태를 갖추게 되었으며, 이에 발맞추어 일찍이 근대수학에서는 볼 수 없었던 추상적인 기호법을 채택하고 있다. 이제는 컴퓨터가 중심이 되어 4색(四色)문제, 사이버네틱스, 카타스트로피, 카오스 이론 등에서 모델링(modelling)을 통해 현상을 분석한다.

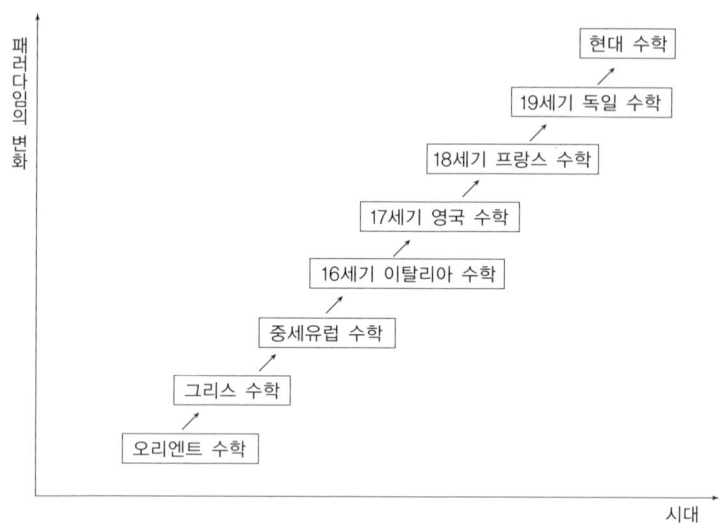

| 서양 수학사의 패러다임 변천 |

수학에 대한 기본적인 입장도 달라진다. 즉, 수학적 진리관이라고 말할 수 있는 수학적 진리에 대한 철학적 변화가 그것이다. 그리스 이후 거의 19세기 중반까지 수학적 공리에 대한 신념은 철학적인 고찰 아래 절대 진리인 것으로 받아들여지고 있었다. 수학의 존재 이유가 절대 진리를 다루는 데에 있다고 믿었던 것이 19세기 이전까지

의 서구 철학의 기본이었다. 그러나 이 신념은 19세기 중반에 비유 클리드 기하학의 등장으로 무너지고, 수학상의 공리(公理)는 푸앵카레가 말한 '편리한 가설'로 파악되는 정도로 후퇴한다. 서양 수학사를 통해 확인할 수 있는 사실은 변혁이 곧 새 패러다임의 형성을 뜻하고, 새 패러다임의 등장은 명확히 대상과 방법 및 진리관 등을 통해 변혁의 의미를 인식하게 된다는 사실이다. 서양 과학에서 말하는 발전은 단순한 지식의 누적이 아닌 새 패러다임의 형성이고, 그것은 항상 과학혁명을 뜻했다는 사실이다.

근세 서양의 기하학과 조형미술(造型美術)에는 공통된 근세의 공간관인 원근법적(遠近法的) 사고가 있다. 즉, 근세 범패러다임의 소산이다. 동일 인물이 이들 두 분야에서 천재성을 발휘하는 것은 결코 우연한 일이 아니다. 이들은 그리스 기하학과 그 조형미술과의 관계의 연장선상에 존재하고 있다고 볼 수 있다. 고대 그리스의 범패러다임은 서양 근세의 범패러다임으로 이어졌고, 또 그것은 현대의 범패러다임으로 이어져 있다. 가령, 뉴턴이 『프린키피아(자연철학의 수학적 원리)』를 발표하였을 때, 거의 동시에 영국의 경제학자 페티(William Petty, 1623~1687)는 『정치산술(政治算術)』(1690)을 출판했다. 자연과학과 사회과학이 동일한 시대에(17세기 초) 영국의 범패러다임 속에서 태어난 것이다.

범패러다임은 시대마다 다를 수 있으나, 원형(原型)은 각 시대를 관통한다. 고려, 조선, 현대 한국의 학문과 문화의 특성은 분명히 다르다. 그러나 이는 원형이 다르기 때문이 아니라, 각 시대의 범패러다임[범형(範型)]이 달랐기 때문이다. 이 사실을 쉽게 비유한다면, 인간의 알몸이 원형이라면 인간이 입는 한복, 양복 등 시대의 유행이 바로 각 시대를 말해주는 범패러다임인 것이다.

원형(原型)은 민족의 기본적인 사고유형(思考類型)으로 각 시대의 문화에 변함없이 관통한다. 시대마다 일정한 집단(민족)의 문화현상은 당시의 범형으로 만들어지는데, 범형의 변화는 단절적이지 않다. 즉, 어느 일정한 시대의 문화는 각 분야(가령 철학·예술)에 있어서 다음의 새 시대에 그대로 대응하며, 그 변화의 양상 역시 연속적이다. 굳이 수학적인 표현을 쓴다면 위상적인 변화를 한다고 볼 수 있겠다.

최근 수학사는 보편사(普遍史)의 입장이 아니라 문화인류학, 철학 등과의 관계에서 진행되어 있다. 지금은 민족의 시대이다. 특히 이탈리아, 프랑스, 영국 등은 저마다 독특한 성격이 있으며 나름대로 민족성을 나타내고 있다. 그러한 뜻에서 민족원형(民族原型)과 깊이 관련되어 있고, 문화 인류학과도 관련되어 있다.

특히 동양 수학을 포함한 넓은 뜻에서의 수학사를 생각한다면, 필연적으로 문화사 또는 철학사와의 관계가 부각된다. 필자는 수학사를 범패러다임의 입장에서 재편성해야 할 것으로 생각한다. 원형론, 범패러다임을 통해서 보는 수학사이다. 수학사는 다른 학문과 마찬가지로 그 방법에 있어서 계속 발전해야 하고, 미래의 인류 문화에도 크게 공헌할 것이다.

마지막으로 분명히 알고 넘어가야 할 일이 있다. 지금까지 이야기한 것처럼 지금 우리가 공부하는 수학은 우리의 것과는 전혀 이질적(異質的)인 유럽 문화의 전통을 배경으로 한 과학사상의 산물이라는 것, 즉 지금까지 과학의 발전을 추진해 왔고, 또 앞으로 추진할 합리주의 정신이라는 근본 에너지는 사실은 우리의 것이 아닌 서구 문화의 산물이라는 점을 잊어서는 안 된다. 불과 1세기 전까지만 하여도 소위 '아시아적인 정체(停滯)'라는 농업사회에 몸담아 왔고, 따라서 과학을 이상(思想)으로서가 아니라 한낱 기술(技術)로 낮추어 보는 인문(人文)교양 위주의 전통에 젖어 온 한국인의 의식세계(意識世界)는 산업혁명이라는 용광로에서 단련된 유럽의 합리주의 정신과는 이만저만 거리가 먼 것이 아니다.

특히, 수학교육가(교사, 교수, 수학교과서, 참고서 편집자, 교육행정가)는 현 한국 수학교육이 한국의 전통적 교육관과 전혀 관련 없이 진행되어 있다는 것을 인식해야 할 것이다. 조선시대의 서당에서 천자문과 논어를 학습한 방법으로 수학교육을 하려는 위험을 경계하라는 것이다.

그렇다면 이 합리주의의 전통 속에서 자란 유럽인조차도 최근의 정보화문명에 적응하기가 힘들어 갈팡질팡하고 있는데, 우리의 경우 오히려 현대의 문화적 상황, 그리고 그것과 밀착된 과학사상의 핵심을 이루는 소용돌이를 외면한 채, 태연하게(?) 표피적이고 단편적인 지식에 대해서만 관심을 가진다는 것은 과연 우리에게 어떤 의미가 있는지를 곰곰이 생각해 봐야 할 때가 온 것 같다.

최근 수학사(數學史)가 중요시되고 널리 연구되기 시작하고 있다. 수학은 만들어진 것이 아니라, 우리가 만들어 나가는 이상이라는 것을 수학자들 자신이 자각하기 시작한 좋은 징조라고 볼 수 있다. 그래서 이 책의 마지막을 다음과 같이 맺고 싶다.

"요컨대 수학이란 우리가 만든 그대로인 것이다. 그렇다고 해서 우리의 문화 속에서 수학을 구성하는 요소들을 충분히 고려하지 않고, 각자가 제멋대로 만드는 것은 아니다. 과거의 이론을 바탕으로 해서 새 이론을 세우고, 또 현재의 수학 발전을 위해 가치가 있다고 일반적으로 인정되는 미해결의 문제를 해결함으로써 이루어 가는 것이다.

수학은 우리가 만들기 이전에 존재하지 않는다. 또 만들어진 다음에도 언젠가는 수학(數學)이 아닌 것으로 전락할지도 모른다."

-윌더(R. L. Wilder), 『수학기초론』 서설

유의점

1. 패러다임과 범패러다임의 차이.
2. 수학사 연구의 방법론.

연습문제

1. 부르바키의 수학과 컴퓨터를 이용한 수학의 차이점을 설명하라.
2. 쿤의 과학혁명 이론에 입각한 수학의 발전을 설명하라.
3. 쿤의 패러다임 이론의 한계를 지적하라.

■■■ 맺음말을 대신하여

필자는 신선하고 재미있는 수업을 위한 지름길이 수학사적 자료를 이용하는 것으로 믿고 이 책을 집필했다. 가령 피타고라스 정리를 가르친다고 해도, 피타고라스 정리와 관련해 중학생이 이해할 수 있을 만한 수준의 증명법만도 100개가 넘고, 각 문명권마다 접근 방식에 있어서도 차이를 보인다. 그리스인은 기하학적으로 증명한 반면 동양 문화권, 특히 한국에서는 대수적으로 증명했다는 것 정도를 소개하는 것만으로도 그 정리의 문명사적 의미를 납득시킬 수도 있다.

여러 수학발견의 사상적 배경을 설명하는 것은 호기심과 학습의욕을 불러일으키는 데 도움을 준다. 처음 미적분을 접하는 학생은 기호와 복잡한 계산공식의 나열이 전부인 것으로 여긴다. 그러나 갈릴레이, 데카르트 뉴턴의 연구 결과와 결부시키면 수업 내용을 이해하는 정도에 천지의 차이가 생긴다. 미적분이 발견되어야만 했던 문명사적인 배경에는 르네상스의 시대정신과 종교관의 갈등도 있었다. 정적인 세계관이 동적인 것으로 옮겨 가는 문명의 십자로가 바로 미적분이다. 이러한 수학의 드라마를 알게 된다면 수학에 관한 인상은 전혀 달라질 것이다.

  하나의 수학적 대 발견의 뒷면에는 교과서의 표면에 나타나지 않은 인간지성의 빛이 있고, 독창적인 발견 이면엔 과학과 사회적 요청을 온몸으로 받아들여 고민한 창조정신이 있다. 교과서로만 하는 수업은 정신혁명, 종교혁명, 과학혁명 등 인류적 대사건에는 일절 눈을 감는다. 수학사를 효과적으로 수업에 곁들이면 지성인의 필수인 문화, 철학, 과학 등에도 관심을 갖게 유도할 수 있다. 진도를 나가는 데에만 급급하여 단편적인 계산과 기교만으로 일관되기 쉬운 수학교육에 신선미를 가미해 보자.

  최근 '스토리텔링 수학'이라 불리는 새로운 교육풍토가 형성되고 있는 것은 매우 반가운 일이다. 사회인이 되면 수학공식 대부분을 잊는다. 그러나 인간적 요소를 곁들인 수업을 받은 사람이면 평생 수학에 관심을 지닐 수 있게 할 것이다.

  필자는 수학사를 가미한 수학교육이 인간의 문제를 깊이 들여다보도록 하는 교육혁명으로 이어질 것을 믿고 있다.

■ ■ ■ 부록 : 세계수학사 연표

연대	내용
BC 4700년경	• 바빌론(Babylon)에서 역법(曆法)이 시작.
4244년	• 이집트에서 1년의 길이를 12개월(365일)로 정함.
3000년경	• 수메르(Sumer, 지금의 이라크)에서 숫자를 기록한 점토판이 발견됨.
2750년경	• 사르곤(Sargon) 왕의 치세가 시작, 왕 치하의 일식 관측 기록이 남아 있음. • 수메르의 역산(曆算)을 본 뜸.
2100년경	• 바빌론의 함무라비(Hammurabi) 왕 당시에 역법의 개혁이 있었음. • 당시의 점토판에 산수를 기록한 것이 발견됨.
1990년경	• 닙푸르(Nippur) 시가 파괴되고, 그 유물 중에는 승제표, 제곱근표, 등 수학에 관한 것이 많았음.
1700년경	• 이집트의 아메스(Ahmes)가 고산서(古算書, 전통 산술서)를 엮음. 이것은 그 이전의 수학서를 바탕으로 하였다.
1600년경	• 바빌론의 점토판에서 60의 제곱표가 발견
1500년경 이전	• 바빌론에서는 대강의 넓이, 부피 셈을 하였음.
606년	• 아시리아(Assyria) 왕조가 멸망함. 이 나라에서는 수메르(Sumer)의 수학을 모방했음.
594년	• 그리스의 솔론(Solon)이 아테네의 달력에 윤월(閏月, 윤달)을 도입.
546년경	• 그리스의 탈레스(Thales, BC624? 출생) 사망.
501년경	• 미술가 아가타르쿠스(Agatharcus)가 화법(畵法)에 사영(射影)의 이치를 응용.
460년경	• 파르메니데스(Parmenides, BC540?~455?)는 지구의 구상설(球狀說)을 세웠는데, 수세기 동안 이 학설이 통용. • 히포크라테스(Hippocrates, BC460?~375?)는 원의 면적을 구하는 방법을 연구하는 등 기하학 체계를 세움.

연대	내용
450년경	• 제논(Zenon, BC490?~BC430?)이 운동의 모순을 주장. • 브리슨(Bryson)이 착출법(搾出法)을 발견.
432년경	• 그리스의 메톤(Meton), 19태음년(太陰年) 7간법(間法)을 정함
430년경	• 안티폰(Antiphon, BC430?)은 착출법을 이용하여 원의 넓이를 셈함.
427년경	• 면적 등에 관한 연구를 한 그리스의 아낙사고라스(Anaxagoras, BC500? 출생) 사망.
425년경	• 구적곡선(求積曲線)을 사용하고, 또한 곡선에 의해 각을 3등분하는 방법을 히피아스(Hippias, BC5세기 후반)가 발견. • 테오도로스(Theodoros, BC5세기 말)의 산술에 관한 연구가 있었음.
380년경	• 레우다메스(Leudames)가 분석적 증명을 사용.
375년경	• 구적배법(求積倍法)을 풀고 역학(力學)을 시작한 데모크리토스(Demokritos, BC460? 출생) 사망.
370년경	• 구면학(球面學), 즉 수학적 천문학을 창시한 에우독소스(Eudoxos, BC408? 출생) 사망.
365~350년경	• 메나에크무스(Menaechmus)가 원추곡선(圓錐曲線)에 관해 연구.
347년경	• 플라톤(Platon, BC427? 출생) 사망. 그는 기하학을 중요시하고 기하학 공리 등을 내세우는 한편 과학적인 정확성을 주장했음. 플라톤 학파로부터 많은 수학자들이 배출됨. • 아르키타스(Archytas, BC430? 출생) 사망. 구적법(求積法)을 풀고 역학을 시작.
335년경	• 로도스(Rhodos)의 에우데모스(Eudemos, BC4세기)가 수학·천문학의 역사를 씀.
322년경	• 아리스토텔레스(Aristoteles, BC384 출생) 사망. 논리학을 이룩하고 역학에도 창의적인 연구가 있었음.
300년경	• 유클리드(Euclid, BC330~275)가 『기하학원론』을 저술.
260년경	• 아리스타르코스(Aristarchos, BC310~230?)가 태양중심설을 제창.

연대	내용
225년경	• 원추곡선론(圓錐曲線論)을 아폴로니오스(Apollonios, BC262~200?)가 완성.
212년경	• 아르키메데스(Archimedes, BC287 출생) 사망. 그는 「아르키메데스의 원리·공리」 및 「아르키메데스의 나사」 등을 발명 또는 발견했고, 적분학(積分學)의 시조를 이룸.
195년경	• 수학상의 업적이 많은 에라토스테네스(Eratosthenes, BC275출생) 사망. 그는 특히 소수(素數)의 연구를 비롯하여 지구의 둘레를 계산했음.
180년경	• 히프시클레스(Hipcicles)가 정수론을 씀. • 니코메데스(Nicomedes)와 디오클레스(Oiocles)의 곡선에 관한 연구. • 제노도루스(Zenodorus)가 동일한 둘레의 도형을 연구.
150년경	• 원환(圓環) 절단변을 페르세우스(Perseus)가 연구.
125년경	• 구면3각법을 창시한 히파르쿠스(Hipparchus, BC190? 출생) 사망.
77년경	• 수학사를 제미누스(Geminus)가 엮음.
46년경	• 로마의 케사르(Caesar, BC102~44)가 역법(曆法)을 개혁하고 전국의 측량을 계획.
20~14년경	• 응용수학을 연구한 로마의 비트루비우스(Vitruvius)가 건축에 관한 책을 엮음.
AD 50년경	• 알렉산드리아에서 헤론(Heron, ?~?)이 응용수학을 가르침.
100년경	• 메넬라우스(Menelaus, AD987?)가 구면3각법을 창안. • 니코마코스(Nicomacos, 50~150)가 수학책을 저술.
125년경	• 스미르나(Smyrna)의 테온(Theon, 1307)이 수학책을 엮음.
165년경	• 프톨레마이오스(K. Ptolemaios, 127? 출생) 사망. 그의 유명한 저서 『알마게스트(Almagest)』에 3각법에 관한 연구가 실려 있음. • 중국 위(魏)나라의 유휘(劉徽)가 『구장산술(九章算術)』에 대한 주석을 했으며, 『해도산술(海島算術)』을 저술.
250년경	• 디오판토스(Diophantos, 246?~330?)가 대수학 및 정수론을 엮음.

연대	내용
300년경	• 알렉산드리아의 파푸스(Pappus, 320?)가 기하학 논집 8권을 엮음.
325년경	• 잠블리쿠스(Jamblicus)가 정수론을 엮음.
400년경	• 인도의 싯드한타(S. Siddhanta)가 수학책을 저술.
415년경	• 이집트의 여류 수학자·철학자인 히파티아(Hipatia) 사망.
480년경	• 중국의 조충지(祖冲之, 429~500)가 『철술(綴術)』을 저술. 이 책은 주로 π의 산법을 다룸.
485년경	• 신(新)플라톤 학파의 수학자 프로클로스(Proclos, 410 출생) 사망.
500년경	• 구(球)의 부피를 구한 조항지(祖恒之, 조충지의 아들)가 적분법을 사용해서 『철술(綴術) 2권』을 저술.
505년경	• 인도의 바라하미히라(Varahamihira)는 이전의 역산책을 모아 편집하고, 지구를 구형(球形)이라고 주장.
550년경	• 인도의 아리아브하타(Aryabhatta, 476? 출생) 사망. • 중국 북주의 견란(甄鸞)이 『오경산술(五經算術)』을 엮고, 『수술기유(數術記遺)』를 비롯하여 여러 수학책에 대해 주석을 달다. • 『하후양산경(夏候陽算經)』 및 『장구건산경(張邱建算經)』이 이즘에 엮어짐(『손자산경(孫子算經)』은 그 이전에 엮어짐).
553년	• 백제가 일본에 수학[曆算]을 전함.
564년경	• 로마의 수학자 카시오도루스(Cassiodorus, 487 출생) 사망.
625년경	• 『집고산경(緝古算經)』을 엮은 당(唐)나라의 왕효통(王孝通)은 이 책에서 3차방정식을 사용.
628년경	• 브라마굽타(Brahmagupta, 598~660)가 수학책을 저술. 이 책은 인도의 수학 분야에서 중요하였음.
665년경	• 당의 이순풍(李淳風)이 왕명에 의해 여러 수학책을 주석. 이때의 산서(算書) 12종은 관리 수학으로 쓰였으며, 그중에서 10종이 현재 남아 있음.
702년경	• 당에 서역의 구집력(九執曆)이 전해짐. 필산(筆算)도 전해졌으나 포산[布算, 산목(算木)셈]이 행해졌으므로 쓰이지 못함.

연대	내용
727년	• 당의 승려 일행이 『대연력(大衍曆)』을 엮음. 부정 방정식을 역법에 사용. 이즈음 남궁설(南宮說)이 자오선 1°의 길이를 잼. 이보다 먼저 수(隋)의 유작(劉焯)이 이를 계획했으나 이루지 못함.
762년	• 회교의 수도 바그다드(Bagdad)를 건설, 페르시아(Persia) 및 이집트의 학자들을 동원해서 측량 설계를 함.
766년	• 회교의 교주 알 만수르(Al-Mansur) 치세 당시에 인도의 역서가 전해짐. 그는 이것을 아라비아어로 번역하여 역산 등에 관한 학문을 보호.
775년	• 페르시아의 타리크(Y. Tarig)가 알 만수르를 방문하고 역서를 번역. 그로부터 그리스의 고전 번역이 시작됨. • 당의 가탐(賈耽)이 대지도를 작성함.
786~808년	• 사라센의 하룬 알 라시드(Harun al Rashid, 763-809)는 교주의 자리에 있으면서 수학 등을 보호. 이 무렵 유클리드를 비롯한 그리스의 고전들이 아라비아어로 번역됨.
809~833년	• 교주 알 마문(Al-Mamun)은 수학자를 보호. 그는 바그다드에 천문대를 세우고 스스로 관측함. 또한 자오선 1°의 길이를 잼.
835~845년	• 대수책의 저술로 유명한 알 콰리즈미(Al-Kwarzmi, 780? 출생) 사망.
850년경	• 인도의 마하비라(Mahavira)가 수학서를 엮음(연대는 분명치 않음).
860년경	• 알킨디(Alkindi)가 역산을 연구. • 알마하니(Almahani)가 3각법 및 3차방정식을 연구.
901년	• 대수학을 기하학에 응용하고, 많은 저술을 남긴 타비트 이븐큐라(Thabit ibn Qurra, 826 출생) 사망.
987년	• 아불 파라즈(Abul Faradsh)가 학자열전 『목록(The Fihrist)』을 엮음.
991년	• 인도의 스리다라(Sridhara) 출생. 수학책을 저술.
998년	• 3각법을 개량한 아불 와파(Abul Wafa, 940 출생) 사망.
1003년	• 제르베르(Gerbert, 950 출생) 사망. 그는 프랑스인으로 교황에 올랐으며 수학에도 공적이 큼.

연대	내용
1029년경	• 알 카르키(Al-Karkhi) 사망. 산술 및 대수에 관하여 저술.
1037년	• 기하 · 산술을 연구한 아비세나(Abisenna) 사망.
1038년	• 역산의 대가이며 인도 여행기를 저술하고, 고대 천문지를 엮은 알 비루미(Al-Birumi) 사망.
1039년	• 대수학 등에 관하여 저술한 알 하이탐(Al-Haitam) 사망.
1075년	• 동로마의 프셀루스(Psellus)가 사과목(四科目)의 책을 엮음. • 리에제(Liége)의 프란코(Franco)가 산술 및 기하학 책을 엮음.
1084년	• 중국 송조(宋朝)에서 수학고전(『산경(算經)』)을 간행.
1093년	• 송의 심괄(沈括) 사망. 그는 박학하여 역산에 통달했으며 유한급수의 합을 생함.
1120년경	• 티볼리(Tivoli)의 플라토(Plato)는 알 바타니(Al-Battani, 858?~929?)의 천문서를 로마어로 번역.
1123년	• 페르시아의 시인이자 대수학자로 유명한 오마르 하이얌(Omar Khayyam, 1050? 출생) 사망.
1130년	• 영국인 아델라드(Adelard of Bath, 1075-1160)가 유클리드를 비롯한 그리스의 고전을 아라비아어로 번역.
1140년경	• 체스터(Chester)의 로버트(Robert)가 알 콰리즈미의 대수학을 번역.
1150년경	• 인도의 바스카라(Bhaskara, 1114~1185)가 수학책을 저술.
1160년경	• 프톨레마이오스(C. Ptolemaios, 85?~165?)의 천문학 책이 로마어로 번역됨.
1167년	• 벤 에즈라(Ben Ezra) 사망. 수학에 능했으며 방진(方陣)에 관한 연구가 있음.
1187년	• 크레모나(Cremona)의 제럴드(Gerald, 1114 출생) 사망. 그는 프톨레마이오스, 유클레이데스 풍의 기타 고전을 아라비아어로부터 번역.
1198년	• 스페인의 회교 역산가(曆算家)이며, 3각법에 관한 책을 낸 아베뢰스(Averröes) 사망.

연대	내용
1202년	• 피사의 레오나르도(Leonardo of Pisa, 1180~1250?)라는 이름으로 잘 알려진 피보나치(Fibonacci)가 『계산판의 책(Liberabaci)』을 발간함.
1239년	• 북아프리카의 회교학자이며, 산술 및 대수 등에 관한 저서를 낸 알바나(Albanna) 사망.
1247년	• 중국 송나라의 秦九韶(진구소)가 『수서구장(數書九章)』을 엮음. 부정방정식 및 고차방정식의 해법을 설명.
1248년	• 중국 원나라의 이치(李治)가 『측원해경(測圓海鏡)』을 저술. 이 책에서 천원술(天元術)의 대수학을 사용함. 천원술은 진구소(秦九韶), 이치, 두 사람으로부터 비롯됨.
1256년	• 유럽에 아라비아 숫자를 보급시킨 사크로보스코(Sacrobosco) 사망.
1260년	• 캄파누스(Campanus), 유클리드를 라틴어로 번역 보급. • 이즈음 중국의 양휘(楊輝)는 『양휘산법(楊輝算法)』을 저술. 이 수학서는 『산학계몽(算學啓蒙)』, 『상명산법(詳明算法)』과 함께 이조의 『관경수학(官更數學)』의 주류를 이룸.
1274년	• 나시르 에딘(Nasir Eddin, 1201 출생) 사망. 기하학, 3각법, 천문학 등에 관한 저술이 있음.
1281년	• 원나라의 곽수경(郭守敬)이 수시력(授時曆)을 만들고 초차법(招差法), 보간법(補間法)에 의한 급수의 합을 계산.
1294년	• 13세기 영국의 최대 학자이며, 그리스 및 아라비아의 역산에 통달한 로저 베이컨(Roger Bacon, 1210? 출생) 사망.
1299년	• 중국 원나라의 주세걸(朱世傑)이 『산학계몽』을 저술. 한국 및 일본의 수학에 큰 영향을 끼침.
1303년	• 주세걸이 『사원옥감(四元玉鑑)』을 저술. 사원술(四元術)은 중국 특유의 대수학.
1340년	• 동로마 제국의 플라누데스(Planudes)가 디오판토스 및 아라비아의 수학을 전함.
1360년	• 니콜 오렘(Nicole Oresme)이 지수, 비례, 좌표 등을 설명. • 이즈음 중국 명나라의 안지제(安止齊)는 『상명산법』을 저술.

연대	내용
1375년경	이집트의 이븐 알 샤티르(Ibn Al Shatir) 사망. 3각법 및 수표 등을 엮음.
1433년	세종의 칙령에 따라 경주부(慶州府)에서 『양휘산법(楊輝算法)』 100부를 간행하여 진사.
1447년	이집트의 알 메이디(Al Mejdi) 사망. 산술, 3각법, 수표 등을 엮음.
1474년	유럽에서 최초의 수학 전문서인 레기오몬타누스(Regiomontanus, 1436~1476)의 3각법이 간행됨.
1478년	유럽에서 최초의 인쇄본 수학책[이탈리아의 『트레비조(Treviso)』]이 나옴.
1482년	유클리드의 『원론』이 처음으로 베니스에서 간행.
1509년	수학 일반에 통달한 루카 파치올리(Luca Pacioli) 사망.
1519년	레오나르도 다 빈치(Leonardo da Vinci, 1452 출생) 사망. 이탈리아의 미술가이며 과학에도 대가였는데, 수학에도 조예가 깊었음.
1525년	루돌프(Rudolph, 1500~1545?)가 독일어 대수책인 『미지수(Coss)』를 출판.
1526년	3차방정식의 해법을 연구한 이탈리아의 페로(Ferro, 1465? 출생) 사망.
1530년	코이(Coi)는 타르탈리아(N. Tartaglia, 1500?~1557)와의 수학 시합의 문제로서 두 개의 3차방정식을 내놓음. 타르탈리아의 연구는 3차방정식의 해법에 관한 연구에 큰 영향을 끼침.
1530년경	코페르니쿠스(N. Copernicus, 1473~1543)가 태양계의 학설을 완성, 1543년에 발표.
1542년	천문학상의 필요에 따라 코페르니쿠스가 3각법을 작성.
1543년	타르탈리아가 당시의 가장 우수한 수학서를 발간.
1545년	카르다노(G. Cardano, 1501~1576)가 대수학 책을 발간 이 책에는 타르탈리아로부터 시사받은 3차방정식의 해법 및 제자 페라리(L. Ferrari, 1522~1565)의 4차 방정식을 실어 큰 물의를 일으킴.

연대	내용
1557년	• 레코드(R. Recorde, 1510~1558)가 『대수학』을 엮음. 당시 영국에서 가장 훌륭한 수학책이라고 평가.
1572년	• 봄벨리(Bombelli)가 당시 대수학을 가장 체계적으로 엮은 대수책을 엮음.
1585년	• 네덜란드의 스테빈(S. Stevin, 1546~1620)의 수학책에 소수(小數)에 관한 설명이 실림.
1593년	• 중국 명나라의 정대위(程大位)가 『산법통종(算法統宗)』을 엮음. 한국 및 일본의 수학에 영향을 줌.
1594년	• 덴마크의 지도학자이며 수학에도 공을 세운 메르카토르(G. Mercator, 1512 출생) 사망.
1603년	• 비에트(F. Viéte, 1540 출생) 사망. 그는 알파벳의 수기호를 최초로 사용했으며 대수 및 3각법에 대한 공이 큼.
1607년	• 이탈리아의 마테오 리치(Matteo Ricci)가 중국에서 유클리드의 『기하학 원론』을 번역 이후 유럽의 많은 역산서가 한역(漢譯)됨.
1610년	• 루돌프(Ludolph van Ceulen, 1540~1610)가 원주율을 소수점 아래 35자리까지 계산해 냄. 이보다 앞서 1596년에는 20자리까지 셈하였음.
1614년	• 조선조의 중인(中人) 수학자 경선징(慶善徵) 출생. 수학서 『묵사집(默思集)』의 저자.
1617년	• 네이피어(J. Napier, 1550 출생) 사망. 1614년에 대수표를 발간.
1627년	• 요시다 미쓰요시[吉田光由, 1598~1672]가 『산법통종』을 본뜬 수학서 『진겁기(塵劫記)』를 일본에서 발간.
1630년	• 카발리에리(B. Cavalieri, 1598~1647)가 적분법의 일종인 불가분량(不可分量)을 창안 .
	• 케플러(J. Kepler, 1571 출생) 사망. 천문학에 관한 그의 법칙은 유명하며, 적분학에 대한 공이 큼.
1637년	• 데카르트(R. Descartes, 1596~1650)가 『방법서설(方法敍說)』을 저술하고, 그 부록으로 해석 기하학을 실음.

연대	내용
1642년	• 갈릴레이(G. Galilei, 1564~1642)가 망원경 및 현미경을 완성 사이클로이드(cycloid)에 관해 갈릴레이가 처음으로 주목.
1647년	• 갈릴레이의 제자이며 접선론(接線論)에 관하여 공이 큰 토리첼리(E. Toricelli) 사망.
1660년	• 전주부사 김시진(金始振)이 『산학계몽』을 복간. • 영국의 수학자인 오트레드(W. Oughtred, 1574 출생) 사망. 계산자[計算尺] 발명
1662년	• 기하학 등에 공헌이 큰 파스칼(B. Pascal, 1623 출생) 사망 • 프랑스의 기하학자 데자르그(G. Desargues, 1593 출생) 사망.
1663년	• 영국 학사원이 창립되어 수학자 월리스(J. Wallis, 1616~1703) 등이 참여.
1665년	• 정수론 및 해석 기하학 등에 공이 큰 페르마(P. de Fermat, 1601 출생) 사망. • 유율(流率)에 관한 연구를 뉴턴(I. Newton, 1642~1727)이 시작.
1669년	• 배로(I. Barrow, 1630~1677), 수학 교수직을 제자인 뉴턴에게 물려줌.
1673년	• 라이프니츠(G. W. Leibniz, 1646~1716)가 미적분학의 연구를 시작.
1675년	• 급수론 및 3각함수의 전개 등을 연구한 그레고리(J. Gregory, 1638 출생) 사망.
1677년	• 미적분학의 선구자인 배로우 사망.
1683년	• 라이프니츠가 미적분학을 발표.
1684년	• 영국에서 처음으로 연분수(連分數)를 쓴 브로운커(L. W. Brouncker, 1620 출생) 사망
1684년	• 수학서 『구일집(九一集)』의 저자인 조선조의 중인(中人) 수학자 홍정하(洪正夏, 1684~?) 출생.
1687년	• 중력의 법칙을 공표한 『프린키피아(Principia)』를 뉴턴이 발간.
1695년	• 네덜란드의 수학자, 물리학자, 천문학자인 호이겐스(C. Huyghens, 1629 출생) 사망. 그는 곡선에 관한 연구와 흔들이 시계를 개량.

연대	내용
	• 조선조의 사대부 출신인 최석정(崔錫鼎, 1646~1715)이 수학서 『구수략(九數略)』을 저술.
1703년	• 뉴턴의 선배로서 공이 컸던 월리스(J. Wallis, 1616 출생) 사망. 그는 무한산술(1655년)과 대수표(1673년)를 저술하고 허수(虛數)를 도식화함.
1704년	• 프랑스인으로서 미적분학 초기에 공로를 세운 로피탈(G. L'Hôpital, 1661 출생) 사망.
1705년	• 야콥 베르누이(Jakob Bernoulli, 1654 출생) 사망. 스위스인으로 미적분학에 관한 초기의 공로자이며, 곡선에 대한 연구도 있음.
1707년	• 뉴턴이 대수 및 방정식론에 관한 일반 산술을 발간.
1708년	• 일본의 수학자 세키 다카카즈[關孝和] 사망. 방정식론, 필산식 대수학, 정다각형의 계산, 원의 계산, 행렬식 등 그밖에도 업적이 많았음.
1716년	• 라이프니츠(1646 출생) 사망.
1721년	• 청의 매문정(梅文鼎, 1633 출생) 사망. 그는 유럽의 역산 및 중국 고대의 수학에 통달하여 저서가 많았음.
1722년	• 일본의 수학자 다케베 다카히로(建部賢弘, 1664~1739)가 『불휴철술(不休綴術)』을 저술하여 원주율값을 소수점 아래 41자리까지 셈함.
1723년	• 청나라의 강희제(康熙帝)의 칙령에 따라 수학총서 『수리정온(數理精蘊)』 간행.
1727년	• 뉴턴 84세를 일기로 사망.
1731년	• 테일러의 전개식으로 유명한 테일러(B. Taylor, 1685 출생) 사망. • 수학서 『주해수용(籌解需用)』의 저자 홍대용(洪大容, 1731~1783) 출생.
1742년	• 핼리(E. Halley, 1656 출생) 사망. 뉴턴의 『프린키피아』는 그의 협력으로 발간되었으며, 혜성의 희귀성을 발견. 또한 처음으로 사망표를 작성하여 생명보험의 기초를 닦음.
1746년	• 매클로린(C. Maclaurin, 1698 출생) 사망. 매클로린 전개식으로 유명.
1748년	• 요한 베르누이(Johann Bernoulli, 1667 출생) 사망.

연대	내용
1754년	• 프랑스인으로 영국에서 거주한 드 므와브르(A. de Moivre, 1667 출생) 사망. 그의 삼각법에 관한 정리는 유명. • 미분방정식 연구로 유명했던 이탈리아의 수학자 리카티(J. F. Riccati, 1676 출생) 사망.
1765년	• 클레로(A. C. Clairaut, 1713 출생) 사망.
1774년	• 프랑스인 선교사 자르투(P. Jartoux)가 전한 급수 전개식을 근거로, 청의 할원밀률첩법(割圓密率捷法)이 명안도(明安圖) 및 그의 제자들에 의해 완성. 청나라의 원(圓)에 관한 계산법[할원술(割圓術)]의 연구는 여기서 비롯됨.
1783년	• 스위스의 대수학자 오일러(L. Euler, 1707 출생) 사망. 그는 물리학자, 철학자이기도 하며, 변분학(變分學)을 창시하고, 미적분학 등 여러 방면에 공헌했음. • 달랑베르(Jen le Rond d'Alembert, 1717 출생) 사망. 프랑스의 수학자 · 물리학자인 그는 적분학에 대한 이론을 발표했으며, 프랑스 『백과전서』의 간행에 중요한 구실을 했음.
1799년	• 역산가(曆算家)의 열전인 『주인전(疇人傳)』을 청의 완원(阮元)이 엮음. • 프랑스의 수학사가 몽튜엘라(Montuela) 사망.
1813년	• 프랑스의 대수학자인 라그랑주(J. L. Lagrange, 1736 출생) 사망. • 방정식의 연구로 유명한 청나라의 왕래(汪萊) 사망.
1817년	• 청의 이예(李銳) 사망. 왕래의 업적에 자극을 받아 방정식 연구를 한층 발전시킴.
1818년	• 화법 기하학의 창안으로 유명한 몽주(G. Monge, 1746 출생) 사망.
1819년	• 호너(W. G. Horner, 1786~1837)가 숫자 방정식에 관한 근사해법을 발표. 중국에서는 천원술(天元術)이라는 명칭으로 이전부터 쓰였음.
1822년	• 이탈리아의 수학자 루피니(P. Ruffini, 1765 출생) 사망.
1823년경	• 유명한 저술가이자 수학상의 많은 업적을 남긴 카르노(L. N. Carnot, 1753 출생) 사망. • 원과 타원(楕圓)에 관한 연구로 알려진 청의 董祐誠(동우성) 사망.

연대	내용
1827년경	• 프랑스의 수학대가 라플라스(P. S. Laplace, 1749 출생) 사망.
1829년경	• 노르웨이의 수학자 아벨(N. H. Abel, 1802 출생) 사망.
1832년경	• 프랑스의 천재 수학자 갈루아(E. Galois, 1811 출생), 22세의 나이로 요절.
1843년경	• 해밀턴(W. R. Hamilton, 1805~1865)이 사원수(四元數)를 창안했으며, 1853년에 발표.
1851년경	• 독일의 수학자 야코비(C. G. Jacobi, 1804 출생) 사망.
1855년경	• 독일의 수학자 가우스(K. F. Gauss, 1777 출생) 사망. 그는 물리학자, 천문학자이기도 하며, 17각형의 기하학적 작도에 성공. 『정수론 연구』를 발표하여 수학계의 신기원을 이루었음. 최소자승법, 곡면론, 허수론, 방정식론, 급수론 등을 논한 외에도 자기학(磁氣學), 천체역학 등 다방면으로 업적을 남김.
1856년경	• 비유클리드 기하학의 창시자의 한 사람인 러시아의 수학자 로바쳅스키(N. I. Lobachevski, 1793 출생) 사망.
1857년경	• 영국인 와일리(A. Wylie, 1815~1887)가 이선란(李善蘭)과 함께 『기하학 원론』의 나머지 9권을 중국어로 번역.
1857년경	• 프랑스의 수학대가 코시(A. L. Cauchy, 1789 출생) 사망.
1859년경	• 위의 두 사람이 대수학 및 代微積拾級(대미적십급)을 번역. 유럽의 미적분학은 이때 비로소 중국에 전해짐. • 가우스의 후계자인 디리클레(P. G. L. Dirichelet, 1805 출생) 사망.
1860년경	• 비유클리드 기하학의 창시자 중 한 사람인 헝가리의 보여이(J. Bolyai, 1802 출생) 사망.
1863년경	• 스위스의 기하학자 슈타이너(J. Steiner, 1796 출생) 사망.
1864년경	• 영국의 수학자 불(G. Boole, 1815~1864)이 논리학의 대수화(代數化, 기호 논리학)를 수립.
1866년경	• 독일의 수학대가 리만(G. F. B. Riemann, 1826 출생) 사망.

연대	내용
1867년경	• 한말의 수학자 남병길(南秉吉, 1820~1869)이 『산학정의(算學正義)』를 저술. 이즈음 남병길과 공통 연구자인 중인(中人) 수학자 이상혁(李尙爀, 1804~1889)이 『익산(翼算)』(1854), 『차근방몽구(借根方蒙求)』(1854), 『산술관견(算術管見)』(1855) 등의 수학서를 엮어 수학의 연구 활동을 벌임. 이 저서 중에서 『차근방몽구』는 유럽계의 방정식에 관한 연구임. • 사영기하학의 연구로 알려진 독일의 수학자 슈타우트(K. G. Ch. von Staudt, 1798 출생) 사망.
1868년경	• 해석기하학의 연구로 알려진 독일의 수학자 플뤼커(J. Plücker, 1801 출생) 사망.
1871년경	• 기호 논리학에서 '드 모르강의 법칙'으로 유명한 드 모르강(A. de Morgan, 1806 출생) 사망.
1873년경	• 프랑스의 수학자 에르미트(C. Hermite, 1822~1901)가 e(초월수)의 초월성을 증명.
1877년경	• 오늘날 선형(線型) 대수학의 창시자인 독일 수학자 그라스만(H. G. Grassmann, 1809 출생) 사망.
1882년경	• 독일의 수학자 린데만(C. F. Lindemann, 1852~1939)이 π의 초월성을 증명.
1883년경	• 프랑스의 수학자 리우빌(J. Liouville, 1809 출생) 사망.
1888년경	• 집합론의 새로운 공리계(노이만·베르나이스·괴델의 공리계)를 발견한 스위스의 베르나이스(P. Bernays) 출생. • 위상기하학(位相幾何學)의 창시자인 미국의 알렉산더(J. Alexander, 1888~1971) 출생.
1891년경	• 해석적 수학론에서 공헌이 큰 러시아의 수학자 비노그라도프(I. Vinogradov, 1891~1983) 출생. • 대수적 정수론의 창시자의 한 사랑인 독일의 수학자 크로네커(L. Kronecker, 1823 출생) 사망. • 코발레프스카야(Sof'ja Vasil'evna Kovalevskaja, 1850 출생) 부인 사망. 급수를 사용해서 편미분 방정식 해의 존재를 증명한 러시아 출신의 여류 수학자.

연대	내용
1893년경	• 독일의 수학자 쿠머(E. E. Kummer, 1810 출생) 사망.
1894년경	• 러시아의 수학자 체비쉐프(P. L. Tschebyscheff, 1821 출생) 사망.
1895년경	• 영국의 수학대가 케일리(A. Cayley, 1821 출생) 사망. • 통계적 가설 검정론을 개척한 영국의 피어슨(E. S. Pearson) 출생.
1896년경	• 대수적 위상 기하학의 창시자인 러시아의 수학자 알렉산드로프(P. S. Aleksandrov, 1896~1971) 출생. • 아다마르(J. Hadamard, 1865~1963)와 드 푸생(de Poussin), 각기 독자적으로 소수정리(素數定理)를 증명.
1897년경	• 영국의 수학자 실베스터(J. J. Sylvester, 1814 출생) 사망. • 수론(數論)의 창시와 관련하여 리만과 함께 이름이 알려진 와이에르 슈트라스(K. Weierstrass, 1815 출생) 사망.
1898년경	• 직관주의 수학의 지도자인 헤이팅(A. Heyting, 1980 사망) 출생.
1899년경	• 대수기하학에 새로운 방법을 도입한 미국의 자리스키(O. Zariski) 출생. • 푸리에 적분, 조화 해석 등으로 공헌이 큰 독일의 보흐너(S. Bochner, 1899~1982) 출생. • 연속군론(連續群論)에 관한 창의적인 연구로 알려진 노르웨이의 수학자 리이(M. S. Lie, 1842~1899) 사망.
1900년경	• 이탈리아의 수학자 벨트라미(E. Beltrami, 1835 출생) 사망.
1902년경	• 곡선론을 바탕으로 오늘날 그래프(graph) 이론의 기초를 세운 오스트리아의 수학자 멩거(K. Menger) 출생.
1903년경	• 확률 분야에서 공헌이 큰 소비에트 수학계의 지도자 콜모고로프(A. N. Kolmogorov) 출생. • 사이버네틱스 연구의 선구자인 미국의 통계학자 깁스(J. W. Gibbs, 1839 출생) 사망. • 독일의 수학자 리프쉬츠(R. Lipschitz, 1832 출생) 사망. • 대수 기하학을 대수적 입장에서 재구성한 폴란드의 판 데르 웨덴(B. L. van der Waeden) 출생.

연대	내용
1904년경	• 다변수 함수론과 호몰로지론에서 업적을 세운 프랑스의 카르탕(Henri Cartan) 출생.
1905년	• 아인슈타인(Albert Einstein, 1879~1955)이 특수 상대성 이론을 발표.
1906년	• 「다양체(多樣體)」의 발견으로 유명한 독일의 캘러(E. Kähler) 출생. • 프랑스의 프레셰(M. Fréchet, 1878~1973)가 위상공간론(位相空間論)의 기초를 확립. • 대수 기하학의 개척자 프랑스의 베이유(A. Weil) 출생. • 공리적(公理的) 집합론의 무모순성의 증명에 크게 공헌한 미국의 괴델(K. Gödel, 1906~1978) 출생.
1909년	• 아인슈타인의 연구를 도운 러시아의 수학자 민코프스키(H. Minkowski, 1864 출생) 사망.
1910년	• 영국의 러셀(B. A. Russell, 1872~1970)은 화이트헤드(A. N. Whitehead, 1861~1947)와 공저로 『프린키피아 마테마티카』(수학의 원리) 3권을 엮음.
1913년	• 호몰로지 대수학의 창시자인 폴란드의 아일렌버그(S. Eilenberg) 출생.
1914~1915년	• 아인슈타인이 일반 상대성 원리를 발표.
1917년	• 고전 미분 기하학을 집대성한 프랑스의 수학자 다르부(J. G. Darboux, 1842 출생) 사망.
1925년	• 영국의 수학자 피셔(R. A. Fischer, 1890~1962)가 추측 통계학을 개척.
1930년	• 미국의 수학사가 캐조리(Cajori, 1859 출생) 사망.
1931년	• 러시아의 폰트랴긴(L. S. Pontrjagin, 1908~)이 위상군론을 개척.
1932년	• 자연수의 공리계를 세운 이탈리아의 페아노(G. Peano, 1858 출생) 사망.
1934년	• 미국의 노이게바우어(O. Neugebauer, 1899~)가 바빌로니아의 점토판을 해독하여 『고대 수학사』를 펴냄.
1935년	• 추상 대수학의 개척자인 독일의 여류 수학자 뇌터(A. E. Noether, 1882 출생) 사망.
1936년	• 통계학의 체계를 완성한 영국의 피어슨(K. Pearson, 1857 출생) 사망. • 독일의 수학자 란다우(E. G. H. Landau, 1877 출생) 사망.

연대	내용
1939년	• 프랑스의 수학자 집단인 부르바키(N. Bourbaki)가 활동을 시작함. • 러시아의 겔판드(Izrail' Moiseevic Gel'fand, 1913~)가 놈(Norm) 환(環)의 이론을 세움. • 미국의 버코프(G. Birkhoff, 1911~)가 Lattice 이론의 체계화를 세움.
1941년	• 텐서(tensor) 해석의 창시자의 한 사람인 이탈리아의 레비 치비타(T. Levi-Civita, 1873 출생) 사망. • 르베그 적분의 창시자인 프랑스의 르베그(H. Lebesgue, 1875 출생) 사망.
1942년	• 위상 공간론의 창시자인 독일의 하우스도르프(F. Hausdorff, 1868 출생) 사망.
1943년	• 현대 수학의 발전에 결정적 역할을 한 독일의 수학자 힐베르트(D. Hilbert, 1862 출생) 사망.
1944년	• 위상역학의 창시자인 미국의 바코프(G. D. Birkhoff, 1884 출생) 사망.
1945년	• 기호 논리학에서 '겐첸의 방법'을 발견한 겐첸(G. Gentzen, 1909 출생) 사망.
1947년	• 함수론에 크게 공헌한 영국의 하디(G. H. Hardy, 1877 출생) 사망.
1947년	• 영국의 화이트헤드(A. N. Whitehead, 1861 출생) 사망. • L함수의 발견으로 유명한 독일의 헤케(E. Hecke, 1887 출생) 사망.
1950년	• 사영집합론(射影集合論)의 개척자, 러시아의 루진(N. N. Luzin, 1885 출생) 사망. • 통계적 품질관리의 이론에 공헌한 미국의 월드(A. Wald, 1902 출생) 사망. • 프랑스의 슈워츠(L. Schwartz, 1915~)가 초함수를 발견.
1951년	• 계주기(械週期) 함수를 개척한 덴마크의 보어(H. Bohr, 1887 출생) 사망. • 접속 기하학의 창시자인 프랑스의 카르탕(E. Cartan, 1869 출생) 사망.
1953년	• 공리적 집합론의 창시자인 독일의 체르멜로(E. Zermelo, 1871 출생) 사망.

연대	내용
	• 확률론에 크게 공헌한 터키의 폰 미제스(R. von Mises, 1883 출생) 사망.
1954년	• 튜링 계산기를 발명한 영국의 튜링(A. M. Turing. 1912 출생) 사망.
1955년	• 아인슈타인 사망. • 수학 전반에 걸쳐 크게 공헌한 독일의 와일(C. H. H. Weyl, 1885 출생) 사망.
1956년	• 함수론, 확률론 등에서 업적을 남긴 보렐(E. Borel, 1871 출생) 사망.
1957년	• 집합론의 공리화, 전자계산기 등의 제작에 공헌한 헝가리의 수학대가 폰 노이만(J. von Neumann, 1903 출생) 사망.
1959년	• 확률론, 통계역학에 공헌한 러시아의 킨트친(Khintchin) 사망.
1962년	• 유체론(流體論)의 연구에 공헌한 독일의 아르틴(Artin. 1898 출생) 사망.
1963년	• 미국의 코헨(P. J. Cohen, 1934~)이 수학 기초론에서의 선택 공리와 연속체 가설의 독립성을 증명.
1964년	• 사이버네틱스의 창시자인 미국의 위너(N. Wiener, 1894 출생) 사망.
1966년	• 위상 기하학의 개척자이며, 수학 기초론에서의 직관주의 창시자인 네덜란드의 브로워(L. E. Brouwer, 1881 출생) 사망.
1967년	• 기호 논리학에 '스콜렘의 정리'로 유명한 노르웨이의 스콜렘(T. Skolem, 1887 출생) 사망.
1970년	• 영국의 러셀(B. A. Russell, 1872 출생) 사망.
1976년	• 아펠(K. Appel), 하켄(W. Haken) 두 미국 수학자에 의하여 오랜 동안의 숙제였던 4색문제(四色問題) 마침내 해결.
1980년	• 폴란드의 해석학자이며 위상기하학자인 쿠라토프스키(K. Kuratowski, 1896 출생) 사망. • 이 시기를 전후하여 카오스와 프랙탈 이론이 대두함.
1981년	• 독일 태생의 미국 수학자이며 투엔지-게르로스 정리로 유명한 시겔(C. L. Siegel, 1896 출생) 사망.
1982년	• 러시아의 위상기하학자인 세르게비치(A. P. Sergevich, 1896 출생) 사망.

연대	내용
1983년	• 폴란드 태생이며 미국으로 망명한 대수학자, 해석, 논리, 초수학 전문가인 타르스키(A. Tarski, 1902 출생) 사망. • 미국의 수학자인 서스턴(W. P. Thurston, 1946~)이 3차원 다양체의 기하학적 구조에 관한 업적으로 필즈상 수상. • 프랑스의 수학자인 알랭(C. Alain, 1947~)이 폰 노이만 대수의 분류와 작용소환, 엽층구조(葉層構造) 및 지수정리(指數定理) 사이의 관계 연구로 필즈상 수상.
1986년	• 폴팅스(G. Faltings, 1954~)가 모델(model) 예상 증명으로 필즈상 수상.
1987년	• 해석학, 확률론, 위상기하학 연구에 공헌이 큰 러시아의 수학자 콜모고로프(A. N. Kolmogorov, 1903 출생) 사망.
1993년	• 와일즈(A. Wiles)가 '페르마의 대정리' 증명에 성공(6월).
1996년	• 대수, 해석, 조합론, 기하, 위상, 수론, 그래프이론에 지대한 공헌을 한 헝가리의 수학자 에르되(P. Erdös, 1913 출생) 사망.

■■■ 색인

ㄱ

가감승제 26
가우스 339
가정법 22
가해군 357
각 72
갈레 312
『갈리아 전기』 102
갈릴레이 63
개립 154
개평 154
건축술 335
『건축학』 105
결정론 315
계산술 16
『계산판의 사용법』 135
『계산판의 책』 136
계산판과 139
고전 기하학 227
고전지상주의 39
곡률 376
곡면기하학 364
「공간의 절대적과학」 370
공준 73

과잉수 62, 108
『과학과 가설』 319
『과학과 가치』 319
『과학과 방법』 319
『과학혁명의 구조』 392
구면삼각형 176
구면천문학 93
구수 108
『구와 원기둥에 관하여』 129
구장법 86
구장산술 34
구적법 260
국립과학아카데미 290
귀류법 355
그리스 기하학 224
그리스 수학 20
근의 공식 213
급수 154
기수법 154
기지량 165
기지수 233
기하 154
기하학 15
『기하학 실습』 136

기하학적 정신 239
기호대수학 195, 227
기호화 229

ㄴ

남병길 37
남병길, 『구장술해』 36
노몽 52
『노붐 오르가눔』 258
논증적인 기하학 399
뉴턴 63, 271
뉴턴의 미분학 68
니벨룽겐의 노래 142
니콜 오렘 140
니콜라우스 쿠자누스 179

ㄷ

다체문제 317
『단시』 142
단테 142
달랑베르 304
대류파 289
대수 154
대수식 235
대수학 164, 213
대수의 법칙 324

데모크리토스 68
데자르그 199, 362
데카르트 212, 226
도박 323
도함수 340
『도형의 사영적 성질의 이론』 199
독립변수 235
동력학 208
동양수학 252
등비수열 26
뒤러 167
드 메레 262
등차수열 26
디리클레 355
디오판토스 94

ㄹ

라그랑주 302, 342, 350
라이프니츠 269
라크르와 337
라플라스 305, 350
라플라스의 공식 307
라플라스의 방정식 307
란 164
러셀 58
레기오몬타누스 176

레르몬토프 371
레오나르도 다 빈치 150
레코드 164
로가리즘 172
로그 185
로랑의 노래 142
로바쳅스키 371, 372
로베르발 220
로피탈 296
로피탈의 정리 296
루돌프표 180
루킬리우스 101
루터 148
르베리에 311
리만 375
리만 공간 377
리만 기하학 377
리비우스 102
린드 파피루스 20

ㅁ

마르크스 339
마키아벨리 147
만델브로 387, 394
망원경의 제조 207
매클로린 293
매클로린 정리 293
맹자 58
『모든 종류의 삼각형에 관하여』 176
몽주 359
몽테뉴 229
무한 214
무한급수 264
무한산법 221
『무한산술』 260
무한소 220
무한소해석 339
무한수열 264
무한수학 292
무한의 수학 309
무함마드 115
미분계수 340
미분기하학 364
미분법 261
『미분법의 연구』 301
미분적분법에 관한 강의요약 339
미적분학 221, 337
미지량 165
미지수 233
미지수와 기지수 194
미하엘 슈티펠 185

ㅂ

바로 103
바빌로니아 문명 20
바빌로니아 수학 20
바스카라 2세 116
방법서설 203
방정식 94
방정식론 344, 399
방정식의 대수적 해법에 관한 고찰 342
배적문제 65
배적 66
버클리 310
법선영 267
베르길리우스 101
베르누이 294
베를린 왕립과학협회 291
베이컨 135, 170
변수 234
변증법 316
보르기 152
보에티우스 107
보편산술 342, 344
보흐너 35
복소수 355
복식부기 154
볼차노 340

부게 165
부정적분 271
부족수 62
부족수 108
불가분법 262
뷔트루비우스 105
브라마굽타 116
비소수 108
비에트 165, 194, 213
비유클리드 기하학 376
비유클리드기하 33
「빛의 굴절과 분산에 관한 연구」 278

ㅅ

사각수 62
사개치부법 136
사과 38
사르트르 232
사영기하 33
사영기하학 360
사영기하학 196
사원수학 399
사이클로이드 243
사칙계산 26
산경 37
산술 65

『산술』 152
『산술교정』 107
『산술서』 153
산업혁명 335
산학계몽 37
살롱 260
살루스티우스 102
삼각법 93
삼각수 62, 249
삼각함수표 93
삼학 38
상명산법 37
상업산술 154
서로소 62
『서양철학사』 58
선분 228
섬세의 정신 239
섭동 301
소수 191
소수 62
소크라테스 43
송 37
수삼각형 252
『수삼각 형론』 249
수압기 243
『수의 나눗셈』 135

『수학의 열쇠』 165
스리랑카 292
스콜라 철학 38
스테빈 165, 170
『스토이케이아』 69
스톡홀름 왕립 과학아카데미 291
시몬 스테빈 191
시민혁명 260
『신곡』 142
『신과학대화』 150
신라장적 326
신플라톤학파 15
『신성비례론』 155
실수 355
십자군원정 133
『세계의 조화론』 184
『세계의 화성학』 184
쌍대의 원리 361

ㅇ

아라비아 수학 128
아르키메데스 82
아리스타르코스 91
아리스토텔레스 주의자 233
아메리카 철학회 292
아메리카 학예아카데미 292

아메스 파피루스 20
아메스의 파피루스 34
아메스 21
아벨 340
알게브라 125
알고리즘 125
『알마게스트』 124
알바타니 130
알비누스 110
알제브르 125
『알제브르 왈르무카발라』 125
알카루히 127
알콰리즈미 125
알폰소 134
애덤스 311
양휘산법 37
에라토스테네스 93
『에페메리데스』 176
엥겔스 315
『여러 학문에 관하여』 103
역법 133
역연산 271
역학 209
『역학 또는 해석적으로 표시된 운동의 과학』 300
연금보험 323

『연속량의 불가분의 기하』 262
연직선 91
영국 290
『영국의 삼각법』 188
영국파 289
오마르 하이얌 128
오비디우스 102
『오성을 예리하게 하는 문제집』 110
오일러 342
오차론 324
오트레드 165
바이어슈트라스 341, 384
완비수 108
완전수 62
왕립아시아협회 292
왕립학예원 292
왕립협회 290
요스트 뷔르기 191
원근법 196
원뿔곡선 128, 238
『원론』 38, 214
원추곡선론 129
『원추곡선론』 238
『원추곡선시론』 243
월리스 259
『위대한 기법』 159

위상기하 33
위상수학 289
『우주체계론』 307
유리수 355
유리수체 353
유물사관 315, 316
유율 68
유율법 277
유체역학 297
유클리드 42, 69
유클리드 기하학 233
유클리드기하 33
유클리드의 『원론』 33
유클리드의 공준 73
유한수학 292, 309
이심률 301
이오니아학파 53
이집트 20
이집트 문명 19
일본 292
입방체 228

ㅈ

『자본론』 339
『자연철학의 수학적 원리』 274
적분법 261
접선법 221
접선영 264
접선이론 260
접선(接線) 67
정력학 208
정수계수 399
정적분 307
『정치산술』 315, 401
제르베르 135
제3법칙 184
조선술 207
조지프 니덤의 『중국의 과학과 문명』 25
조화공역점 361
존 스페이델 188
종속변수 235
좌표 239
주비산경 52
『주역』 108
주해 52
주나라 34
중심극한정리 328
증명 34
『지혜의 숫돌』 164
짝수[우수] 62

ㅊ

착출법 215
『천체론』 307
천체역학 350
『천체의 운행』 130
『철학의 위안』 107
『청년학도를 위한 순수수학입문』 370
초등기하 32
초서 143
총기의 발달 208
최속강하선 296
축성술 335
측량술 16
측지학 301
친화수 62

ㅋ

카르다노 159
카발리에리 217
카스케이드법 307
카오스 229
카이사르 102
칸트 31
칼빈 148
캐조리 36
『캔터베리 이야기』 143

케틀렛 328
케플러 63
케플러의 행성궤도 226
코기토 에르고 숨 229
코시 339, 348
코페르니쿠스 63
코흐 387
크세노폰 102

ㅌ

타르탈리아 158
타원 226
타원함수 341
타원함수론 341
타키투스 102
탄도의 연구 209
탄성곡선 295
탈레스 42, 49
태국 292
태양의 주기운동 207
테오도로스 43
테일러 293
테일러 정리 293
토머스 아퀴나스 143
토머스 쿤 392
투르게네프 371

티코 브라헤 324

ㅍ

파스칼 220
파스칼의 삼각형 249
파스칼의 원리 243
파치올리 153
팡세 244
페 315
페라리 161
페로 157
페르마 221
페르마 정리 221
『페르시아 정전기』 102
페트라르카 142
페티 401
평면삼각형 176
평면 71
평행선의 공리 73
『평행선의 이론에 관한 기하학적 고찰』 372
『평행선의 전이론을 포함한 기하학의 새 원리』 372
폴리스(도시국가) 문화 229
폴리테크니크 360
퐁슬레 199, 360

푸슈킨 371
푸앵카레 317
프랙탈 기하학 387, 394
프랜시스 베이컨 257
프로클로스 15
프로타고라스 67
『프린키피아』 274, 304, 401
프톨레마이오스의 『천문체계』 124
플라톤 42
플로리도 158
피라미드수 249
피보나치 136
피셔 328
피타고라스 42
피타고라스 수 62
피타고라스 정리 30, 236
필산파 139

ㅎ

학사원 292
해리엇 165, 213
해석기하 212
해석기하학 224, 365
『해석법입문』 195
해석역학 293, 304
『해석적방법』 213

핼리 324
헤겔 310
헤로도토스 17
헤론 93, 119
헬레니즘 100
현수선 295
호라티우스 102
호소수 108
홀수[기수] 62
홉스 259
『화법기하학』 359
화폐경제 133
확률론 248
『확률의 해석적 이론』 307, 325

히파르코스 93
히포크라테스 81
히피아스 79

숫자

2차방정식 128
3차방정식 128, 191
4차방정식 191, 213
5차방정식 213
60진법 28

알파벳

n차 방정식 213

김용운의 수학사

펴낸날	초판 1쇄 2013년 8월 12일
	초판 6쇄 2019년 6월 17일

지은이	김용운
펴낸이	심만수
펴낸곳	(주)살림출판사
출판등록	1989년 11월 1일 제9-210호

주소	경기도 파주시 광인사길 30
전화	031-955-1350　　팩스 031-624-1356
홈페이지	http://www.sallimbooks.com
이메일	book@sallimbooks.com

ISBN	978-89-522-2673-0　　03410

※ 값은 뒤표지에 있습니다.
※ 잘못 만들어진 책은 구입하신 서점에서 바꾸어 드립니다.

년에 있었고, 시민의 2/3가 이 무서운 유행병을 피해 런던을 떠나야 했다.

런던에서는 사망자 일람표를 매주 목요일에 발행하고, 크리스마스 직전 목요일에는 1년간의 전염병 사망자와 어느 지역에 사망자가 많은가 등을 인쇄해 각 가정에 배포했다. 사람들은 이것을 보고 피난처를 찾는 자료로 삼기도 했다.

통계학이란 한두 가지의 자료만으로는 잘 알 수 없지만, 많은 자료를 모으거나 장기간의 관찰을 통해서 얻은 결과를 정리하여 경향이나 법칙성을 찾아내고, 거기에서 의미를 읽어내는 방법 등을 정립하는 학문이다.

예부터 각 나라들은 세금을 부과하거나 토목·건축 공사라든지 전쟁이 일어났을 때, 인력 동원에 필요한 준비로 호적이나 토지대장(土地臺帳) 등을 작성하곤 하였다. 역사적으로는 이것이 통계의 시작이라고 할 수 있다. 중국 초기의 왕조인 주(周)의 제도에 관한 문서인 「주례(周禮)」에는 이미 세금 징수와 관련된 통계조사를 담당하는 관리를 임명했다는 기록이 있다.

한편 지금까지 발견된 우리나라 문서 중에서 최초의 것인 「신라장적(新羅帳籍)」은 당시의 국세 조사에 관한 기록이다. 국세 조사를 영어로는 센서스(census)라 하는데, 이 단어는 BC 5세기 로마에서 세금을 뜻하는 말인 'cenere'에서 비롯되었다고 한다. 통계학을 가리키는 영어의 'Statistics'는 라틴어로 '국가'를 가리키는 'Status'가 그